【国际法学】

国家在全球海洋治理规则塑造中的地位和作用

刘 钊◎著

知识产权出版社
全国百佳图书出版单位
—北京—

图书在版编目（CIP）数据

国家在全球海洋治理规则塑造中的地位和作用／刘钊著 . —北京：知识产权出版社，2023. 10

ISBN 978 - 7 - 5130 - 8587 - 8

Ⅰ. ①国…　Ⅱ. ①刘…　Ⅲ. ①海洋学—研究—中国　Ⅳ. ①P7

中国国家版本馆 CIP 数据核字（2023）第 000910 号

责任编辑：张　荣　　　　　　　　　　责任校对：谷　洋
封面设计：智兴设计室　　　　　　　　责任印制：孙婷婷

国家在全球海洋治理规则塑造中的地位和作用
刘　钊　著

出版发行：知识产权出版社 有限责任公司　　网　　址：http：//www. ipph. cn

社　　址：北京市海淀区气象路 50 号院　　邮　　编：100081

责编电话：010 - 82000860 转 8109　　　　责编邮箱：107392336@ qq. com

发行电话：010 - 82000860 转 8101/8102　　发行传真：010 - 82000893/82005070/82000270

印　　刷：北京九州迅驰传媒文化有限公司　　经　　销：新华书店、各大网上书店及相关专业书店

开　　本：880mm × 1230mm　1/32　　　　印　　张：9. 75

版　　次：2023 年 10 月第 1 版　　　　　　印　　次：2023 年 10 月第 1 次印刷

字　　数：226 千字　　　　　　　　　　　定　　价：68. 00 元

ISBN 978 - 7 - 5130 - 8587 - 8

前　言

　　20世纪90年代，全球治理登上了世界历史舞台。国家以外的治理主体数量越来越多、层级越来越高、话语权越来越大，这种现象对传统的威斯特伐利亚体系造成了冲击。全球海洋治理是全球治理在海洋领域的实际应用，它与全球治理存在一定的内在联系。海洋环境问题超越了单独一国的治理范围与能力，表现出愈演愈烈的全球化趋势。为了应对这些问题，各国家、政府间组织、非政府间组织等主体开展多种形式的合作。多元主体的合作使传统意义上的国家地位有所动摇，在此背景下，人们对国家在全球海洋治理的核心要素之一——全球海洋治理规则中所处的地位和发挥的作用产生了疑问。

　　全球海洋治理规则不是孤立存在的，它的发展历史并不局限于"全球海洋治理"概念产生之后，它与"全球海洋治理"概念产生之前既有的海洋规则呈现出一脉相承的关系。从历史视域出发，根据人类社会生产力发展水平、对海洋的认知程度、对海洋的需求程度，将"前全球海洋治理时期"划分为海洋权力争霸时期和海洋权利争夺时期。海洋权力争霸时期，人类社会生产力水平较为低下，海洋探索能力不高，海洋实践活动的种类与范围都十分有限。该时期的海洋规则以海洋自由为核心，塑造海洋自由规则的根本目的是保障国家权力的无限扩张。国家在该时期海洋规则的形成与落实中发挥最重要的作用、占据最重要的地位。海洋权利争夺时期，不仅海洋活动的种类有所增加，社会经济对海洋资源的依赖程度也越来越高，时代特征由"权力本位"向"权利本位"过渡。该时期的海洋规则以《联合国海洋法公约》（*United Nations Convention on the Law of the Sea*，以下简称《公约》）形成过程为线索，在海洋规则逐渐成文化和体系化的过程中，国家也在不断地自我完善与发展，从之前对权力扩张的无限追求演变为自我克制与相互约束，并且通过主权让渡使得某些政府间组织获得了独立的法律人格、参与到了相关造法活动之中。但这些政府间组织并不是与国家对等的法律主体，它们由国家创立，它们的权利来自国家明确的、有界限的让与。虽然国家在海洋权利争夺时期海洋规则塑造与实施中不再是唯一的主体，但它们仍然发挥着重要作用、占据着重要地位。

随着人类社会生产力的发展和科学技术水平的进步，不仅利用海洋的能力得到了显著提高，而且破坏海洋的能力也得到了提高。为了实现海洋资源可持续利用和世界范围内人与海洋和谐共处的目标，全球海洋治理应运而生，时代特征由"海洋权利争夺"转变为"海洋责任承担"。但要求人类违背追求利益的本性去承担额外的责任谈何容易，只有建立"相互胁迫，相互同意"的规则才能达到"为最多数人谋最大利益"的目标。新兴全球海洋治理规则以正在谈判中的国家管辖范围以外区域海洋生物多样性（Biological diversity of areas beyond national Jurisdiction，BBNJ）养护和可持续利用国际协定为代表，国际社会希望通过这一谈判形成一个具有普遍约束力的国际海洋规则框架。

全球海洋治理由主体、客体、目标、规制和效果五大要素构成，BBNJ 养护和可持续利用国际协定也体现全球海洋治理的构成要素。就参与该问题四次筹备委员会会议和三次实质性会议的主体数量来看，国家占绝大多数；就提出草案数量来看，国家和由国家组成的国家集团占一半以上。国家以自身利益为出发点提出诉求，导致在谈判过程中出现极大的矛盾与分歧。为了解决这些矛盾与分歧，需要国家主动地、有条件地进行主权让渡，从而实现集体利益的更大化。目前可供参考的环境影响评价制度和海洋保护区制度在一定程度上依托国内制度，形成了国家相应制度的外溢。国家在 BBNJ 养护和可持续利用国际协定塑造与实施中占据重要地位，是最核心的治理主体。

辩证唯物主义贯穿于全球海洋治理规则演变的历史之中。人类在海洋领域从事的实践活动是他们对海洋认识的来源和发展的动力。海洋规则作为人类改造客观海洋世界的工具，它的演变历史是随着客观海洋环境的改变而改变的辩证过程。与先前海洋规则相比，目前全球海洋治理规则体现出更强的相互依赖性。从权力安排来看，目前全球海洋治理规则制定权力更显分散。从规则内容来看，目前全球海洋治理规则内容受国家制度外溢的影响，并且对传统的公海自由原则造成了冲击。海洋规则也具有一定的局限性，经过妥协退让形成的规则，内容效力可能大打折扣。因此，全球海洋治理规则的形成过程是高度分散的，存在差异和矛盾是一个普遍的问题。

在全球海洋治理规则演变过程中，受到冲击的不是国家的身份，而是国家主权的权威和能力。国家主权的权威是主权中可以被分割和让渡的部分，国家主权的能力是国家选择和实施政策的自由。一方面，来自全球海洋环境和国际涉海组织的外界压力使国家的作用与地位在规则演变中受限渐深。另一方面，国家或国家集团之间的协商与妥协也体现出国家主权自我限制程度的加深。即使面临"内外受限"的局面，国家的作用与地位也有其不变的一面。BBNJ 养护和可持续利用问题的谈判过程体现国家在全球海洋治理规则演变过程中的核心地位。发展中国家为了在该谈判中争取更多的话语权，吸取了第三世界国家在联合国第三次海洋法会议上获得胜利的经验，更加紧密地团结彼此。

面对来自全球海洋环境和其他参与主体的外界压力，国家是采取积极的态度予以应对，谨慎做出主权让渡的决定，还是固守传统的国家主权理论，坚持主权绝对、主权至上、主权不可分割？国家的思想观念决定了主权的未来走向。目前看来，国家在全球海洋治理规则中受限渐深，"离开"是国家主权的主要行动轨迹。以国家制度的外溢和国际法的国内转化为表现形式的国家主权"回归"，值得被推崇和鼓励。因为这种国家主权"回归"有助于国内法与国际法的协同前进。以"退约""退群"为表现形式的主权"回归"也被称为"逆全球化"。"逆全球化"带有消极色彩，是出于对国家利益的极致追求而逃避国际责任的承担，这种做法最终将危害全人类共同利益。

虽然国家在全球海洋治理规则演变中受限渐深，但它仍然是规则塑造与实施的核心主体。处于规则演变中的国家，必须与时俱进。作为最大的发展中国家，中国在全球海洋治理规则中所扮演的角色是遵守者与制定者，维护者与引导者，实施者与监督者，承受者与供给者。"海洋命运共同体"是中国参与全球海洋治理的基本立场与方案，为了早日将该理念融入全球海洋治理规则体系，应尽最大可能争取其他国家的认可与支持。坚持统筹推进国内法治和涉外法治，在进一步丰富与发展国内涉海法律的基础上，积极推进国内制度的外溢，从而在百年未有之大变局中立于不败之地。

目 录

引　论

"这是一个以边界迁移、权威重构、民族国家衰落和非政府组织在地区、国家、国际和全球等诸层次上的激增为特征和标志的时代。"① 冷战宣告结束是全球变革的重要转折点，经济全球化使世界各国相互依赖的程度大幅度提高。在 20 世纪 90 年代如此错综复杂的国际背景下，全球治理（global governance）一词开始盛行。有人认为"全球政治的重心开始从政府的统治向无政府的治理倾斜"②，这种现象对传统的威斯特伐利亚（Westphalian）体系造成一定程度的冲击。长期以来，传统的威斯特伐利亚体系被认为是国际社会的基本体系。在该体系中，国家毫无疑问地处于绝对优势支配地位。而在全球治理体系中，不可逆转的全球化趋势正与国家进行着激烈的交锋。政府间组织、非政府组织等新兴的国际法主体参与到各项全球事务的治理之中并发挥了无法忽视的作用，它们的地位、参与程度、

---

① 罗西瑙. 面向本体论的全球治理［C］//俞可平. 全球化：全球治理. 北京：社会科学文献出版社，2003：55.
② 俞可平. 全球治理引论［C］//俞可平. 全球化：全球治理. 北京：社会科学文献出版社，2003：2.

对国家的挑战与突破都值得考量与商榷。

本书无法对国家在全球治理体系各方面的地位与作用逐一讨论分析，而是选取全球海洋治理（global ocean governance）这一新兴且充满复杂矛盾的研究领域进行分析。全球海洋治理作为全球治理体系中重要的类别与具体应用，与全球治理存在着一定的内在联系。虽然"全球海洋治理"最早出现于 20 世纪 90 年代，但它并不是一个突兀的现象，而是人类海洋活动发展至今水到渠成的结果。从国际法视角出发，全球海洋治理规则是全球海洋治理的核心要素之一。全球海洋治理规则不是孤立存在的，它的发展历史并不局限于"全球海洋治理"概念产生之后，它与"全球海洋治理"概念产生前既有的海洋规则呈现出一脉相承的关系。全球海洋治理规则的范围可以参考《国际法院规约》第 38 条第 1 款所列举的国际法形式渊源，包括作为严格法律意义上国际法渊源的国际条约和国际习惯，以及作为广泛历史意义上国际法渊源的一般法律原则和确定法律原则之辅助资料。需要强调的是，随着全球法治进程的不断推进，该条款中所谓的辅助资料的范围也有所扩大，不仅是条文中列举的司法判例和国际法学说，还涉及以软法形式出现的各种规范、规章、规则和原则等。

就目前全球海洋治理现状来看，新兴海洋问题不但层出不穷，而且影响范围不断扩大，仅凭任何一个国家或者任何一个组织的能力都无法妥善解决。参与治理的主体呈现出多元化、多层次化的特点，且非国家行为体力量逐渐壮大。参与主体围绕如何提高技术水平、如何科学设置议题、如何加速规则制定等新问题展开日益激烈的讨论。在这种背景之下，国家传统优势地位受到了一定的冲击。那么问题随之产生，国家在对全球海洋治理的核心要素之一——全球海洋治理规则的塑造与实施方面占据的地位和产生的作用是否也有所动摇和减损呢？

对国家在全球海洋治理规则中的地位与作用进行深入研究，就必须站在历史的视域、用发展的眼光看问题，不了解它的过去，就无法认清它的现在。本书以"全球海洋治理"概念产生的时间为节点，将此时间节点之前的时期称为前全球海洋治理时期。根据人类社会生产力发展水平、对海洋的认知程度、对海洋的需求程度将前全球海洋治理时期划分为海洋权力争霸时期和海洋权利争夺时期。海洋权力争霸时期海洋规则的核心是海洋自由，海洋权利争夺时期海洋规则以《公约》的形成过程为线索。"全球海洋治理"概念产生之后，历史进入了海洋责任承担时期，该时期的海洋规则以国家管辖范围外区域海洋生物多样性养护和可持续利用问题国际协定的谈判为典型代表。

本书通过对全球海洋治理规则演变的历史进行分段，得出国家在该问题相关规则形成过程中发挥怎样的作用、处于何种地位的结论。在进行理论研究的同时，思考全球海洋治理的未来走向，探究国家如何更好地参与全球海洋治理活动，从而实现理论探究与现实意义相得益彰的目标。

一、研究背景

全球海洋治理是全球治理在海洋领域内的具体化与实际应用，它具备如下特点：第一，新兴海洋问题层出不穷、影响范围不断扩大，仅凭任何一个国家或者任何一个组织的能力都无法妥善解决；第二，参与治理的主体日益多元，且非国家行为体力量逐渐壮大；第三，治理方式日益丰富，参与主体围绕如何提高技术水平、如何科学设置议题、如何加速规则制定等新问题展开激烈的讨论。因此，国家在全球海洋治理体系中的传统优势地位也受到了冲击、发生了动摇。以上即为本书的外部背景。

近年来，中国对全球治理问题的重视程度与日俱增。在全球化的大背景下实现中国梦，一定离不开"全球治理"。在参与全球治理的过程中，中国最为关注的是全人类的共同利益和共同价值，因此提出了"人类命运共同体"理念。作为一个海洋大国，我国积极参与全球海洋治理。在参与全球海洋治理的过程中，提出了"海洋命运共同体"理念，该理念是"人类命运共同体"理念的丰富与发展，是"人类命运共同体"理念在海洋领域中的拓展与实践。以上即为本书的内部背景。

在国内与国际大环境的双重背景之下，我们不禁产生"国家如何才能更好地参与到全球海洋治理中去"的疑问。而参与全球海洋治理，就必须关注全球海洋治理核心要素之一的全球海洋治理规则。国家如何更好地参与全球海洋治理规则的制定与执行，并在这个过程中捍卫国家主权的地位与作用，也是本书着重探讨的问题。

（一）全球治理发展现状

随着帝国主义土崩瓦解、殖民主义逐渐衰落、殖民地国家相继独立，世界版图拓展成为一个主要由国家组成的全球社会体系，形成了当时世界的基本秩序。跨入20世纪90年代的门槛，由于世界人口激增、经济贸易往来频繁、信息技术逐渐完善、气候环境日益恶化，导致世界范围内一场巨大的、多层次的变革初见端倪。全球局势发生了深刻的变化，面临着前所未有的挑战，正所谓"百年未有之大变局"，全球治理也登上了世界历史的舞台。

一方面，许多重要的国际组织都对全球治理问题予以高度关注。1989年，世界银行率先提出"治理危机"的说法，1992年该组织发表《治理与发展》年度报告；1992年由瑞典前首相卡尔森发起成立了全球治理委员会；1995 年全球治理委员会发布《天涯成比邻》报告；1996 年联合国开发计划署发布《人类可持续发展的治理、管理的发展和治理的分工》年度报告；1997 年联合国教科文组织发布《治理与联合国教科文组织》报告。①

另一方面，西方许多政治学家、社会学家以及法学家都对全球治理予以高度关注。其中詹姆斯·N. 罗西瑙提出了著名的"本体论"，他认为在无政府主义的世界中，本体论的中心已经从主权国家之间的互动转化为全球化力量和本土化力量的互动，并且一体化趋势和碎片化趋势相叠加；② 戴维·赫尔德认为国家处于一个空前复杂的全球体系中，这不仅改变了国家的自治性，而且逐步侵犯和影响了国家主权；③ 罗伯特·基欧汉重视国际机制的作用，认为国际机制是全球治理的核心；④ 加勒特·哈丁"公地的悲剧"（The Tragedy of the Commons）理论可扩大适用于全球治理中的某些领域；⑤ 埃莉诺·奥斯特罗姆的自主治理理论强调自主治理的组织对公地资源拥有最大的自治权，也符合某些全球治理主体的政治诉求。⑥

在全球治理迅猛发展的三十余年中，国际社会上出现了越来

---

① 岳春宇. 如何理解全球治理理论中的"治理" [J]. 河北省社会主义学院学报，2008（1）：84－86.

② 李义中. 全球治理理论的基本取向问题析探 [J]. 安庆师范学院学报（社会科学版），2005（2）：19－22.

③ 戴维·赫尔德等. 全球大变革：全球化时代的政治、经济和文化 [M]. 杨雪冬等译，北京：社会科学文献出版社，2001：1.

④ 门洪华. 罗伯特·基欧汉学术思想述评 [J]. 美国研究，2004（4）：103－118，5.

⑤ 加勒特·哈丁，顾江. 公地的悲剧 [J]. 城市与区域规划研究，2016，8（1）：199－210.

⑥ 埃莉诺·奥斯特罗姆. 规则、博弈与公共池塘资源 [M]，王巧玲，任睿译，西安：陕西人民出版社，2011：52.

越多国家之外的、不同种类的参与主体和与之相关领域的国际规制。从事国家主权理论研究的学者顺应时代潮流，将目光从传统的领土国家体系转移到各参与主体与国家进行的激烈交锋上来。传统国际法理论对领土国家体系持坚定不移的支持态度，但国家以外的主体在全球治理中的参与程度及作用与日俱增。其中一个主要表现就是国际组织的数量越来越多、话语权越来越大、层级越来越高，可以说全球治理的组织化趋势已然不可遏制。这种趋势是否也在全球治理的不同领域、不同问题上有所体现呢？具体到全球治理在海洋领域的应用，即全球海洋治理领域又呈现出怎样的态势呢？带着这个问题，本书进行了研究与思考。

（二）全球海洋治理发展现状

海洋与地球生态系统的运转和世界人民的福祉密不可分。一方面，海洋作为地球的重要碳库，对气候的调节起到了重要作用。另一方面，海上交通运输、水产养殖、渔业捕捞、石油和天然气开发、海底矿业开发、生物资源的开发与利用以及海上旅游等活动为世界人民带来了巨大的经济利益，数十亿人依靠海洋及其资源获取食物和维持生计。但是，人类日益增长的物质需求与不断提升的探索能力也对海洋及其资源产生巨大的负面影响：渔业资源过度捕捞，海洋环境重度污染，气候变化导致海平面上升以及海水酸化等。这些问题不但破坏海洋环境，而且影响海洋传统用途的延续。因此，全球海洋治理产生在海洋自然属性客观基础上，它以全球化和海洋问题频发为现实背景，具有一定程度的必然性。[1]

就目前全球海洋治理的发展状况来看，全球海洋格局正在经

---

① 王琪，崔野. 将全球治理引入海洋领域——论全球海洋治理的基本问题与我国的应对策略 [J]. 太平洋学报，2015，23（6）：17 - 27.

历着深刻的变革：第一，新兴海洋问题层出不穷、影响范围不断扩大，使得全球海洋治理问题更加紧迫和严峻，仅凭任何一个国家或者任何一个组织的能力都无法妥善解决。就南极而言，部分国家意图将其在南极旅游、海洋生物基因资源、淡水资源、保护区划定与管理等方面的国家实践上升到南极治理规则。就北极而言，北极理事会作为北极治理核心，面临越来越多的挑战。就国家管辖范围外海域生物多样性养护和利用而言，其文本拟定在划区管理、惠益共享、环境影响评价、技术及资金转移等方面衍生了大量争议。就国际海底区域而言，矿产资源开发规制的拟定困难重重。第二，参与治理的主体日益多元，且非国家行为体力量逐渐壮大。以国家管辖范围外区域海洋生物多样性养护和可持续利用问题为例：在关于该问题国际协定的谈判过程中，非政府组织参与数量涨幅非常大，从筹备会议中的 13% 左右到实质性会议中的 21% 以上，说明非政府组织具有较高的参与积极性。为了使谈判取得进展，非政府组织经常举行活动和会议，并且凭借其专业权威的影响力引导国家提案的形成方向，甚至会被赋予一定程度的决策权。例如：在建立罗斯海海洋保护区的过程中，由 31 个非政府组织，包括皮尤慈善信托基金组成的联盟，即南极和南大洋联盟发挥了不可忽视的作用；马尾藻海委员会在保护马尾藻海方面发挥了混合政府间组织的作用，也是非政府组织在全球海洋治理中的作用不断发展的一个典型案例。第三，治理方式日益丰富，早期的治理方式主要体现在军事和安全方面，现在的治理方式向规则和技术方面转变，参与主体围绕如何提高技术水平、如何科学设置议题、如何加速规则制定等方面展开激烈的讨论。从上述三个角度来看，国家在目前全球海洋治理体系中的传统优势地位确实受到了冲击、发生了动摇。

　　由于人类对海洋的认知能力发生了变化，可以利用新的知识和技术对既有现实进行更深层次或不同视角的认识和解释。所以专家对日益增多的特殊案例产生了新的理论回应，全球海洋治理理论在此背景下逐步产生。鉴于"全球海洋治理的提出深受全球治理理论的影响，是其在全球海洋范围内的具体化与实际应用"①，所以有必要将全球治理理论引入海洋领域，从而推进全球海洋治理理论研究。虽然全球治理是全球海洋治理最主要的理论来源，但二者在理论体系完整性上存在着很大的差距。早期西方研究大多是从经济学视角下的传统理念出发，强调海洋的资源价值，关注海洋资源与利益的分配制度。对人类生存发展这一层次价值的关注有所缺失，对全球海洋治理体系构建的研究也相对较少。人类在海洋领域开展的活动领先于全球海洋治理理论的形成，使许多方面留有疑难及空白，这些疑难需要解释，这些空白亟须填补。

　　海洋环境及其资源对人类的生存繁衍具有重要意义，且全球性海洋问题不能依靠任何一个国际主体单独解决，所以全球海洋治理概念应运而生。但随着多方共治局面的形成，国家以外的其他主体，尤其是非政府组织的规模和力量日益壮大，逐渐对国家传统优势地位造成冲击。在这种情势之下，国家在作为全球海洋治理核心要素之一的全球海洋治理规则中发挥的作用是否有所减损，所处的地位是否有所动摇呢？上述问题，是本书研究的重点。

　　（三）中国参与全球治理发展现状

　　近年来，我国对全球治理问题的重视程度与日俱增。2014年，

---

① 王琪，崔野. 将全球治理引入海洋领域——论全球海洋治理的基本问题与我国的应对策略 [J]. 太平洋学报，2015，23（6）：17–27.

习近平总书记在中央党校省部级干部研修班上强调"提高治理水平和完善治理体系"的重要性。2015 年，中共中央政治局就全球治理议题进行了两次集体学习，习近平总书记都发表了重要讲话，强调"治理"既立足于国内，也着眼于世界，在全球化的大背景下中国梦的实现，一定离不开"全球治理"。

在深入参与全球治理的过程中，中国最为关注的是全人类的共同利益和共同价值，习近平主席多次在重大外交活动中提及"人类命运共同体"概念：2013 年 3 月 23 日，习近平主席在俄罗斯莫斯科国际关系学院首次向世界提出"人类命运共同体"倡议，呼吁国际社会树立"你中有我、我中有你"的命运共同体意识；2015 年 5 月，习近平主席出席博鳌亚洲论坛时提出"通过迈向亚洲命运共同体，推动建设人类命运共同体"的倡议；2015 年 9 月，习近平主席在纽约联合国总部发表重要讲话，倡议"继承和弘扬联合国宪章的宗旨和原则，构建以合作共赢为核心的新型国际关系，打造人类命运共同体"；2017 年 1 月，习近平主席在联合国日内瓦总部发表演讲，系统阐释了"构建人类命运共同体，实现共赢共享"的中国方案；2017 年 3 月 23 日，"人类命运共同体"重大理念首次载入联合国人权理事会第 34 次会议决议；2018 年 4 月 10 日，习近平主席在博鳌亚洲论坛开幕式上做主旨演讲，希望"各国人民同心协力、携手前行，努力构建人类命运共同体"；2018 年 10 月 25 日，习近平主席在第八届北京香山论坛开幕式上指出"中国愿以更加开放的姿态与各国同心协力，推动构建人类命运共同体"；2018 年 12 月 18 日，习近平主席在庆祝改革开放 40 周年大会上指出"我们积极推动建设开放型世界经济、构建人类命运共同体，促进全球治理体系变革"。

习近平总书记也多次在党内的重大会议上强调"人类命运共

同体"理念的重要性：2017 年 10 月 18 日，习近平总书记在党的十九大报告中提出"坚持和平发展道路，推动构建人类命运共同体"，同时倡导"构建人类命运共同体，促进全球治理体系变革"；2018 年 3 月 11 日，第十三届全国人民代表大会第一次会议表决通过中华人民共和国宪法修正案，"推动构建人类命运共同体"成为我国宪法的指导原则之一；2019 年 10 月，中国共产党十九届四中全会提出"坚持和完善独立自主的和平外交政策，推动构建人类命运共同体"。这些举措体现出我党对深入参与全球治理和"人类命运共同体"理念的高度重视。那么，为了更好地参与全球治理，我国究竟应该秉持怎样的态度，采取怎样的行动呢？对于这个问题的回答，是本书所追求的现实意义所在之一。

（四）中国参与全球海洋治理发展现状

纵观古今中外，海洋是名副其实的联结各国人民的重要纽带。我国大力推进"21 世纪海上丝绸之路"的建设，并且制定了海洋强国战略，说明我国在参与全球海洋治理方面具有高度的意愿和充足的实力。目前天时地利人和，正是我国参与全球海洋治理的最佳时期。如果不能抓住时机有所作为，很可能会错失良机，造成遗憾。但我们也必须认识到，全球海洋治理涉及的领域太过广泛，议题又都非常重大而且敏感，一旦处理不慎就会造成不好的影响。因此，必须准确地把握全球海洋治理的内涵和机制，才能与时俱进、开拓创新。

我国高度重视对全球海洋治理的参与，具体表现为：第一，在"一带一路"倡议的基础上，加强与"一带一路"沿线各国合作交流，为我国海洋强国建设营造良好的外部环境；第二，我国政府非常重视关于国家管辖范围以外区域海洋生物多样性养护和可持续利用问题的国际谈判，并将其列为国际海洋法领域的两项重大进程之一①；第三，2018 年 1 月，我国发布《中国的北极政策》白皮书，首次全面、清晰、准确地阐述了我国的北极政策，这是构建我国海洋治理体系、进一步参与全球海洋治理的重要举措之一；第四，2019 年 4 月 23 日，国家主席、中央军委主席习近平在青岛集体会见了应邀出席中国人民解放军海军成立 70 周年多国海军活动外方代表团团长的讲话中首次提出构建"海洋命运共同体"。出于对全球海洋治理的高度重视，我们必须思考全球海洋治理的未来走向，探究国家如何更好地参与全球海洋治理活动。

二、研究目的与意义

最初，人们普遍认为超越领海范围的海域不属于任何一个国家的专属管辖范围。随着全球性海洋问题范围的扩大、复杂程度的加剧，单个国家无法为海洋生物资源的可持续性发展和海洋环境的养护提供全面保障。推动国际合作、制定被广泛接受的规则是大势所趋。全球海洋治理规则同所有法律规则一样，都试图通过设定权利义务来构建相应的行为准则，限制国家及具有法律人格的其他实体的行为活动。既然规则限制了国家的自由，那么国家也会在规则形成过程中发挥影响力，创设对自身有利的制度性权利。本书通过对全球海洋治理规则的历史演变进行回顾与梳理，分析国家在全球海洋治理规则演变各个历史时期中对权利义务配置产生的影响，得到"国家在全球海洋治理规则中发挥的作用是否有所减损，所处的地位是否有所动摇"问题的答案。上述即为本书的研究目的。

海洋是孕育生命的摇篮，是全球化发展的重要平台。2000 多

---

① 刘惠荣，胡小明. 主权要素在 BBNJ 环境影响评价制度形成中的作用 [J]. 太平洋学报，2017，25（10）：1-11.

年前，古罗马哲学家西塞罗曾说过："谁控制了海洋，谁就控制了世界。"这句话在今天看来仍然具有深刻的理论与实际意义。作为一个海洋大国、海洋强国，如何更充分、更有效地参与全球海洋治理是我国面临的重大挑战与机遇。海洋资源开发与利用能够延缓我国海洋资源枯竭的速度，海洋环境的保护对我国生态系统保护和社会经济发展也至关重要。但是，我国目前对于全球海洋治理的理论研究尚不充分，尤其对全球海洋治理规则中国家地位作用的研究更是留有空白。对国家在全球海洋治理规则制定及实施过程中发挥的作用、所处的地位进行研究，从国家角度思考如何在坚定不移地维护国家主权前提下积极参与全球海洋治理，是我国在这个重要的历史窗口、百年不遇大变革时期所应考虑的重点。此研究将为深度参与全球海洋治理、创设对我国有利的制度性权利、拓展我国海洋权益提供思路与建议。上述即为本书的理论意义与现实意义。

三、研究思路

虽然中外学者对"全球治理""全球海洋治理"单独领域的研究都比较丰富，但对它们与国家之间关系的研究尚不充分。尤其对作为全球海洋治理核心要素之一的全球海洋治理规则与国家之间的关系研究尚有空白。针对以上研究现状和空白，本书开展了如下研究。

就"全球海洋治理"概念来看，它最早出现于20世纪90年代。如果单就"全球海洋治理"概念产生后的规则进行考证，很容易陷入孤立的、片面的思考之中。不能因为某些规则形成过程中没有学理上的"全球海洋治理"概念，就忽视它们之间的内在联系以及它们对后续规则产生的影响。所以本书研究对象"全球海洋治理规则"并不是狭义的、局限的，而是从历史研究视角出发所看到的更为广义、更为宏大的"全球海洋治理规则"。因此，本书对国家在全球海洋治理规则演变中地位作用的研究上溯至地理大发现时期，通过全盘梳理这段与海洋相关的历史，能够更清晰地分析出国家在不同时期发挥的作用和所处的地位。在此基础上，根据人类社会各阶段的发展水平、对海洋的认识程度、对海洋的需求程度，对全球海洋治理规则演变的历史进行分段。并以"全球海洋治理"概念产生的时间为划分节点，产生于该概念之前的海洋权力争霸时期和海洋权利争夺时期统称为"前全球海洋治理时期"。

具体来说，本书采取"一般理论—历史分析—具体现象—理论总结与升华"的写作思路。

第一章，理论背景与现实问题。本章是研究的理论基础和逻辑起点，梳理国家主权、全球治理、全球海洋治理一般理论，并对国家主权与全球治理、全球海洋治理的互动关系进行分析，在此基础上搭建本书理论分析的框架。由国家在全球治理和全球海洋治理中受到冲击的现象，讨论到国家在全球海洋治理的核心要素之一——全球海洋治理规则中的地位与作用，引出本书的重点问题。

第二章，前全球海洋治理时期海洋规则中国家的地位和作用。本章从历史的视域出发，分析国家在前全球海洋治理时期海洋规则中的地位与作用。该时期可以根据人类社会生产力发展水平、对海洋的认识程度、对海洋的需求程度进行再次划分，包括海洋权力争霸时期和海洋权利争夺时期。海洋权力争霸时期核心的海洋规则是海洋自由，海洋权利争夺时期核心的海洋规则是《公约》及其形成过程。本章首先提出时期划分的理据，然后分析该时期海洋规则的演变过程，最后总结国家在该时期海洋规则塑造和实施中发挥了怎样的作用、处于怎样的地位。

第三章，新兴全球海洋治理规则中国家的地位和作用。本章将视角从历史转向现实，当人类对海洋的需求从"只顾眼前"向"可持续发展"转变，"全球海洋治理"概念应运而生之后，时代的特征由海洋权利的争夺走向了海洋责任的承担。对目前全球海洋治理最具代表性的事件——国家管辖范围以外区域海洋生物多样性养护和可持续利用问题国际协定的谈判过程进行剖析，分析国家在国家管辖范围以外区域海洋生物多样性养护和可持续利用问题国际协定的三大构成要素，即参与主体、目标实现和规制内容中发挥的作用和所处的地位，进而得出"国家在该时期海洋规则塑造与实施中发挥了怎样的作用、处于怎样的地位"问题的结论。

第四章，演变中的全球海洋治理规则、国家地位作用及其对中国的启示。本章进行理论总结与升华，对全球海洋治理规则的演变和国家在其中的地位和作用进行总结，对国家主权未来的走向进行展望，最后得出国家，尤其是中国如何在维护主权的前提下更好地参与全球海洋治理的启示。为深度参与全球海洋治理、维护我国海洋权益提供建议。

另外，本书在对前全球海洋治理时期中国家的地位作用进行分析时，运用历史分析法着重讨论了该阶段的核心思想和重大事件。对国家在当下全球海洋治理规则中的地位作用进行分析时，运用实证分析法着重讨论了国家管辖范围以外区域海洋生物多样性养护和可持续利用问题的国际谈判过程。做出这样选择的原因是：随着人类社会不断向前发展，人类对海洋的需求从"只顾眼前"向"可持续发展"开始转变，全球海洋治理的时代特征从权利的争夺走向了责任的承担。虽然因为权利争夺引发的剩余问题依然存在，例如冰川融化出现新的岛屿、海平面上升引起领海基线发生变化、划界问题层出不穷等，但如果还继续讨论这些权利划分层面上的问题，就无法更好地反映出当代海洋规则的"责任"属性，更无法关注在该属性之下国家如何发挥作用。本书选取了国家管辖范围以外区域海洋生物多样性养护和可持续利用问题国际协定的谈判过程作为代表性问题进行具体研究，既能反映出这个时代多个事件的一般共性，又不至于陷入不切实际的空想。

四、研究方法及创新之处

第一，交叉学科法。全球治理理论和全球海洋治理理论最早源自国际关系学科，而国家主权理论和全球海洋治理规则理论则源自国际法学科。本书将采用交叉学科的研究办法，积极调动各类知识，使得研究内容更加饱满、丰富、有层次。

第二，法解释学方法。对法律规则的研究离不开法律文本的分析与解释。本书在检索、查阅大量国内外文献的基础上，梳理国家主权、全球治理、全球海洋治理等理论的发展进程。

第三，历史分析法。本书使用历史分析法对国家主权理论的发展史、全球海洋治理规则的演变历史进行梳理，从中归纳并总结出不同时期或背景下理论与实践的特征和规律。

第四，实证分析法。本书对国家在当下全球海洋治理规则中的地位作用进行分析时，运用实证分析法着重讨论了国家管辖范围以外区域海洋生物多样性养护和可持续利用问题国际协定的谈判过程。对该谈判过程的分析使得文章更加具体、丰富。

本书在理论和实践上都寻求一定程度的创新。首先，在中外学者对"全球治理""全球海洋治理"与"国家"之间关系的研究尚不充分，尤其对作为全球海洋治理核心要素之一的全球海洋治理规则与国家之间的关系研究尚有空白的情况下，本书纵向梳理全球海洋治理规则从无到有的历史发展脉络，横向分析国家各个历史阶段的地位作用。将海洋规则与国家主权理论相结合，在一定程度上能够填补以上领域的空白，具有一定的开拓意义，丰富海洋法研究的相关内容。上述即为本书的理论创新。

其次，全球海洋治理规则同所有法律规则一样，试图通过设定权利义务，构建某一领域的行为准则。也就是说，全球海洋治理规则可以限制国家及具有法律人格的其他实体的行为活动。因此，国家试图影响它们所服从的全球海洋治理规则，创设对自身有利的制度性权利。对全球海洋治理规则演变中国家的作用进行研究，也是从国家角度思考，如何在维护国家主权的前提下，有效应对全球海洋治理中不断出现的新兴议题。为中国深度参与国家管辖范围以外区域海洋生物多样性养护和可持续利用国际协定谈判提供一定的启示，从而在百年未有之大变局中迎难而上，保护并拓展自身海洋权益。此为本书的实践创新。

第一章　理论背景与现实问题

　　全球治理领域著名的学者詹姆斯·N. 罗西瑙曾经说过："这是一个以边界迁移、权威重构、民族国家衰落和非政府组织在地区、国家、国际和全球等诸层次上的激增为特征和标志的时代。"① 这句话高度概括了全球治理参与主体的特点。全球海洋治理作为全球治理在海洋领域的落实与细化，其参与主体也呈现出多元化、多层次化的特点。国家在众多的参与主体中究竟处于一种什么样的地位，发挥着什么样的作用？国家主权还那么重要吗？或者它面临着被削弱、被替代的风险？从国际法角度出发，全球海洋治理规则是全球海洋治理的核心构成要素之一，国家在全球海洋治理规则的塑造与实施中又扮演着怎样的角色？

　　本章首先梳理国家主权理论的发展过程，其次梳理全球海洋治理理论的形成过程，再次分析国家主权理论和全球治理理论的关联性互动，最后引出关于国家在全球海洋治理规则中地位与作用的疑问。

---

① 罗西瑙. 面向本体论的全球治理［C］//俞可平. 全球化：全球治理. 北京：社会科学文献出版社，2003：55.

第一节　国家主权理论的发展

国家主权是国家区别于其他国际法主体的最重要属性，是一个国家固有的在国内的最高权力和在国际上的独立自主权利。国家主权是现代政治学、法理学、国际法学中一个历久弥新的概念。一部国家主权理论的发展史，同时也是一部国家主权理论遭遇挑战并应对挑战的历史①。国家传统的威斯特伐利亚体系中毫无疑问地占据支配地位。自冷战结束以后，它的地位经受了无数的批判与挑战。以国家为中心的传统国际体系处于动荡与变革之中。对全球海洋治理规则中国家的地位与作用进行研究，必须对国家主权理论及其演变进行梳理，因为"对主权的这样一种解释能给我们在建设性地参与组织世界时提供一个线索"②。

一、国家主权理论的源起

国家主权作为特定的概念和制度起源于西方③。对国家主权的研究主要分为两个角度，首先从主权的性质出发，包括主权无限说、主权有限说、主权可分说、主权不可分说、主权可让与说和主权不可让与说等。其次从主权的渊源出发，包括君主主权说、人民主权说和国家主权说等。传统的国家主权理论与当时政府权威认同的多样化状况相适应，表现出两大核心特点：第一，主权在本质上是不可分的；第二，主权的法律渊源，正当的法必须以

---

① 卢凌宇．论冷战后挑战主权的理论思潮［M］．北京：中国社会科学出版社，2004：1.
② 篠田英朗．重新审视主权［M］．戚渊，译．北京：商务印书馆，2004：2.
③ 卡米莱里．主权的终结？［M］．李东燕，译．杭州：浙江人民出版社，2001：13-14.

最高主权者为后盾①。随着世界格局的变化及人们认知的加强，近现代国家主权理论对以上两大观点提出了反驳意见，在主权的起源、作用、本质和归宿等问题上出现了各种各样的观点。他们还讨论国家主权是否可以被分割、被限制甚至被侵犯，国家主权是不是绝对的、有效的、至上的。

近代国家主权理论源自古典国家主权观念，它们的关系类似于一种母子关系，先有古典观念后有近代理论。没有一种理论能孤立地存在，它必然与其他一种或几种理论存在关联。要理解近代国家主权理论就必须理解相关的古典理论，从而真正客观地、完整地、发展地审视国家主权这一不断变化前进的概念。

（一）古典国家主权观念

对国家主权理论的探讨可以回溯到古希腊时期、古罗马时期和中世纪的欧洲。虽然当时并没有明确出现"主权"一词，但其蕴含的古典国家主权观念涉及与国家主权相关的来源和性质等一系列问题。以上时期，教会、君主、贵族和普通人民之间对于权力的争夺，激起了近现代学者的国家意识，促进了主权概念的形成。② 古典国家主权观念为近现代国家主权理论的产生奠定了基础。

1. 古希腊时期的主权思想

古希腊时期的哲学家亚里士多德在《政治学》中用"sovereignty"一词指代城邦治权、最高权力或权威，即最高的立法权、行政权和司法权。③ 亚里士多德认为人是政治的动物，生活

---

① 陈序经. 现代主权论［M］. 北京：清华大学出版社，2010：1.
② 杨泽伟. 主权论：国际法上的主权问题及其发展趋势研究［M］. 北京：北京大学出版社，2006：15.
③ 亚里士多德. 政治学［M］. 吴寿彭，译. 北京：商务印书馆，1965：134–148.

在特定的政治组织，也就是国家里。亚里士多德还认为国家应警惕外敌、防止其他国家的不良风俗入侵本国，这体现了主权的对外独立性。虽然亚里士多德没有直接使用"主权"概念，但他关于国家的学说最早诠释了主权思想。①

2. 古罗马时期的主权思想

古罗马时期，主权为全体人民共同所有。人民通过《王权法》将主权委托给皇帝或君主，使其代表全体人民行使主权所包含的权力。另外，皇帝或君主从元老院或地方总督处获得"治权"，使得皇帝或君主的权力处于顶峰。但人民的主权委托不代表国家主权放弃，最终的主权还是属于人民。②

3. 中世纪时期的主权思想

中世纪时期的主权按权威的归属分为三个流派：教会主权派认为教会是神圣的世界，享有高于世俗世界的权威；君主主权派认为教会处理精神领域的事务，皇帝或君主处理世俗领域的事务，因此皇帝享有最高权威；人民主权派继承了亚里士多德和罗马法学家的衣钵，坚持世俗世界的主权最终将属于人民。

（二）近代国家主权理论

近代国家主权理论的形成与欧洲民族国家的兴起密不可分，它为国家的合法性提供了理论来源，促进了欧洲民族国家的发展。出于对主权归属不同的看法，近代国家主权理论被划分为君主主权论和人民主权论。

1. 君主主权论

君主主权论的代表人物是让·博丹和托马斯·霍布斯。

---

① 杨泽伟. 主权论：国际法上的主权问题及其发展趋势研究 [M]. 北京：北京大学出版社，2006：14.

② 陈序经. 现代主权论 [M]. 北京：清华大学出版社，2010：10.

　　16 世纪的法国思想家、法学家博丹是第一个通过比较研究法从王权特有的角度使用主权概念的人①，他在《国家六论》中所持的观点是从统治者角度出发的主权理论。首先，他对主权性权利进行了界定，将立法权奉为第一主权性权力，能够包含其他权力；其次，他提出了主权不可分割的观点，在此观点之下引申出政府的高级权力不能分割、分配给个人使用，只能以整体形式集中于某人或某集团，② 这个观点使博丹的主权理论受到后人相当多的诟病；最后，他认为主权具有绝对性，主权的权威性体现在它能够使得政府合法运作。至此，博丹主权理论的三要素基本形成：主权至上、主权不可分、主权绝对。

　　由于博丹生活的年代临近中世纪，所以他的思想受到神学影响较大。他之所以被认定为君主主权的支持者，与其所处的社会环境也有很大的关系，因为当时面临着如何重建国家内部权力秩序、如何界定国家与个人之间的关系、如何界定各国家之间的关系的三重难题。在他的论述中，神是神圣世界中至高无上的主权者，皇帝或君主凭借人民让渡的主权在普通人所处的世俗世界中享有最高权力。但神权高于君权，皇帝或君主主权受上帝主权的限制。博丹的主权理论是服务于皇帝或君主的绝对专制权力，所以他的主权理论很大程度上可以等同于君主在其统治范围内享有的最高君权理论。③

　　16 世纪末至 17 世纪的英国政治家、哲学家霍布斯在《利维坦》中的论述将君主主权论发挥到了极致。他认为在国家成立以

---

① 狄骥. 公法的变迁·法律与国家 [M]. 郑戈，冷静，译. 沈阳：辽海出版社，1999：21.
② 博丹. 主权论 [M]. 李卫海，钱俊文，译. 北京：北京大学出版社，2008：7.
③ 俞可平. 全球化与国家主权 [M]. 北京：社会科学文献出版社，2004：2.

前，人们处于一种"武力就是正义"的自然状态中，人们如同处在战争状态之下。为了尽快摆脱这种状态，霍布斯提出了两种解决方式：第一通过强迫性的武力；第二通过自愿的契约。所谓"自愿的契约"就是按照约定建立国家，人们一旦达成约定就将全部权利让渡给了主权者。这种约定是人民与主权者的单方约定，主权者并没有与人民签订契约，他的权力因此变得绝对且不受限制。主权者之上不再存在任何权威，人民只能服从、无权反对，且不能以任何形式控告或惩罚主权者，① 这就是社会契约论。霍布斯认为主权可以集中于一人、少数人或多数人，但无论在何种情况下主权都不可分割。博丹区别了君主权威和其他弱化的集体权威，霍布斯区别了君主和人民，或者说国家和个人。霍布斯更高程度地摆脱了神学的影响，他认为主权者之上不再有上帝的权威，因此是一种彻底的君主专制理论。

2. 人民主权论

人民主权论的代表人物是约翰·洛克和让－雅克·卢梭。

17 世纪至 18 世纪初的英国哲学家、启蒙思想家洛克在《政府论》中否定了霍布斯的君主主权论。他认为：正如霍布斯所说，人们处于一种自然状态中，但这种状态不是战争状态，而是因为缺乏公共权威产生了诸多不便之处。洛克提出的解决方式是：每个社会成员都将拥有的权力转移给国家，国家因为人民的同意获得权力。他也提倡订立"自愿的契约"，但这种契约是人民与主权者的双方约定。主权者的权力不是绝对且不受限制的，因为绝对且不受限制的权利对人民的权利与自由是极大的威胁。洛克设想在国家和人民之间划分主权，人民是主权的真正拥有者，国家在

---

① 利维坦［M］. 黎思复，黎廷弼，译. 北京：商务印书馆，1996：136.

人民的同意之下获得作为国家最高权力的立法权和执行权，在这种情况下人民和立法机关都是至高无上的。洛克的主权理论与霍布斯的主权理论相比，更高程度地摆脱了君权的影响，因此是一种彻底的人民主权论。洛克的思想不但成为英国资产阶级革命强大的思想武器，而且极大地影响了法国资产阶级革命，他的分权思想对美国《独立宣言》的起草也产生了巨大的启示。可以说洛克的理论对整个主权理论的发展都起到了至关重要的转折作用，从此"人民"与"主权"更加紧密地联系在了一起。

18世纪初的法国启蒙思想家、哲学家、政治家卢梭在《社会契约论》中阐述了他对主权的理解。如果说霍布斯将君主主权论发挥到了极致，那卢梭就将人民主权论发挥到了极致。霍布斯、洛克和卢梭的社会契约论观点存在递进发展的关系，卢梭的思想不免受到两人的影响"他的主权定义完整性和准确性来自霍布斯，对主权的定位和操作来自洛克"①。不同之处在于，霍布斯理论中的自然状态等于战争状态，洛克理论中的自然状态等于缺乏公共权威，而卢梭理论中的自然状态是一个理想的幸福状态。在这里人人平等、满足，但是随着人类文明的发展进步，将会对自然状态的幸福带来威胁，所以必须改变原有的生活方式。对此，卢梭提出的解决方式是：每个人都将自己的一切权力全部转让给整个集体②，在集体中以公意（general will）为最高行为准则，从而成为集体的一部分③。卢梭所谓的公意是"一个国家的主权，是灵魂和精神"④。在卢梭看来，主权是不可转让、不可分割，不可被代

① Dunning W A. A History of Political Theories. From Rousseau to Spencerby ［J］. Columbia Law Review, 1921, 21（3）：303.
② 卢梭. 社会契约论 ［M］. 何兆武，译. 北京：商务印书馆，1996：23.
③ 陈序经. 现代主权论 ［M］. 北京：清华大学出版社，2010：21.
④ 陈序经. 现代主权论 ［M］. 北京：清华大学出版社，2010：21.

表的，具有绝对性和公正性。在他公意逻辑的背后实际上是完全的人民主权论。对他来说，人与生俱来的自由与平等高于一切，他的思想为法国大革命提供了理论武器。

"主权是现代政治的特殊特征，是指向现代远离中世纪及以前所有时代的一个历史性路标。主权确定和固定了国际关系的范围。"[1] 近代国家主权理论，连同它内在的秩序判断，为后面国家作为独立主体成为国际关系之核心奠定了基础，促进了民族国家的发展。作为一种理论，国家主权为权威的确立创设了合法性。从君主主权过渡到人民主权，人民的认可就是政权权威合法性的唯一来源。作为一种秩序，国家主权为处理国家间关系提供了规则。在国际社会中没有凌驾于国家之上的其他合法主体，国家主权相互独立、平等、互不侵犯、互不干涉。虽然近代国家主权理论做出了极大的贡献，但它在实践中也存在很多不足，比如范围仅限于欧洲之内，再比如这些原则也遭到过违反和侵犯。但我们必须承认，近代国家主权理论是西方近代社会和经济发展的必然产物，更是历史建构进程中举足轻重的制度模式。

二、国家主权理论的演变

在历时三十年的第一次全欧洲大战结束后，参战的欧洲各国于 1648 年 10 月签订了两个和约，即后来并称为《威斯特伐利亚和约》的《奥斯纳布吕克和约》和《明斯特和约》。《威斯特伐利亚和约》认为国家主权具备了对内对外的双重属性[2]，所以真正意义上的现代国家主权理论产生于此。如果说霍布斯思想中的自然状

---

① Jackson R. Introduction： Sovereignty at the Millennium ［J］. Political Studies，2010，47（3）：423 –430.

② 俞可平. 全球化与国家主权 ［M］. 北京：社会科学文献出版社，2004：2.

态是一种战争状态，他提倡的社会契约论是人民单方面与君主缔约，那么《威斯特伐利亚和约》就是各国君主之间的契约，统治者之间彼此承认他们的自治权威，使国家的地位得以稳固与发展。

然而国家主权理论并不是一成不变的，它的内涵与外延处于不断地丰富和发展中。随着十七八世纪资产阶级革命全面爆发，资本主义经济与社会的发展要求一种能够提供更强有力保障的政治组织。国家成为世界政治的基本构成单位，国家主权在欧洲内部成为处理国家间关系的准则。20 世纪上半叶两次世界大战的爆发，国家主权原则突破了欧洲的范围，走向了世界。但实际上老牌发达国家与新兴发展中国家的关系仍然是不平等的。冷战结束后，全球化进程骤然加快，国家主权原则面临着被削弱、被侵蚀，甚至被局部替代的危险，这种现象引起了人们的关注与思考。本小节着重分析第一次世界大战后到第二次世界大战前、第二次世界大战后到冷战结束前、冷战结束后三个不同的历史阶段，讨论现代国家主权理论是如何遭受冲击的，对于英、美、法等具有代表性的西方国家内部主权理论如何发展不予关注。

（一）第一次世界大战后到第二次世界大战前

第一次世界大战是一场帝国主义之间分赃不均的非正义战争，给人类带来了空前的浩劫，给世界各国带来了巨大的灾难。一些学者将国家主权视为帝国主义国家挑起战争的理论帮凶：拉斯基认为"主权沦为少数人的工具，主权的绝对性违背了全人类的利益"。① 罗素认为"对外主权是战争和恃强凌弱的源头"②。这场帝

① 卢凌宇. 论冷战后挑战主权的理论思潮 ［M］. 北京：中国社会科学出版社，2004：19－20.
② 罗素. 自由之路 ［M］. 李国山，译. 北京：文化艺术出版社，1998：432.

国主义国家发动的战争造成 1000 多万人丧生，2000 多万人受伤，是对人类生存权的无情践踏。所以一些学者将主权与国家放在了对立面上，试图割裂主权与国家的关系，狄骥认为"主权应属于个人而不是国家"①。劳特派特认为"主权国家的法律违反了起码的人权，人道法则高于主权国家的法律"②。可以说，第一次世界大战后国际秩序的重塑使得人们"开始抛弃主权与国家固有关系的教条"③，甚至"不再如过去那样崇拜主权了"④。

（二）第二次世界大战后到冷战结束前

一方面，第二次世界大战结束之后殖民地、半殖民地国家在争取民族解放和独立问题上掀起了一阵狂潮。它们的解放与独立为其作为发展中国家登上全球舞台埋下了伏笔，也为国家主权原则突破欧洲范围、在全世界得到确信创造了条件。但某些国家，尤以非洲国家为主，它们内部并没有实现真正的统一，所以常常发生激烈的国内冲突。虽然名义上是独立的国家，但实际上并没有对领土实行有效的控制。发达国家因此获得干预其内部事务、破坏其国家主权完整性的机会。新独立的发展中国家通常经济实力较弱，受到发达国家的制约与裹挟，为了谋求发展不得不依附于发达国家，形成了不平等关系。这也使新兴发展中国家迫切要求行使经济主权，维护自身合法权益。

第二次世界大战后，欧洲列强对世界的主宰被推翻，世界历

---

① 狄骥. 公法的变迁·法律与国家 [M]. 郑戈，冷静，译. 沈阳：辽海出版社，春风文艺出版社，1999：9–11.
② 王铁崖. 奥本海国际法（第一卷第二分册）[M]. 北京：中国大百科全书出版社，1995：220.
③ 阿库斯特. 现代国际法概论 [M]. 朱奇武，等译. 北京：中国社会科学出版社，1981：19.
④ 朱奇武. 中国国际法的理论与实践 [J]. 南京大学法律评论，1998（2）：164.

史逐步过渡到以美苏两大国为首的两极格局的时代。新独立的发展中国家为了在夹缝中寻求生存空间不得不选择依附其中一方，国家主权受到很大程度的削弱。在这种背景下，第二次世界大战后的现代主权理论发展史其实是一部获得民族独立的发展中国家努力争取真正行使国家主权能力的实践史。

另一方面，第二次世界大战作为人类历史上规模最大的世界战争，它造成的人员伤亡和经济损失极其惨重，这使西方世界反国家主权的论调甚嚣尘上①。首先，学者从禁止核战争的角度抨击国家主权理论。杰赛普认为"为了防止核战争，必须抑制无限制的主权"②。爱因斯坦认为"无限制的国家主权是战争的根源"③。其次，第二次世界大战后国际法一元论开始流行。它在同一法律体系中分析国际法和国内法的地位问题，产生了"国际法优先说"和"国内法优先说"两种截然对立的观点。持国际法优先说观点的学者实际上将国家主权放在了国际法的对立面上，代表学者凯尔逊认为"国内法应该服从国际法，主权也应当受制于国际法"④。在此基础上，一些学者甚至开始了"无政府主义"的本体论探索，号召成立世界政府凌驾于民族政府之上。

（三）冷战结束后

冷战宣告结束是全球变革的重要转折点，经济全球化使世界各国经济联系加强、相互依赖程度提高。国际市场的流动、科学技术的发达都促进了全球公民社会的形成。冷战结束后的现代国

① 朱奇武. 中国国际法的理论与实践 ［J］. 南京大学法律评论, 1998（2）: 164.
② 周鲠生. 现代英美国际法的思想动向 ［M］. 北京: 世界知识出版社, 1963: 382 – 383.
③ 方在庆. 爱因斯坦晚年文集 ［M］. 海口: 海南出版社, 2000: 133.
④ 凯尔森. 法与国家的一般理论 ［M］. 沈宗灵, 译. 北京: 中国大百科全书出版社, 1996: 138.

家主权理论受到了前所未有的冲击,它与第一次世界大战后到第二次世界大战前、第二次世界大战后到冷战结束前两场冲击的关系是继承与发展。所谓继承,一指目的的一致性,二指时间上的连续性。所谓发展,一指从学理层面发展到现实层面,二指从零星的学者讨论发展到形成特定的流派。面对全球化挑战国家主权的现实,学者们对国家主权理论进行重新思考,许多新的国家主权理论便应运而生。

国家建立在领土、主权和人民三大要素上。高速发展的全球化进程对领土要素造成了极大的威胁与挑战。以经济全球化为例,经济全球化是在全球范围内的一场资本、产品和通信大流动,它既要求可供栖息的全球性流动市场,也要求可供依靠的全球性组织。从客观上讲,经济全球化就是全球性流动市场的扩大和全球性组织的增加。这种市场的流动和组织的增加要求摆脱地理意义上领土界限的束缚,对传统的领土要素造成了极大的冲击,进而升级到对国家主权的挑战。这种挑战可以从三个角度加以理解:第一,全球活动需要民族国家内部相应政策支持,这种需求使得民族国家在决策过程中受到不同程度的影响,这种影响对国家主权产生了挑战;第二,全球活动使得自由、民主、人权、和平等价值观念更加普世化,国际社会对民族国家内部的反人道暴力行为进行干预更加有理有据,这其实也是对国家主权的挑战;第三,全球化使得许多先前只在民族国家内存在的问题变得国际化,必须依靠国际合作才能妥善解决,这种国际合作也对国家主权产生了挑战。在这种国际背景之下,关于国家主权究竟处于何种地位的讨论逐渐增多,成为该领域学者研究的焦点。

围绕"国家主权究竟处于何种地位"的问题,产生了极端全

球主义者、怀疑论者和变革论者三个流派。极端全球主义者认为
在经济全球化的背景之下，传统的民族国家是一种不和谐的因素，
夸张地说它们甚至没资格继续存在①。全球化过程中构建出的新型
社会组织正在逐渐替代或者说终将替代传统的威斯特伐利亚体系
中处于绝对优势支配地位的国家。怀疑论者认为极端全球主义者
的观点低估了国家管制国家活动的持久权力，全球化进程的不断
深化离不开国家管制权力的加持与助力。变革论者相信全球化进
程正在调整或重组国家的权力、功能与权威，新的"主权体制"
正在替代着传统的国家状态。国家主权"需要随时调整自己，以
适应不断变化的历史现实"②。世界秩序"不能再被认为是完全国
家中心的，甚至主要由国家管理的，民族国家不再是世界治理或
者权威的唯一中心或者首要形式"③。这三个流派关于"全球化与
国家主权的关系"的讨论也为"全球治理与国家主权的关系"的
讨论奠定了基础。

　　纵观国家主权理论的发展历史，不难发现一个规律：每逢影
响国家权威的重大历史事件发生，国家主权理论很大可能就会遭
到激烈的讨论乃至质疑。因此以重大历史事件为切入点，分析现
代国家主权理论的阶段性发展是本部分的逻辑线索。如果不把现
代国家主权理论遭受冲击的状况放到具体的历史背景下，就无法
全面理解它。

　　总之，国家主权是现代政治学、法理学、国际法学中一个历

---

① Keninchi O. End of the nation state [M]. New York: New York Free Press, 1995: 5.

② Murphy A. The Sovereign State System as Political-Territorial Ideal: Historical and Contemporary Considerations [M]. Cambridge: Cambridge University Press, 2011: 81 –120.

③ Rosenau J N. Along the Domestic-Foreign Frontier: Exploring Governance in a Turbulent World [M]. Cambridge: Cambridge University Press, 1997: 467.

久弥新的概念。一部国家主权理论的发展史，同时也是一部主权理论遭遇挑战并应对挑战的历史①。古希腊时期、古罗马时期和欧洲中世纪时期虽然没有明确出现"主权"一词，但古典国家主权观念已经有所体现，这为近现代国家主权理论的产生奠定了基础。近代国家主权理论以君主主权论和人民主权论两派为代表。作为一种理论，它为权威的确立创设了合法性。作为一种秩序，它为处理国家间关系提供了规则。近代国家主权理论为后面国家作为独立主体成为国际关系之核心奠定了基础。随着十七八世纪资产阶级革命全面爆发，资本主义经济与社会的发展要求一种能够提供更强有力保障的政治组织，国家成为世界政治的基本构成单位。《威斯特伐利亚和约》的签订表明国家主权已经具备了对内对外的双重属性②，真正意义上的现代国家主权理论由此产生。20世纪上半叶两次世界大战爆发后国家主权原则走向了世界。但老牌发达国家与新兴发展中国家的关系仍然是不平等的，在这个过程中人们对国家主权产生了质疑与反对。冷战宣告结束是全球变革的重要转折点，经济全球化使世界各国经济联系加强、相互依赖程度提高。冷战结束后的现代国家主权理论受到了前所未有的冲击，学者们对国家主权理论进行重新思考，有些坚决维护国家主权理论，有些激烈反对国家主权理论，有些保持中立态度。

通过对国家主权理论发展过程的梳理，可以看出国家主权理论并不是一成不变的，它的内容和地位随着历史发展而不断变化。国家主权理论的发展变化反映了国际关系的客观现实，学者们对

---

① 卢凌宇. 论冷战后挑战主权的理论思潮 [M]. 北京：中国社会科学出版社，2004：1.

② 俞可平. 全球化与国家主权 [M]. 北京：社会科学文献出版社，2004：2.

国家主权理论的质疑与反对与当时国际关系的变化密切相关①。对于国家地位与作用的思考必须结合具体的历史事件进行分析，才能更准确地把握其内在的逻辑和本质的规律。

另外，虽然国家主权理论的内容和地位随着历史发展而不断变化，但它也有自己固有的、不能动摇的内容。这种固有的、不能动摇的内容是国家的主权身份。主权身份是一个实体国家必备的、被国际社会和其他国家知悉并认可的核心特征，只有具备主权身份才能维持对外的独立平等和对内的服从与被服从。国家的主权身份是唯一的、绝对的、不可分割的，全球治理与全球海洋治理不会对国家的主权身份造成冲击。受到冲击的是除了主权身份以外的内容，包括国家主权的权威和能力。② 国家主权的权威又被称为主权的功能性权威，它可以被分割和让渡。国家主权的能力指的是国家选择和实施政策的自由，发展程度不同的国家，主权能力也有所差距。③

下文将要讨论的国家主权与全球治理、全球海洋治理之间的关系，不包括国家的主权身份与二者之间的关系，因为全球治理、全球海洋治理不会对国家的主权身份构成挑战。真正受到全球治理和全球海洋治理挑战的是国家主权的权威和国家主权的能力。在全球治理或全球海洋治理背景下，多元主体之间的合作需要国家谨慎做出主权让渡的决定，理智面对自由受限的现实。

① 杨泽伟. 主权论：国际法上的主权问题及其发展趋势研究 [M]. 北京：北京大学出版社，2006：32.
② 任丙强. 全球化、国家主权与公共政策 [M]. 北京：北京航空航天大学出版社，2007：207.
③ 任丙强. 全球化、国家主权与公共政策 [M]. 北京：北京航空航天大学出版社，2007：67–69.

第二节　全球海洋治理理论的形成

元理论是学科的理论基础，任何一个理论的发展与壮大都离不开元理论的支撑，否则该理论就会沦为无源之水、无本之木。全球海洋治理理论研究也无法另辟蹊径，对全球海洋治理进行理论溯源会发现全球治理和海洋治理两大理论，梳理这两大理论的相关概念能够帮助我们更好地理解全球海洋治理。

全球海洋治理是全球治理在海洋领域的落实与细化，全球治理理论为全球海洋治理理论提供了基本的构成要素。全球海洋治理是全球层面上的海洋治理，海洋治理理论为全球海洋治理理论提供了原则和目标。

一、全球治理理论

冷战结束是全球变革的重要转折点，经济全球化使世界各国经济联系加强、相互依赖程度提高。国际市场的流动、科学技术的发展促进全球公民社会形成。在 20 世纪 90 年代如此错综复杂的国际背景下，全球治理开始盛行。

全球公民社会之所以需要全球治理存在，主要原因有以下几点：第一，全球问题愈演愈烈，逐渐失控，已非任何一个国家或者组织凭一己之力可以解决；第二，既有全球性体制的滞后与局限，无法适应当前环境，亟须更新换代；第三，治理主体在数量上和质量上都有明显的提升，为了避免全球范围内发生重大危机，更好地维护全人类共同利益，需要它们共同承担责任。因此，全球治理理论的目的在于倡导主权国家、超国家、跨国家乃至非国家主体共同构建一个多领域、多层次、多元化的制度框架，它体现了不同参与主体之间的平等、协商与合作。

（一）全球治理的概念与特点

1. 全球治理的概念

全球治理的概念来源于西方。它是一个复合概念，因为"全球"和"治理"是两个开放性的元素，所以全球治理的概念也具有很强的可塑性。不同的学者或者权威组织给全球治理赋予了不同的内涵。

要理解全球治理，首先应当理解"治理"。"治理"（governance）有着许多种不同的定义，它有别于传统的政府"统治"（表1）。学者罗茨从国家、公司、市场、公共服务、社会、自主网络六个方面归纳了治理的定义，认为"治理是一种新的统治过程"。① 格里·斯托克归纳了治理的五种定义，认为"治理来自政府，又不限于政府""治理不限于政府的权力，不限于政府的权威""治理模糊了国家与社会的界限，混淆了公共与私人的责任""治理是各个组织资源交换的产物""治理最终将形成一个自主的网络，分担政府的行政管理责任"。② 詹姆斯·罗西瑙认为治理"虽然没有正式的权力授予，却能良好地发挥效用"，因为它"是由一系列共同目标所支持的活动"。③ 1992年，世界银行将治理定义为"促进一个国家的经济和社会资源发展方面行使权力的方式"，2007年进一步将其定义发展为"政府官员和机构获得和行使权力、制定公共政策和提供公共物品和服务的方式"。1995年，全球治理委员会在

① Rhodes R. The New Governance: governing without government [J]. Political Studies, 1996, 44 (4): 652-676.
② 斯托克，华夏风. 作为理论的治理：五个论点 [J]. 国际社会科学杂志（中文版），2019, 36 (3): 23-32.
③ 罗西瑙. 没有政府的治理：世界政治中的秩序与变革 [M]. 张胜军，刘小林，等，译. 南昌：江西人民出版社，2001: 5.

《天涯成比邻》报告中指出"治理是个人和机构管理其共同事务的许多方式的集合""治理既包括通过强制力使人们服从的正式制度和规则，也包括建立在符合人们利益基础上得以同意的非正式的制度安排"。① 2007 年，联合国开发计划署发布报告指出"治理系统通过国家、市民社会和私人部门之间或者各个主体内部的互动来管理其经济、政治和社会事务""治理由制度和过程组成，公民和群体通过治理表达自身诉求，减少彼此矛盾，享受权利履行义务""治理存在于社会、政治和经济三个维度之中，存在于家庭、村庄、城市、国家、地区和全球各个人类活动领域"。② 在对"治理"的诸多定义之中，全球治理委员会的定义是最具有权威性与代表性的一个，它也作为源头理论被引入全球治理理论研究之中。

表 1　"治理"与"统治"的区别

区别项	治　理	统　治
本质	权威来源并非一定是政府	权威来源必须是政府
权威的基础和性质	以公民的认同为基础，多为自愿性质	以政府的命令为基础，多为强制性质
主体	主体既可以是公共机构，也可以是私人机构，还可以是公共机构和私人机构的联合	主体一定是社会的公共机构

① 卡尔松. 天涯成比邻——全球治理委员会的报告 [M]. 北京：中国对外翻译出版公司，1995：2-3.
② 杨雪冬，王浩. 全球治理：Global governance [M]. 北京：中央编译出版社，2015：2-3.

续表

区别项	治　理	统　治
权力运行向度	治理是上下互动的管理过程，多元、相互	政府统治是自上而下单一向度
管理范围	突破国家领土范围，体现出超国家性质	局限在国家领土范围内

　　"全球治理"是"治理"在全球层次上的延伸与应用，遵循"治理"的基本内涵与核心原则。既然"治理"是"全球治理"的理论源头，势必会造成"全球治理"的定义也像"治理"的定义一样多种多样的局面。相关学者在这个问题上存在着认知的分歧和广泛的讨论，使得该理论体系不够严谨、科学和统一。吉姆·惠特曼从六个角度阐释全球治理的含义，认为全球治理是"一种高度概括的现象"，是"国际组织的行为"，是"国家与非国家活动""对具体领域的管理"，是"霸权自由主义的对立面"，并且是"公共政策网络合作伙伴"。[①] 詹姆斯·N. 罗西瑙认为"全球治理是小到家庭、大到国际组织，所有人类活动都涉及的规则体系（systems of rule），这种体系源于共同目标，产生国际上的影响。"这个定义的缺陷在于过于宽泛，把所有具有规则性质的跨国性影响活动都囊括在内，缺乏实质性的界定与解释。[②] 日本学者星野昭吉认为全球治理是一种"多元主体之间为了解决共同问题而

① Whitman J. Palgrave Advances in Global Governance ［M］. London：Palgrave Macmillan，2009：139－159.
② Finkelstein L S. What is global governance?［J］. Global Governance：A Review of Multilateralism and International Organizations，1995，1（3）：367－372.

进行的合作"①。这与全球治理委员会强调的"全球治理与非政府组织、各种公民活动、多国公司以及全球资本市场等相关联"②，是继承与发展的关系。

至于中国学者，著名的全球治理研究者俞可平认为"全球治理指的是通过具有约束力的国际规制解决全球性的冲突、生态、人权、移民、毒品、走私、传染病等问题，以维持正常的国际政治经济秩序"③。另一位学者蔡拓认为"全球治理，是以人类整体论和共同利益论为价值导向的，多元行为体平等对话、协商合作，共同应对全球变革和全球问题挑战的一种新的管理人类公共事务的规则、机制、方法和活动"④。从基本内涵与核心原则来看，源于西方的全球治理理论在中国也得到了很好的承接，二者在价值判断和目标取向上基本一致。

虽然全球治理从 20 世纪 90 年代开始盛行，但到目前为止，理论界对它的概念仍然没有形成一个完全一致的结论。综合权威学者以及相关文献，"全球治理"是指为了解决全球性的公共问题与增进全球公共利益，包括国家与非国家行为体在内的各种公共、私人机构以及个人，通过制定与实施具有约束力的正式或非正式的国际机制（regimes），对全球范围的各个领域进行多层次的、网络式的协调与行动。⑤

---

① 星野昭吉. 全球政治学［M］. 刘小林，张胜军，译. 北京：新华出版社，2000：277 –278.

② 卡尔松. 天涯成比邻——全球治理委员会的报告［M］. 北京：中国对外翻译出版公司，1995：2 –3.

③ 俞可平. 全球治理引论［C］//俞可平. 全球化：全球治理. 北京：社会科学文献出版社，2003：13.

④ 蔡拓. 全球治理的中国视角与实践［J］. 中国社会科学，2004（1）：94 –106，207.

⑤ 刘志云. 论全球治理与国际法［J］. 厦门大学学报（哲学社会科学版），2013（5）：87 –94.

2. 全球治理的特点

从全球治理的概念中，可以总结出全球治理有以下几个特点：首先，全球治理是一种制度规则。它包括正式的、具有强制约束力的公约或条约，也包括非正式的原则、规范、政策、协议、谈判等。国际规制理论为全球治理提供基本原则与规范，也是全球治理权威的来源。由国际规制演化发展出的国际组织是全球治理重要的参与者①。其次，全球治理是一种涉及多层次、多种行为体的制度规则。多种层次是指以主权国家为基准，向上为超国家或区域性层次，横向为跨国家层次，向下为亚国家层次，以及正在形成中的全球性层次。多种行为体是指包括主权国家、国际组织、非政府组织、跨国集团、议题网络、政策网络和个人等在内的全球治理主体。从这个角度出发，全球治理体系是一个打破了直线性顺序的多维立体重构的体系。再次，全球治理是一种以合作为特点的制度规则。它以"和而不同"为价值取向，在维护全人类共同利益的基础上，尊重各参与主体固有的文化传统和独特的价值追求，以包容的精神赢得更多人的理解与认同。最后，全球治理是一种民主的制度规则。全球治理中不存在最高的强制性权威主体，无论权力大小都在发挥作用，不同的参与主体在不同领域发挥着不同的作用。全球治理在国家内部民主的基础上追求更高层次的全球民主，通过高质量的协商、对话与合作提高该机制的透明度与效率，从而为解决全人类面临的重大问题提供新的作用路径。

----

① 王乐夫，刘亚平. 国际公共管理的新趋势：全球治理 [J]. 学术研究，2003
(3)：53 – 58.

（二）全球治理的构成要素

除了界定概念与特点，剖析全球治理的构成要素也是全面理解全球治理理论的关键一环。全球治理主要包括目的、规制、主体、客体和结果等五个构成要素。① 这五个构成要素解释了以下五个问题：为什么需要全球治理、靠什么进行全球治理、由谁来进行全球治理、全球治理到底在治理什么以及全球治理的效果如何？

第一，为什么需要全球治理？因为绝对的独享性国家主权时代已经成为历史，全球治理创造了一种超越国家地理边界的新型合作格局，使人类有了一股崭新的、巨大的、求同存异的合力去解决共同面临的诸多问题。

第二，靠什么进行全球治理？全球治理起源于行为体之间的相互依赖，基于相互依赖形成的共同利益使得行为体开始合作，就具体问题展开合作时就必须确立共同的行为规范。所以，从国际关系视角出发，在全球治理的推进过程中，国际规制处于核心地位。规制是由自利行为体所创立，用来解决或至少是改善集体行动难题，并由此增加社会福利的一套治理体系。规制形成了一个水平而非垂直方向或等级制的公共秩序体制②。国际规制的确立是全球治理能否达到理想效果的关键，这就要求行为体首先通过谈判确立适当的行为规制，达成共识并最大范围地扩大与传播这种共识；其次，严格按照行为规制办事，享受相应的权利，履行相应的义务，承担相应的责任，形成合力解决问题。罗西瑙以参

---

① 俞可平. 全球治理引论［C］//俞可平. 全球化：全球治理. 北京：社会科学文献出版社，2003：13.
② 奥兰·扬. 全球治理：迈向一种分权的世界秩序的理论［C］//俞可平. 全球化：全球治理. 北京：社会科学文献出版社，2003：71 – 73.

与主体为标准，将全球治理规制分为了五种类型：跨国型的、由非国家行为体发起的、次国家的、国家发起的、共同发起的。面对庞大复杂的全球性问题，需要形成不同程度、不同类型的全球治理规制，这注定会存在诸多困难与障碍：第一，新生规制提供全球公共物品的能力严重不足；第二，传统国际组织提供公共物品的能力有所下降；第三，两极格局的打破带来更多的是失序，而非秩序；第四，当前全球治理规制无法达到深入国家内部治理制度的程度，仍属外部规制或替代规制。①

　　第三，由谁来进行全球治理？如果说国际规制是不同的参与主体在解决不同领域的问题中所依赖的工具，那么不同的参与主体就是推动全球治理进程向前发展的根本动力。以多元行为体替代单一国家政府，是治理乃至全球治理的根本特征。主权国家是全球治理中最主要的治理主体，它们一方面为全球治理正常运转提供所需资源，另一方面通过国内政策外溢左右国际规制的形成；一方面执行全球治理的具体规定，另一方面承担影响治理成效及他国利益的相应责任。国际组织和多边机构虽然是由主权国家创立的，但它们在全球治理中的"自主性"和"超国家主权性"越来越强，在很大程度上出于自我偏好，代行主权国家的治理功能，俨然出现了一种"超级主权"的趋势。非政府组织的重要性体现在数量的增加、规模的扩大和财力的雄厚，在某些它们擅长的领域确实与主权国家和国际组织形成了互补之势。同时它们也是主权国家、国际组织的监督者甚至批评者。跨国集团的重要性体现在全球经济的引领作用及对技术和知识的把握两方面，它们参与全球治理最典型的方式是通过制定行业规范和责任标准，约束企

① 张胜军. 为一个更加公正的世界而努力——全球深度治理的目标与前景 [J]. 中国治理评论, 2013 (1)：70-99.

业行为，承担相应责任。具有政治影响力的个人、具有社会公信力的个人或者社会活动的参与者乃至日常生活中的参与者也是全球治理不可或缺的主体之一，它们的重要性体现在通过专业的知识和自由的言论丰富全球治理的内涵与外延。除此之外，全球治理的主体还包括民间组织、私营部门、地方当局、科学协会、教育机构等。

第四，全球治理到底在治理什么？全球治理的客体视角就是问题治理的视角。根据事件起因，可以将全球性问题分为纯自然环境引起的问题和人类活动引起的问题两大类。纯自然环境引起的问题是指地球生态体系演变过程中发生的地震、海啸、火山喷发、飓风、气候变化等影响人类生存根本的问题。人类活动引起的问题是指人类在政治、军事、经济、社会和文化等不同领域进行交流互动产生的全球经济、能源、粮食安全、移民、流行病等关系人类生存与发展的问题，以及国际冲突、恐怖主义、大规模杀伤性（核）武器、外层空间安全、有组织犯罪和网络犯罪等在内的全球安全问题。纯自然环境引起的问题对人类社会有全球性影响，人类活动引起的问题对自然界也有全球性影响，因此二者共同构成了一个完整的体系。不同领域问题的治理具有不同的需求，呈现出全球治理复杂性和多样性的特点。这些问题使人类社会面临着未知的风险与挑战，只有通过全球治理才有机会应对与解决这些问题。针对不同的问题，全球治理体系会做出适当的调整。

第五，全球治理的效果如何？所谓"效果"，在很大程度上是一个抽象的概念，需要通过科学的监测、具体的数据和有针对性的指标进行评估。对全球治理效果的考察实际上就是对国际规制效果的考察。国际规制的效果受多种因素影响，例如相关全球性问题的紧迫性、各参与主体之间利益和认识的契合度以及治理过程中责任与资源分配的合理度等。判断国际规制是否有效,有三个必须着重考察的方面:第一,国际规制是否真的达到对各方参与主体的约束作用,明确哪些行为值得提倡,哪些行为应被禁止,是否所有的参与主体都能承担相应的责任;第二,国际规制是否能改变各方主体的观念,尤其是提高那些原本持消极态度主体的认识。如果国际规制达到了此种效果,哪怕该主体并未参与到规制中,也会受到规制的影响甚至压力;第三,国际规制是否尽可能多地囊括了参与主体,尤其是那些国内治理能力不足的发展中国家。否则全球治理很容易造成"强者愈强,弱者愈弱"的局面,导致国际规制在这些国家的本地层次无法有效运作与实现,进而影响全球治理的整体效果。就目前现实情况而言,针对全球性饥荒、恐怖主义、气候变化等问题的治理尚未取得十分有效的成果,仍需全人类继续共同努力。

二、海洋治理理论

为满足人类生存需要,海洋奉献了食物和能源;为满足人类精神文化追求,海洋提供了诸多娱乐活动;为促进世界各国沟通与交流,海洋充当了天然的桥梁。随着现代科学技术的发展和沿海地区人口压力的增大,人类活动对海洋生态系统的影响已经到了损害自然环境、消耗可再生资源的程度。为了适应人类对海洋不断提高的认知程度,也为了满足人类对资源日益迫切的物质需求,海洋治理(ocean governance)通过自身的进化与完善带来了一场关于海洋治理的法律制度安排演变。海洋治理的目的是通过构建法律制度来管理和规范人类与海洋有关的行为,不断扩大人类在海洋领域的合作,从而维护全人类的共同利益。

曾经,"海洋自由"被视作海洋领域的至高准则。然而在新的科学技术大量涌现以及人类对海洋认知期待有所转变的现实情况下,纯粹的"海洋自由"已经成为历史。人类对海洋空间和资源的利用需要更为科学的秩序。在不断变化的政治、经济、社会和技术条件面前,海洋领域的制度安排也应不断发展,从而满足新的条件和新的需要。例如,1992 年联合国环境与发展会议(United Nations Conference on Environment and Development, UNCED)提出了"可持续利用海洋及其资源"的概念。《21 世纪议程》提出"新的软法指导原则重点关注日益严重的海洋危机",并申明了"沿海地区综合治理的必要性"。全球海洋治理是在全球层面上的海洋治理,"海洋治理"作为"全球海洋治理"的来源之一,为全球海洋治理理论提供了原则和目标。因此,在具体研究全球海洋治理理论之前,有必要对海洋治理理论进行梳理。

(一)海洋治理的概念与原则

1. 海洋治理的概念

海洋治理的概念颇为复杂。它的发展受决策者认知水平、决策机构合法性、利益相关者参与程度和权力来源等因素影响颇深。海洋治理是海洋活动顺利开展的基础,一个稳定、可预测的治理框架对于可持续利用海洋和资源至关重要。

虽然在学者之间关于"如何定义海洋治理"的争议仍然存在,但海洋治理目的是"通过法律、政策或体制改革来改善当前海洋活动的管理和监管"这一点无可厚非。在定义海洋治理的过程中,有两个要素值得强调,其一是一体化要素,其二是利益的平衡。首先,强调一体化是因为海洋空间包括的各部分是密切相关的,需要将其作为一个整体加以考虑,努力克服单一治理方法固有的分散性和各级政府之间的管辖权划分。2015 年,联合国大会评估世界海洋环境状况的常规程序在其第一份报告中指出"与海洋的整体规模相比,人类对海洋的影响已不再微不足道,因此需要一种连贯的整体治理方法"。2018 年,联合国大会关于海洋和海洋法的年度决议序言部分指出"海洋空间问题密切相关,需要通过综合、跨学科和跨部门的办法作为一个整体加以审议"。其次,强调利益的平衡是因为传统治理往往忽视分配公平、限制决策过程的参与,传统治理的可信度有限并且缺乏社会支持。所以必须发动越来越广泛的利益相关者参与,尤其关注不同阶层参与者利益的平衡,体现对海洋环境资源获取公平性和海洋秩序变化趋势的关注。但这个过程中难免涉及某些行为者为共同利益做出的牺牲,甚至需要以某种形式赔偿,这就要求行为者权衡利益并确定优先事项。

总之,海洋治理是指用于管理海洋区域内公共和私人的行为,以及管理资源和活动的各种制度的结构和构成①。人类社会的海洋治理具有悠久的历史,格劳秀斯的海洋自由论为后续海洋法的发展奠定了基础,《公约》的诞生对于海洋治理也具有重大的规制意义②。

2. 海洋治理的原则

随着海洋污染程度的加深和海洋资源的匮乏,人们越来越意识到海洋活动需要遵循可持续治理的原则,社会经济发展不能在造成环境退化的情况下进行。2015 年,联合国大会通过了 17 项可持续发展目标,其中目标 14 "水下生命"直指海洋问题。这一目标为促进海洋活动可持续发展、加速海洋治理部门相互融合提供了机会。

---

① 黄任望. 全球海洋治理问题初探 [J]. 海洋开发与管理, 2014, 31 (3): 48-56.
② 黄任望. 全球海洋治理问题初探 [J]. 海洋开发与管理, 2014, 31 (3): 48-56.

　　实现海洋活动可持续治理的关键是：如何构建一种既能综合科学研究、又能兼顾各方利益的"适应性管理"范式。在这一范式中，海洋可持续治理的里斯本原则（The Lisbon principles for sustainable governance of the oceans）的六项核心内容适用于包括海洋资源在内的所有自然资源的开发利用：第一，责任原则。自然资源的获得只是第一步，自然资源的使用需要兼顾生态可持续、经济高效和社会公平。个人和企业的责任和激励措施应该相互配合，并与社会和生态的目标相一致。第二，规模原则。生态问题很少被限制在某一个规模之中。政策的制定应确保生态信息的流动性，考虑内化的成本效益，快速有效地响应突发问题。第三，预防原则。面对潜在的、不可逆转的环境影响，与其相关的政策应当慎之又慎，实行举证责任倒置。第四，适应性原则。鉴于环境资源治理中总是存在一定程度的不确定性，决策者应不断收集和整合适宜的生态、社会和经济信息，以便及时做出适应环境的决策。第五，成本分摊原则。针对自然资源的制度安排而产生的所有成本和收益，包括社会和生态方面的利益，都应被查明、分配。在需要的时候，可以调整市场以适应成本。第六，参与原则。应保证所有利益相关者享有充分参与决策制定和实施的权利，以利于提升相关规则的认同、落实相关责任的合理分配。遵守这六项核心原则将有助于确保海洋治理的包容性、审慎性、公平性、规模敏感性、适应性以及最终的可持续性。①

　　（二）区域海洋治理

　　人类不断探索新的利用海洋资源的模式，如近海水产养殖、

---

① Costanza R, Andrade F, Antunes P, et al. Principles for sustainable governance of the oceans [J]. Science, 1998, 281 (5374): 198 – 199.

近海风能发电、波浪发电、浮动液化天然气终端、甲烷水合物开采以及海洋生物医学研究等。这些活动会长期占用海洋空间，甚至造成海洋环境破坏。海洋空间区域划分理论通常集中应用在海洋生物学和海洋地理学，具有防止海洋资源利用冲突的现实意义。将海洋空间区域划分理论扩展到社会和法律方面，重点在于进行全面规划，将活动与区域相匹配，从而在每个区域内合理分配权利义务。为了确保上述具有经济发展潜力的新兴海洋活动顺利开展，需要科学的治理框架作为引导。因此，在国家层面上，很多沿海国采纳了区域海洋治理理论。区域海洋治理理论帮助这些国家解决冲突、提高海洋利用效率、维护生态系统稳定。区域海洋治理理论的进步速度需要与海洋经济的增长速度相适应，才能应对广泛的、多样的、现有的和未来的海洋活动带来的机遇和挑战。

包括地方、国家、次区域、区域和全球范围在内的各级海洋治理安排，都是多层次海洋治理结构的一部分，每个层次都很重要。人们也越来越能理解，这些级别之间的联系对于有效治理至关重要。1992 年，里约热内卢联合国环境与发展会议传递出对区域合作的关注：不仅要解决跨界问题，而且要在发展中国家之间进行技术合作和费用分担。区域海洋治理的目标在于：第一，提供资源管理。保护沿海生物多样性，保证生态系统的健康。第二，促进经济发展。促进沿海区域适当和可持续的经济开发利用。第三，实现平衡使用。协调平衡现有和潜在的用途，解决沿海活动和远洋活动之间的冲突。第四，保护公共安全。沿海地区的公共安全更容易受到自然和人为的损害。第五，合理行使土地、水域所有权。科学管理长期占用海洋空间的活动，明晰因该活动给公众带来的经济收益。在设计区域海洋治理的程序和机构时需要考虑以下因素：治理的范围和程度、划定治理边界、政策优先次序、目标和目的、公众参与程度、解决冲突和执行决策的权威、决策方式、区域治理与国家和全球海洋治理的关系、与当前区域渔业管理委员会的关系等。

美国是实施区域海洋治理较早、效果较好的国家之一。在美国探索区域海洋治理形式和功能的过程中，有五种方法被认为是可行的：第一，将范围扩大到更远的近海地区，以便进行基于多种用途的治理，并进一步扩大到内陆地区，以促进生态系统健康；第二，以州为基础的区域海洋治理安排，促进了州和联邦机构之间的区域治理协议；第三，联邦政府有责任为区域海洋治理所需的大规模研究、监测和评估提供帮助；第四，将区域渔业委员会扩大为多用途海洋委员会；第五，建立基于生态系统的多用途区域海洋理事会。将目前的区域渔业理事会纳入其中，而不是被这种新建立的、更广泛的、更多用途的理事会取代。总之，当人类在区域一级开发并利用海洋资源时，会经常发生实践上或制度上的冲突。而采取上述五种方法改善区域海洋治理，帮助美国制定了更全面和更综合的国家海洋政策。

三、全球海洋治理理论

海洋生态系统对人类的生存与发展至关重要，但人类活动的负面影响也正在破坏这个系统的稳定。在国家管辖范围外区域开展的海洋资源开发活动是典型的公共问题，处理不慎有可能产生所谓的"公地悲剧"。由于人口增长、技术发展和消费需求带来巨大的压力，使人类逐渐形成了一个共识：没有一个国家可以对国家管辖范围外的区域行使专属控制权，各国必须团结一致、共同承担责任。如果大多数国家和政府认为全球海洋治理体系能为本国海洋政策带来附加值，那么全球海洋治理体系就是可行的。

在全球海洋治理的背景下，合作是社会经济和政治话语的主流。当前全球海洋治理体系的范围远远超出了单一的法律文书，各种参与主体缔结了许多国际条约、区域协定和多边协定等。全球海洋治理体系是广泛而深远的，反映了当代国际关系日益复杂和相互依存的性质。但国际条约、区域协定和多边协定等并不是详尽无遗的，也不意味着有足够的规制来治理现在或将来影响海洋环境的所有活动。因此，国际社会和各国政府迫切需要利用可持续发展的整体范式，为全球海洋治理提供更务实的办法。

（一）全球海洋治理的必要性

人类活动的负面影响正在破坏海洋生态系统的稳定。首先，现代社会的交通运输正在迅速发展。在这种条件下，美味的鱼类可以被运输到千里之外的餐桌之上，饮食需求的扩大有可能导致过度捕捞甚至渔业资源枯竭。在远洋航运的发展过程中，难免出现船只碰撞与原油泄漏，从而造成局部海洋环境污染甚至有毒物质的长期积累。因此，交通运输的发展对海洋环境保护和国家政策制定都存在一定影响。其次，经济全球化是必然趋势。在这种条件下，世界上主要经济体紧密联系在了一起，各国人民的命运也被一个他们无法控制的关系网络"网"在了一起。然而并非所有经济体都具有同样强劲的实力，当一个经济体遇到问题时，其余经济体会不同程度地受到影响，进而各国在国家政策方面会做出相应的调整。在这个过程中，难免会有一些国家"利"字当头，以牺牲海洋环境作为国家发展的代价。因此，经济全球化的发展对海洋环境保护和国家政策制定也存在一定影响。再次，对大多数发展中国家来说，21世纪的优先事项仍然是发展，这意味着将会有更多的自然资源被开发利用。在涉及海洋的国际会议上，"南北矛盾"日益尖锐，需要充分认识到发展中国家的诉求，为它们创造机会，使它们在不损害自身发展的前提下遵守国际海洋法。一方面，发展中国家在许多涉海问题上与发达资本主义国家有着明显不同的利益出发点，它们在面对来自发达资本主义国家的挑战时需要树立自己的权威。另一方面，发展中国家在维护海洋权益的同时，更需要维护主权的独立与稳定，所以发展中国家面临的海洋环境问题可能会更加严峻。

过去的经验和现实的困境增强了国家间合作的意愿和能力，也加强了它们对全球海洋治理的需求。很多联合国机构、政府间组织和非政府组织都将海洋环境保护作为其职责的一部分。但这些组织大多只是进行研究、收集数据并提供建议。虽然也有非政府组织就某些问题进行游说，但让世界各国遵循其建议的能力相对薄弱。如果全球海洋治理体系能在公平性上得到提高，特别是在发达国家、新兴国家和发展中国家之间的公平性，它的相关规制被接受的程度会更高。在如此错综复杂的时代背景下，全球海洋治理的存在具有一定的必要性。

（二）全球海洋治理的概念与原则

1. 全球海洋治理的概念

为了避免海洋资源危机，国际社会在 20 世纪中叶进行了多次努力：1930 年召开海牙国际法编纂会议，1958 年、1960 年、1973 分别召开三次联合国海洋法会议。另外还签署了大量相关条约，吸纳各种国际惯例，对国际海洋法的内容进行补充。此外还设立了各种海洋机构，如边界委员会、海洋法庭、海底管理局以及其他条约中设立的机构进行沟通与合作。《公约》是一个规则的框架，它制定了一系列全面的海洋活动规则，将海洋空间在水平和垂直上分为若干区域。它为减少或消除海洋"公共池塘资源"属

性提供了正确的方向，但它并没有提供必要的详细规定，以适应
各种不同的情况。

　　1999 年，罗伯特·弗雷德海姆首次提出全球海洋治理的概念，
在海洋资源利用与分配方面制定一套公平、有效、可持续性的规
则和办法，从而在相互依赖的世界中提供一种缓解海洋利益冲突
的手段。他提出的概念将"海洋""世界"两个元素有机结合，并
且初步解释了为什么需要全球海洋治理和靠什么进行全球海洋治
理。但全球海洋治理是"规则、制度和实践的形成和运作，国际
行为体通过这些规则、制度和实践来维持秩序和实现集体目标"，
弗雷德海姆的概念中没有涉及全球海洋治理的主体、客体及效果。
全球海洋治理是一个广泛的、复杂的、互动的动态决策过程，是
一个根据频繁变化的环境不断发展的过程。它的公共决策也受地
方、次区域和区域等不同级别的行为体的影响。想要为全球海洋
治理定义，必须包含主体、客体、目标、规制和效果五大要素
（图 1）。

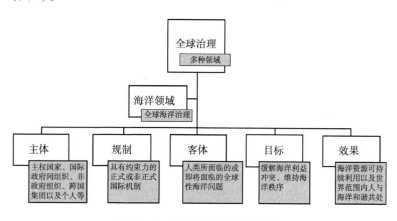

图 1　全球海洋治理的基本要素

　　全球海洋治理是全球治理在海洋领域的落实与细化，二者的

主体类别基本一致，主要包括主权国家、国际政府间组织、非政府组织、跨国集团以及个人等。目前国际社会关于全球海洋治理的理念是非常分散的，许多行业都在不同的规则和程序下运行，由不同的机构独立监管。全球海洋治理的客体是全球治理客体在海洋领域的具体表现，也就是人类面临的或即将面临的全球海洋问题。主要包括海洋科研、海洋旅游、海洋运输、海洋渔业、深海矿产资源的勘探开发、海洋施肥、海洋倾废、碳封存、海底电缆和管道铺设等全球海洋问题。这些全球海洋问题发生频率高、持续时间长、影响范围广、破坏程度深、解决难度大。① 全球海洋治理的规制是指用以规范各国涉海行为和维持正常的国际海洋秩序的一系列条约、公约、协议、宣言、原则、规范等各种正式的和非正式的规则体系。至于全球海洋治理的效果，它的目的是协调海洋的各种用途和保护海洋环境，同时它也被定义为维持生态系统结构和功能所必需的过程。为了避免决策的碎片化和利益相关者的排斥，在落实全球海洋治理框架时，协调合作的规则和程序应该被考虑在内。在这种情况下，整体的、生态系统的和预防性的方法是非常重要的方向，甚至是治理的驱动力。

　　近十年，国内对于"全球海洋治理"的讨论逐渐兴起。学者们认为，全球海洋治理作为一个复合概念，它的基本内涵出自治理理论与全球治理理论。② 在全球化背景下，各参与主体出于缓解海洋危机和共同谋取海洋利益的目的，通过制定和实施法律政策，来协商解决相应问题。③ 因此，全球海洋治理与国际海洋治理并无

---

① 袁沙．全球海洋治理：客体的本质及影响［J］．亚太安全与海洋研究，2018（2）：87-99，124．

② 王琪，崔野．将全球治理引入海洋领域——论全球海洋治理的基本问题与我国的应对策略［J］．太平洋学报，2015，23（6）：17-27．

③ 黄任望．全球海洋治理问题初探［J］．海洋开发与管理，2014，31（3）：48-56．

本质上的差异，它指的是"国家或非国家行为体通过协议、规则、机构等，对主权国家管辖或主张管辖之外的公海、国际海底区域的海洋环境、生物和非生物开发进行管理"①。但是以上这些对全球海洋治理的定义，并没有完全体现主体、客体、目标、规制和效果五大要素，从这个角度来看，以上的定义都是不够完整的。

全球海洋治理是本书最关键的概念之一。通过对其进行定义，可以限定本书研究的内涵与外延。但如果通过列举法对全球海洋治理的客体要素进行界定，肯定会出现遗漏，因为人类面临的或即将面临的全球海洋问题数不胜数。所以在对全球海洋治理进行定义的过程中，必须有的放矢、注重细节。基于以上论述，本书认为全球海洋治理是指在相互依赖的国际社会中，主权国家、国际政府间组织、非政府组织、跨国集团以及个人等参与主体，凭借具有约束力的国际规制和广泛的协商合作，解决人类所面临的或即将面临的全球性海洋问题，从而实现缓解海洋利益冲突、维持海洋秩序的集体目标，达到海洋资源可持续利用以及世界范围内人与海洋和谐共处的效果。

2. 全球海洋治理的原则

全球海洋治理的预期效果是实现海洋可持续发展以及世界范围内人与海洋和谐共处。所谓可持续发展就是"满足当前的需要又不损害后代满足其自身需要的能力"②。最早研究全球海洋治理的学者罗伯特·弗雷德海姆认为，为了达到这个目标，全球海洋治理应当遵循：责任原则、规模匹配原则、预防原则、适应性管

---

① 吴士存. 全球海洋治理的未来及中国的选择［J］. 亚太安全与海洋研究，2020（5）：1-22，133.

② Environment development W C O. Our Common Future［M］. New York：Oxford University Press，1987：53-78.

理原则、全部成本分摊原则和参与原则。① 以上六项原则与 2009 年欧盟颁布的《里斯本条约》中规定的海洋可持续治理原则高度契合，它们最大的作用就是"增强意识"。欧盟凭借强大的综合实力在全球海洋治理理论创建中处于引领者的地位②。《里斯本条约》是欧盟的一级立法，奠定了欧盟海洋治理的基本目标与原则。③ 这六项原则主要内容如下：

第一，责任原则。海洋资源的使用需要兼顾生态可持续、经济高效和社会公平。这要求个人和企业对其开展的海洋活动承担责任，并且以足够的奖励或惩罚作为引导。第二，规模匹配原则。尽管处于一个主要以主权国家为基础、领土为界限的世界，但海洋生态问题很难被限制在某一个规模之中。如果海洋生态问题的规模超出单一国家的范围，该如何实现规模匹配是一个问题。政策的制定应确保生态信息的流动性，考虑内化的成本效益，快速有效地响应突发问题。第三，预防原则。虽然预防原则已成为国际环境领域公认的原则，但在实践中，由于其限度具有不确定性，可能导致更多的问题。预防原则需要进一步定义，它需要专门机构提供监督和规范。毕竟大多数主权国家只有在符合它们的短期利益的情况下才愿意做"正确"的事情，只有在严重破坏了资源、别无选择补救的情况下，才考虑在可持续的基础上进行合作开发。第四，适应性管理原则。海洋环境状况瞬息万变，决策者为了做出与海洋环境相适应的决定，应当不断收集和整合适宜的生态、

---

① Friedheim R. Designing the Ocean Policy Future：An Essay on How I Am Going To Do That ［J］. Ocean Development & International Law，2000，31（1-2）：183-195.

② 梁甲瑞，曲升. 全球海洋治理视域下的南太平洋地区海洋治理［J］. 太平洋学报，2018，26（4）：48-64.

③ 裘婉飞，郑苗壮，刘岩. 论依法治海：法律在实现海洋"善治"中的作用［J］. 生态经济，2016，32（7）：200-204.

社会和经济信息。第五，全部成本分摊原则。基于海洋资源制度安排而产生的所有成本和收益，都应被查明、分配。第六，参与原则。所有利益相关者都有权参与规则制定和实施，这种参与有利于提升人们对规则的认同，从而更好地落实责任的分配。

为了保证全球海洋治理的效果，以上原则应当被具体细化与落实，而不仅仅是纸上谈兵、一纸空谈。这些原则应当被具有人员、机构、决策程序和资源的、能够承担相应法律责任的国际法主体所吸纳，这个主体不必须拥有主权，但需要在国际社会中能够制定规则、扮演角色、建立关系。这个主体并不一定需要提供足够的权威和执行力，也不必然成功地解决问题，它的成功程度与原则的细化与落实具有密切关系。

（三）全球海洋治理的效力

从国际关系视角出发，全球海洋治理的核心是它的规制。规制之所以是规制，不仅因为大多数成员都以某种方式行事，还因为他们内心对规制的信服，一旦违反规制就愿意接受相应的惩罚。但是对规制的信服也必须计算成本，如果以牺牲环境为代价的成本小于收益，人们就不会按规制行事。推动一个新的规制并让人们声称相信它，可能比让人们执行它或惩罚那些不执行它的人更容易。显然，让利益相关者表示他们支持一种规制是必要的，但仅仅是支持并不够。只有以符合规制的方式行事时，才能最终证明其有效性。国家作为独立的行为体，可以自由选择参与或不参与某条约，遵守或不遵守某条约之规定。推而广之，主权国家是否可以基于自主选择权从而受或不受全球海洋治理体系的约束？或者说全球海洋治理的效力如何落实？

全球海洋治理的效力不能与习惯国际法的效力混为一谈。习惯国际法有以下四个特性：第一，建立习惯国际法需要以国家同意为前提。如果一个国家坚持反对该习惯法规则的存在，那么该规则不适用于反对国。第二，与科学技术相关规则不太可能成为习惯国际法的一部分。第三，习惯国际法通常在国家惯例一致性的基础上逐渐出现，它的形成是一个缓慢的过程。第四，如果基于某一条约建立了一个成员组织，只有在极少数的情况下，该组织的决议和决定才能作为习惯国际法适用于其成员之外。尽管习惯国际法在全球海洋治理中发挥着作用，但全球海洋治理的理想前景不仅要摆脱国家同意的前提，也要摆脱对习惯国际法特性的依赖。

有人认为《公约》已经形成习惯国际法，对所有国家都有约束力。但是《公约》的争端解决机制不是习惯国际法的一部分，只适用于其缔约国。《公约》呈现的是一种可供选择的争端解决程序，以及对某些类型争端的明确豁免。两国之间的海洋争端与第三方争端解决之间的重要纽带是国家同意。没有当事国的同意，就不可能诉诸第三方。现行国际法和国家实践在是否需要第三方介入解决争端问题上赋予国家不受限制的自主权。缔约国可以通过声明的方式预先选择机构，或者争端各方在发生争端时就与适当的机构达成协议。《公约》以积极的姿态掩盖了关于国际裁决的核心事实，各国谨慎地保留了明确同意裁决的必要性，不愿放弃最后的主权堡垒。如果有太多的国家声称不受普遍规则的约束、充当"搭便车者"，那么海洋作为"全球公域"是无法被成功治理的。

虽然"全球海洋治理规制需要国家同意"的理论基础面临质疑与重塑，但"第三方争端解决需要国家同意"的理论基础依然稳定且坚固。通过和平手段解决争端，将是全球海洋治理效力落实的重要方式。建立这种关系的前提是，需要有一个独立的解决过程，并且确保结果得以顺利执行。为了突破坚固的"主权堡垒"，1995 年《关于养护和管理跨界鱼类和高度洄游鱼类的协定》要求从事跨界鱼类捕捞的国家制定、加入和遵守区域渔业协定，甚至要求非缔约国遵守该规定。该协定虽然没有明确涉及损害国家主权的行为，但其中有一些关于未来海洋资源治理的暗示，强调"由国家主导、强制合作""国家同意可能屈服于更大的利益"。①

全球治理的"合法性"并非完全来源于法律角度的"合法"，它在很大程度上来源于对社会秩序与权威的认同与服从，或者说源于全球治理与全人类相同的价值理念。全球治理必须是国际法基本原则与强行法约束下的治理，这是其获得"合法性"的基本前提②。全球海洋治理作为全球治理在海洋领域内的具体化与实际应用，它与全人类可持续利用海洋及其资源的价值理念相符。对海洋领域的弱国、小国、不利国来讲，它们对全球海洋治理的认同与服从主要源于自身生存与发展的需要。而对海洋领域的强国、大国、有利国而言，对全球海洋治理的认同与服从能够帮助它们在某些问题上获得主导权和话语权，这种主导权和话语权能够带来更多的利益。当这些收益大于牺牲海洋环境获取的收益时，人们就会身体力行地按全球海洋治理规制行事，最终证明全球海洋治理的有效性。

① Pörebech, Sigurjonsson K, Mcdorman T L. The 1995 United Nations Straddling and Highly Migratory Fish Stocks Agreement: Management, Enforcement and Dispute Settlement [J]. International Journal of Marine & Coastal Law, 1998, 13 (2): 119 – 141.
② 刘志云. 论全球治理与国际法 [J]. 厦门大学学报（哲学社会科学版），2013 (5): 87 – 94.

第三节　国家主权理论与全球海洋治理理论的耦合

关于"国家主权在全球治理理论体系中处于何种地位"的讨论不绝于耳。保罗·韦普纳概括性地总结了关于该问题的两种观点：第一，全球治理志在成立一个世界政府；第二，全球治理是没有政府的治理。① 因为知识储备不同、出发角度不同、代表立场不同，所以学者们对国家主权地位的认识也有所不同。他们之中，有人对国家主权理论全盘否定，也有人对国家主权理论大力维护。有人对国家发展趋势不抱希望，也有人对国家的未来热切期盼。

全球海洋治理是全球治理在海洋领域的落实与细化，二者在很大程度上具有共性。由于人们意识到任何一个国家都无法凭一己之力很好地解决全球海洋问题，所以迫切需要多元主体和多种方式的合作。各种涉海组织逐渐走上了历史舞台，成为全球海洋治理体系中对国家造成冲击的一股力量。由于国家在全球治理体系和全球海洋治理体系中的地位受到了冲击，这种现象使得我们产生了疑问：国家在作为全球海洋治理核心要素之一的全球海洋治理规则中产生的作用有所减损吗？地位有所动摇吗？

一、国家主权在全球治理中所受的冲击

关于"国家主权在全球治理理论体系中处于何种地位"的观点可以分为：国家主权支持流派、国家主权否定流派和国家主权中立流派。每个流派下又有不同的支撑观点。对各种主流观点进

---

① 韦普纳. 全球公民社会中的治理 [C] //俞可平. 全球化：全球治理. 北京：社会科学文献出版社，2003：199.

行分类梳理，以发展的眼光看待国家主权地位的变化，同时也理性客观地审视其他参与主体所发挥的作用，有助于更透彻地认识全球治理与国家主权之间的关系，为下一步分析全球海洋治理与国家主权之间的关系奠定基础。

（一）国家主权地位受到冲击的原因

学者们对"国家主权在全球治理理论体系中处于何种地位"的看法五花八门。即使他们彼此互不认同，其绝大多数也都承认：全球治理作为一种不可遏制的发展趋势，确实对国家主权造成了一定程度的影响，国家主权理论面临着比以往更为棘手的挑战。

首先，从外部环境开始分析。第一，相互依赖的国际环境影响国内政治发展。基欧汉曾指出，复合相互依赖的分析模式是分析国家间关系和超国家关系的主要理论。全球化将世界上绝大多数国家都纳入了"一张看不见的神秘之网"中。国家与国家之间、国家与其他全球治理参与主体之间形成了前所未有的依赖关系，千里之外发生的事情也可能会造成重大影响，产生所谓的"蝴蝶效应"。这种影响无法避免也无从逃避，即使再强大的国家在制定政治决策时，都必须考虑国际环境可能对该决策产生的影响，也不能忽略该决策可能对国际环境产生的影响。第二，其他全球治理参与主体影响国内政治发展。一方面，来自超国家或区域层次的参与主体已经显示出突破国家边界的趋势。随着联合国和其他区域国际组织影响力不断增大，它们达成国际规制的约束力也不断增强，国家对这些国际规制的遵守也是对国内政治决策的制约。另一方面，来自跨国家层次的参与主体也对国家提出了更高的要求。跨国公司为了获取更高的利润，想方设法地打破主权国家政治、经济和文化壁垒。要么国家自动自愿做出改变，要么跨国公司强制要求国家改变，无论哪种情况都需要国家做出让步。第三，全球性问题影响国内政治发展。全球性问题的范围囊括整个世界，许多全球性问题最后都转化成了国内问题。虽然国家在面对单纯的国内问题时具有按照意愿自由处理的权利，但当它们面对的是与全球性问题挂钩的国内问题时，需要考虑的问题就变得庞大且复杂了，国家的权力边界也因此变得模糊起来。

其次，从内部环境继续分析。第一，主权的让渡。随着国际关系的变化和全球化进程的加深，越来越多的国际组织得以产生并发展壮大。传统的国家主权理论似乎已经无法解释国家和国际组织之间的关系，因此产生了关于主权让渡问题的讨论与研究。主权让渡是"由公认的国家政治当局与外部行为者，如另一个国家或一个区域或国际组织自愿达成的协议建立的"①。主权让渡要"遵循国家主权平等原则"②。在目前的国际形势下，主权让渡是一种不争的事实。"主权让渡不涉及核心权力"③，很多情况下涉及的是以立法权、行政权和司法权等权力为代表的国家的"治权"④。主权让渡不是割让，"只要国家自愿加入并享有自由退出的权利，主权底线就不可能突破"⑤。如果主权让渡是主权国家出于对自身利益的理智考量而做出的自主选择⑥，那就意味着符合国家利益的主权让渡不会对国家的独立地位产生减损。通过主权让渡的方式

① Arena M D. Shared sovereignty: Dealing with modern challenges to the sovereign state system [D]. Washington DC: Georgetown University, 2009.
② 李慧英，黄桂琴. 论国家主权的让渡 [J]. 河北法学，2004 (7): 154 – 156.
③ 任卫东. 全球化进程中的国家主权：原则、挑战及选择 [J]. 国际关系学院学报，2005 (6): 3 – 8.
④ 赵建文. 当代国际法与国家主权 [J]. 郑州大学学报（哲学社会科学版），1999 (5): 115 – 120.
⑤ 伍贻康，张海冰. 论主权的让渡——对"论主权的'不可分割性'"一文的论辩 [J]. 欧洲研究，2003 (6): 63 – 72, 155.
⑥ 徐泉. 国家主权演进中的"新思潮"法律分析 [J]. 西南民族大学学报（人文社科版），2004 (6): 185 – 190.

参与国际组织并不意味着该国家对主权的放弃，而是选择一个出于共同目的、受到广泛认同的机构统一行使该部分权力，从而实现求同存异、共同发展。① 在不同的国家、不同的领域中，主权让渡表现出极大的差异，主权让渡还可能与系统内业已存在的其他规则发生矛盾与冲突。所以国家尤其是综合国力较弱的发展中国家应当审慎地对待主权让渡，轻易地让渡或者过多地让渡都会对国家主权造成负荷。再加上缺乏相应的制度保障，很可能会面临"赔了夫人又折兵"的局面②。目前主权的让渡分为两个方向：为了应对日益激烈的全球性问题，主权通过在国家间签订协议的方式向上被让渡给国际组织；为了满足地方"走向世界"的需求，中央政府向地方部门下放权力，主权通过纵向权力秩序调整的方式被让渡给地方政府和民间组织。第二，主权职能的转变。上文提到主权国家向跨国公司让步，其具体表现为放松对市场的控制与调节，甚至在货币控制权、关税控制权、汇率控制权和利率控制权上都做出让步。第三，国家认同的丧失。在某些领域有突出作为的个人的选择格外重要，这种选择也被称为"国家认同"。一方面全球化影响了主权国家的经济生活，进而影响了国民的切身利益。另一方面全球化普及的价值取向逐渐获得国民的认可，"国家认同"在不久的将来可能上升为"全球认同"。

（二）国家主权支持流派

在"国家主权支持流派"中存在着"国家主权中心论"和"国家主权多元论"。该流派的核心观点是：国家主权没有过时，

---

① 高凛. 全球化进程中国家主权让渡的现实分析［J］. 山西师大学报（社会科学版），2005（3）：58 - 61.
② 刘凯，陈志. 全球化时代制约国家主权让渡的困难和问题分析［J］. 湖北社会科学，2007（9）：5 - 10.

国家主权也不会终结，它会随着人类社会的进步而发生变化，但它的核心地位无法动摇。

1. 国家主权中心论

持"国家主权中心论"观点的学者认为"在当前条件下，无论是联合国等国际组织，还是跨国公司等非国家行为体，都不会从实质上改变一个国家的宪法独立地位，主权不会根本改变"①。支撑该观点的理据有：首先，从国家在全球治理中发挥的作用出发，全球治理进程是由国家推动的，甚至可以说是由国家创造的，所以全球治理其实是国家主权得到强化的过程，因此"不存在某些全球主义者所断言的国家权力的衰落"②；其次，将国家与国际组织进行对比，国家是国际组织的创造者，国家可以出于自身利益违背、破坏甚至退出国际组织及其制度，因此"没有威胁到国家的主权"③；再次，将国家与其他非国家行为体，尤其是跨国公司进行对比，跨国公司的发展在很大程度上仰赖国家的经济支持与政策扶持，甚至可以说国家的态度是跨国公司的"晴雨表"，所以国家的地位处于非国家行为体之上；最后，从国际社会秩序角度出发，第二次世界大战之后国家主权原则突破了欧洲范围，成为唯一被广泛接受的国家交往准则，在全世界得到了确信。目前还没有一个原则超越国家主权原则的高度，因此必须承认国家主权原则的重要性以及不可替代性。

"国家主权中心论"的弊端在于过度遵循国家中心论的范式，没有用发展的眼光看待其他全球治理的参与主体，对日新月异的

---

① 任丙强. 全球化、国家主权与公共政策 [M]. 北京：北京航空航天大学出版社，2007：56.
② 韦斯. 全球化与国家无能的神话 [J]. 马克思主义与现实，1998（3）：74-77.
③ James A. The Practice of Sovereign Statehood in Contemporary International Society [J]. Political Studies, 2010, 47（3）：457-473.

国际社会环境缺乏敏锐的洞察力和判断力。

2. 国家主权多元论

第二次世界大战后国际法一元论开始流行。一元论在同一法律体系中分析国际法和国内法的地位问题，产生了"国际法优先说"和"国内法优先说"两种截然对立的观点。一元论遭到了批判与反驳，在拉斯基看来"国家主权本来就是多元的。国家至高无上的政治权力分散于国内各种政治力量"①。在此基础上，出现了主权让渡观点。通过主权的让渡，宏观上形成了多层次的全球治理，微观上丰富了国家主权理论，国家获得了新的角色。② 目前最典型的主权让渡成功案例就是欧盟的成立与发展，西欧国家通过主权让渡将地区一体化推向了新的高度。

但我们需要警惕"国家主权多元论"可能带来的负面影响。如果过分依赖该理论、对可以让渡的主权没有准确的定义和判断，该理论也许会沦为西方大国推行霸权主义的工具，甚至危害发展中国家的利益。新独立的发展中国家争取完全掌握国家主权道路相当坎坷，稍有不慎就可能落入西方大国的霸权主义裹挟之中。如果"国家主权多元论"被处心积虑之人利用，后果不堪设想。欧盟的成功案例并不完全是主权让渡的成功，更多的是因为西欧国家得天独厚的地缘优势、相似的历史发展进程、趋同的政治理念、均衡的经济发展水平和文化追求。最重要的是它们在推进欧洲一体化上没有不可调和的利益冲突，反而具有极大的共同利益。以上条件在其他地区很难完全具备，欧盟的成功不可复制。2021年年初，英国出于利益考量选择退出了欧盟，也侧面反映出联盟

① 俞可平. 全球化与国家主权［M］. 北京：社会科学文献出版社，2004：15.
② Hirst P, Thompson G. Globalization and the Future of the Nation State［J］. Economy & Society, 1995, 24（3）：408-442.

的不稳固性，所谓"合久必分，分久必合"就是如此。

在讨论国家在全球治理中的地位时，我们应该首先肯定"国家主权支持流派"的总体看法。即使一个在国家经济上彻底失败，如 2020 年宣布破产的阿根廷和 2021 年宣布破产的巴西，它们作为独立主权国家的国际地位也没有受到丝毫影响，也就是说不能单从经济的角度去判断一国的主权状况。事实上，国家与全球治理并不是对立冲突、此消彼长的关系。多个国家在协商合作的前提下，主动地、适当地让渡分割一些与治理相关的主权，形成一套国际规制，才能达成全球治理的目的。在通往全球治理的过程中，必然会涉及利益和资源的重新分配。在推崇国家主权理论的发达资本主义国家看来，它们牺牲较小的利益去换取更大的市场与收益。在发展中国家看来，它们更看重如何维护自己"对内最高，对外独立"的地位，并且努力在参与全球治理的过程中免受或少受发达国家的变相裹挟。各国为了实现相对公平的全球治理，必然会经历一场漫长且激烈的讨价还价。各国对主权让渡的内容和范围持科学、理智、正确的态度，有助于更好地维护国家主权。

（三）国家主权否定流派

在"国家主权否定流派"中存在着"国家主权过时论"和"国家主权终结论"。这两种理论基于相似的出发点，显示出层次递进的关系。"国家主权过时论"是指在全球治理的背景下，国家主权受到了严重的冲击，已经无法适应时代的发展。而"国家主权终结论"是前者的理论延伸，更为坚定地否定了国家主权存在的意义，认为国家"对内最高，对外独立"的时代已经一去不复返。

1. 国家主权过时论

首先，从国际关系角度分析。越来越多的非国家行为体参与到国际政治经济发展中。它们之间的联系可以概括为国家联系、跨政府联系和跨国联系①，这种联系就是基欧汉口中的"相互依赖"。相互依赖是指出于共赢目的达成合作，各参与方在能够接受的范围内进行让步与妥协。这种让步与妥协对国家主权造成了不同程度的侵蚀。其次，从主权性质角度分析。主权的"对内最高，对外独立"属性遭到破坏。不再"对内最高"是指国家在领土范围内独立组织经济活动的能力被严重削弱。尤其是货币政策和财政政策等宏观调控措施受到了限制，不再是纯粹出于一国意志的反应。不再"对外独立"是指国家的边界意识渐渐模糊。由于出行方式的增多及便捷、网络沟通的高效及畅通，劳动力、资本和思想的流通突破了原有国家的领土界线，在一定程度上规避了政府的限制。最后，从其他全球治理参与者的角度分析。托夫勒认为"跨国公司的得势表明民族国家已经过时"②，跨国公司为了盈利很可能与国家和人民利益站在对立面上，唯利是图、不择手段对国家造成威胁。在某些领域有突出作为的个人的选择在全球公民社会中也显得格外重要，国家对个人忠诚也有所考量，因为"这些忠诚的相互竞争性和交叉性大到甚至包括对别的国家的忠诚在内"③。也就是说个人对国家的认可程度也在某些方面削弱了国家主权。

2. 国家主权终结论

在经济全球化削弱国家主权的基础上，出现了一种"无权力

① 基欧汉，奈. 权力与相互依赖：第4版 [M]. 门洪华，译. 北京：北京大学出版社，2012：25.
② 托夫勒. 第三次浪潮带来的变化 [J]. 政策与管理，1999（4）：6-9.
③ 阿尔布劳. 全球时代：超越现代性之外的国家和社会 [M]. 高湘泽，冯玲，译. 北京：商务印书馆，2001：237.

国家"（powerless state）的说法。贝克认为"在全球性时代，国家主权只有通过放弃国家主权才能实现"①。罗西瑙认为"我们正处于一个民族国家衰落的时代""有必要不再把全部注意力集中于国家"。② 大前研一认为"就全球经济而言，民族国家已经变成了微不足道的参与者""民族国家已经成为管理经济事务的过渡性组织形式，国家主权对经济的繁荣已经成为一种极大的阻碍"。③ 斯科尔特认为"作为国家最主要特征和属性的主权，正随着全球化的兴起而逐渐消失"。④

假如国家主权真的已经行至末路，那应当如何维护国际社会的秩序呢？持"世界政府观"观点的学者认为，世界政府的权力地位凌驾于各国政府之上。世界政府就好比一个在全球层面上"拟制的国家政府"，由它行使类似于主权的职能。持"改造现有组织观"观点的学者认为，可以通过强化某些已有国际组织，逐渐将其改造成为一个"世界政府"。联合国是这些学者心目中的首选，他们希望通过重构联合国来提高其处理各种治理难题的能力。持"没有政府的治理"观点的学者认为，应当通过建立规制寻求处理特定问题的妥善方式，而不是单纯地依靠所谓的"政府"进行治理。

威斯特伐利亚体系是国际社会的基本体系，经济全球化在一定程度上动摇了这种政治秩序，这是一个不可否认的历史发展趋

---

① 贝克. 全球化与政治 ［M］. 王学东，柴方国，译. 北京：中央编译出版社，2000：14.
② 罗西瑙. 面向本体论的全球治理 ［C］//俞可平. 全球化：全球治理. 北京：社会科学文献出版社，2003：55.
③ 俞可平. 全球化与国家主权 ［M］. 北京：社会科学文献出版社，2004：273.
④ Scholte J A. Global Capitalism and the State ［J］. International Affairs, 1997, 73 (3)：427.

势。但如果因为这种趋势就激进地认为国家主权已经过时甚至终结，则是一个"不切实际的神话"。戴维·阿姆斯特朗认为"全球化固然是巨大、相互关联且不可阻挡的，国家在其面前也不是脆弱孤立的个体"。① 琳达·韦斯认为"全球化时代变化的是国家的适应能力和应变能力，而不是国家主权的性质。不存在国家权力的必然衰落，但国家权力受到了严格限定"。② 利奥·潘尼奇认为"国家的转型比所谓的'超越国家'或缔造一种'进步的国家'更为重要"。③

　　从以上三位学者的观点，不难看出国家主权否定流派的观点实际上遭到了非常严重的质疑。国家主权否定流派实际上是为资本主义经济自由扩张服务的，以"主权过时""主权终结"为幌子，目的是打破发达资本主义国家与新独立的发展中国家之间的经济壁垒，让劳动力、资本和思想更加畅通无阻地流动，从而方便发达资本主义国家对因此产生的经济效益进行变本加厉的剥夺。因此，对于主权否定流派的观点我们应当进行审慎的吸收，取其精华，去其糟粕，如果盲目地相信，很可能导致新独立的发展中国家深受其害。

（四）国家主权中立流派

　　无论是"国家主权支持流派"还是"国家主权否定流派"，讨论的都是国家主权在全球治理背景下地位的"变"与"不变"。换个角度考虑，全球治理与国家主权之间的关系真的有如处于天平的两端、非此即彼吗？迈克尔·曼回答了这个问题，他认为"全球化对国家主权的影响是复杂的、充满矛盾的，不能简单地认为

---

① 俞可平．全球化与国家主权［M］．北京：社会科学文献出版社，2004：266 - 267.
② 俞可平．全球化与国家主权［M］．北京：社会科学文献出版社，2004：262 - 265.
③ 俞可平．全球化与国家主权［M］．北京：社会科学文献出版社，2004：261.

前者对后者的作用是增强抑或削弱"。① 为了佐证他的观点，他先把国家主权的变化趋势分为了四类：对不同地区造成影响，削弱或强化某些国家的趋势，国际或跨国网络取代国家的趋势，同时强化国家和跨国网络的趋势。在此基础上，他大胆地将世界分割成了五大网络：地方网络（local networks）、国家网络（national networks）、国际网络（international networks）、跨国网络（transnational networks）和全球网络（global networks）（图2），国家在上述五大网络中产生的影响各不相同。乔治·索伦森认为"主权存在着核心不变的东西，根本性规则没发生改变，管理规则在很多方面发生了变化"。②他所谓核心不变的东西就是指国家具有的领土、人民和政府的宪政独立③，因为有这些核心不变的东西，所以国家主权不会终结。

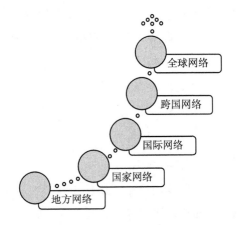

图2　五大网络示意图

① 俞可平. 全球化与国家主权［M］. 北京：社会科学文献出版社，2004：275.

② Srensen G. Sovereignty: Change and Continuity in a Fundamental Institution［J］. Political Studies, 1999: 591.

③ Srensen G. Sovereignty: Change and Continuity in a Fundamental Institution［J］. Political Studies, 1999: 593 – 594.

这种"国家主权中立流派"看似温和，实际上并没有解决问题，对全球治理与国家主权之间的关系仍然留下了问号。

二、国家主权在全球海洋治理中所受的冲击

粗略地回顾一下全球海洋治理的发展历程，不难发现人类在治理海洋事务方面存在很多问题。为了解决这些问题，我们必须在利用海洋环境及其资源方面形成一种合理的秩序。促使我们得出这一结论的原因主要包括：第一，一些重要的海洋资源对人类来说是有限的，有些资源可能会因人类大规模集中开采而耗尽。这类资源的两个典型代表是海洋渔业和海洋石油。渔业之所以重要，是因为它关系世界上部分人口的温饱。对许多人来说，鱼类是蛋白质的主要来源，但现实情况表明若干特定海洋鱼类的可利用性已濒临极限。石油对世界上绝大多数国家来说都是必不可少的能源之一。海洋石油与陆地上的石油一样，数量有限且不可再生。在这种情况下，人类越来越意识到要构建一种秩序，合理开发和养护这些资源，并且减少浪费。第二，虽然海洋覆盖了地球表面七成以上的面积，但人类对海洋的利用活动大多集中在近海岸处。在其他条件相同的情况下，为了达到同样的效果，我们通常先使用近距离的东西，因为更远的距离意味着更大的成本。无论是渔业、娱乐活动还是废物处理，都更容易就近利用海洋。虽然海洋覆盖范围广阔，但海洋所包含或覆盖的资源分布并不均匀。人们很早就注意到渔业与大陆架地区之间的联系。根据联合国粮食及农业组织的数据，世界上95%的捕鱼量来自大陆架地区。在海上石油和天然气方面的情况也类似。可以说，人类海洋活动大部分集中在近海部分。第三，随着海洋资源开发方式不断增多，

各种开发形式之间的干扰也有所增加。在现实中,有些开发利用活动具有排他性,比如倾倒有毒废物导致倾倒区不能用于渔业。即使同一海洋空间的不同活动可能共存,也需要某种程度的治理来平衡它们之间的关系。如果没有任何形式的监管,可能会出现各种负面的生态、经济和政治后果。第四,海洋环境保护已成为一种重要的价值观念。虽然人类最初的关切可能集中于海洋资源,但随着现实状况的转变,人们越来越意识到必须注意保护海洋环境,尤其是一些非常特殊的、一旦破坏无法修复的环境系统。从最广泛的意义上说,人类生存与繁衍的环境通过海洋与大气的相互作用和温度调节来维持,如果人类对自然环境的负面影响越来越大,就可能威胁到海洋的正常运转循环,最后自食恶果。第五,人类对海洋环境的重视、对海洋资源的利用增加了国际合作与冲突的可能性。海洋资源的重要性与有限性之间的矛盾导致国际政治和法律问题的出现。政治上,谁应该从海洋资源和海洋环境的利用中受益?法律上,谁对海洋拥有管辖权?这种管辖到了什么程度?如何才能克服国家司法权的缺陷,实现对全球海洋及其资源的有效管理?现代国际海洋法自17世纪以来一直在努力试图回答这些问题。第六,造成所有影响的根源在于人类需求、价值观和期待的变化。应该如何看待地球上的海洋?对海洋及其资源的主要看法是什么?海洋能给我们带来什么?利用海洋及其资源有任何成本吗?显然,人类对海洋的需求、理解和期待随时间的改变而改变。所以,关于海洋环境保护和可持续利用的秩序也应随之改变。

全球海洋治理作为全球治理在海洋领域的落实与细化,二者具有很大程度上的共性。如果国家主权在全球治理领域受到了一定程度的冲击，那么国家主权在全球海洋治理中的地位又会如何呢？国家利益是国家不变的行为依据和准则，而全球海洋治理更多地考虑着全人类的共同利益。全球海洋治理作为一种不可遏制的发展趋势，确实对国家造成了一定程度的影响，国家主权理论面临着比以往更为棘手的挑战。但国家主权不可能过时，也不可能终结。正如俞可平所说："国家仍然是最重要的政治权力主体，领土仍然是划分国家的基本标识，国家认同和民族认同仍然是最重要的政治认同，国家的公民权仍然是最重要的成员资格权，国家利益仍然是根本的政治利益，国家仍然是正式规则的主要制定者，国家仍然是国际社会最重要的行为主体，在某些特定条件下国家的作用甚至有所加强。"①

（一）国家地位受到冲击的原因

首先，全球海洋系统是一个流动的整体。随着水体的流动与交换，一国国内海洋污染很可能跨过既定国界，污染国家管辖范围外的水域，国家管辖范围外的水域污染也有可能流入一国国内。在这种危害面前，没有一个主权国家能够完全置身事外。传统意义上的主权边界在海洋污染问题面前显得苍白无力，它既无法通过割裂的办法将海洋环境问题解决，也无法通过彰显权威来控制负面影响。

其次，全球海洋系统还是一个相互依赖的整体。假使一国的海洋政策对海洋环境的保护不够到位，使得某种海洋生物数量锐减甚至灭绝。即使这种锐减或灭绝是地域性的，但实际上它也是全球性的。任何一个国家都无法凭一己之力控制这种紧密的相互

①　俞可平.全球化与国家主权［M］.北京：社会科学文献出版社，2004：46－49.

依赖，这显示出国家的局限性，并且这种局限性是一种常态。全球海洋治理的出现并不是昙花一现的偶然现象，而是一种不可遏制的历史趋势，它对国家造成的影响是持久且稳定的。

全球海洋治理的发展中包含着两股相互影响、相互制约的力量。一方面，海洋环境问题超越了单独一国的治理范围与能力，表现出愈演愈烈的全球化趋势；另一方面，为了应对这些问题，各国家、政府间组织、非政府间组织展开各种形式的合作，促进全球或区域机制的形成。全球海洋治理需要跨越民族国家的藩篱，多元主体的合作使得传统意义上的国家主权受到冲击与动摇。

（二）涉海组织对国家地位的冲击

全球海洋问题数量的增多、范围的扩大使得该问题成为全人类所面临的共同问题。由于人们意识到任何一个国家都无法凭借一己之力很好地解决全球海洋问题，所以迫切需要多种主体与方式的合作。在这种背景之下，各种涉海组织逐渐走上了历史舞台，成了在全球海洋治理体系中对主权造成冲击的一股力量。

涉海政府间组织是主权国家之间协商一致的产物，它们积极参与全球海洋性事务，协调解决各种涉海纠纷，它们所发表的宣言、制定的公约或条约都对全球海洋治理规则的演变产生了一定程度的影响。涉海政府间组织逐渐在全球、区域等不同层面上组织、协调和管理全球海洋问题，事实上承担了国际社会的政府性行政职能。① 由于大多数政府间组织建立在国家相互妥协的基础上，所以它们代表了成员国的共同利益，因此它们发表的宣言、制定的公约或条约能够被较好地实施和遵守。相反的，如果有国家不实施或遵守这些规则，就可能会遭到该组织成员国的一致抵

① 俞可平. 全球化与国家主权 [M]. 北京：社会科学文献出版社，2004：231.

抗。因此，涉海政府间组织在全球性海洋事务中具有较高的权威和地位。

近年来，涉海非政府组织无论在数量上，还是在活动范围上，都有了非常明显的进展。但它们在国际法规则形成过程中仍然不具有完全意义上的主体资格。虽然涉海非政府组织大多具有专业性、非官方和非营利的特征，但不排除也有非政府组织依赖官方政府资助和指导，也有非政府组织从事盈利活动、提供有偿服务。所以非政府组织真正值得标榜的是它们的专业性，它们是为解决某种特定问题而结成的团体，具有坚定的初衷与持续动力。正是由于它们的专业性，它们对全球海洋环境问题的认识更加权威、时效、可靠，也更容易得到社会各阶层的认可与接受。许多涉海非政府组织致力于推动海洋环境保护议题的设置、扩散、制定和执行。涉海非政府组织用于促进国际规则进程的多种策略包括直接参与国际论坛和会议，提供信息和专业知识，通过联盟或直接和间接的游说来倡导它们的观点，以及利用媒体来动员公众舆论。所有这些策略都有可能对国际规则谈判的方向和内容做出贡献。①涉海非政府组织参与全球海洋治理的积极作用在于：监督政府行动，增加透明度；反映公众关切；提出政府不能提出的问题；促进讨论，弥合分歧，推动进展；监测或收集数据，提供科学和技术帮助。涉海非政府组织参与全球海洋治理的消极作用在于：持有与国家不同的观点，导致问题转移或进程延长；使用不良的技术或信息；造成平等参与的错觉。

具体到目前最热门的 BBNJ 养护和可持续利用问题中，涉海非

---

① Blasiak R, Durussel C, Pittman J, et al. The Role of NGOs in Negotiating the Use of Biodiversity in Marine Areas beyond National Jurisdiction [J]. Marine Policy, 2017, 81: 1-8.

政府组织是谈判过程中不可忽视的一股力量。首先，除了参与数量最多的国家，非政府组织参与数量涨幅最大，从筹备会议中的13% 左右到实质性会议中的21% 以上。而涉海政府间组织参与数量起伏不大且比较固定，说明涉海非政府组织参与的积极性高于涉海政府间组织。在谈判进程的早期阶段，涉海非政府组织的声音非常微弱。在某些情况下，其他参与主体对涉海非政府组织提出的意见没有表现出兴趣。由于大会给了涉海非政府组织在谈判过程中发言的机会，随着时间的推移，其他参与主体对涉海非政府组织提供的专业知识有了更多的认识，也更容易与涉海非政府组织取得联系或者获得帮助，涉海非政府组织的声音逐渐增强。其次，涉海非政府组织经常举行活动和会议，旨在为某些运动争取支持。这些活动和会议经常将公众、政府和私营部门聚集在一起，以促进对话和进步。再次，为了使谈判取得进展，涉海非政府组织本能地对其他主体施加压力。它们会直接指出采取适当行动或没有为某一特定事业做出足够努力的国家和组织，从而利用其影响力来引导特定行动方案的形成，并争取更大的信息透明度。虽然涉海非政府组织不具有强制力，但通过向其他主体施压可能会产生积极的效果。最后，涉海非政府组织依靠专业知识获得权威地位。由于专家对其擅长的领域有深入的了解，所以他们会被赋予一定程度的决策权。许多涉海非政府组织都拥有一批生物学家、生态学家、海洋学家和其他科学家，他们为涉海非政府组织提供科学依据，从而支持涉海非政府组织建议采取的行动。涉海非政府组织试图说服其他参与主体，它们的专家比其他行为者拥有更多的知识。涉海非政府组织用专家的知识作为基础，说明某种行动方案是真实和适当的，这反过来又增加了这些专家的权威。例如，涉海非政府组织在倡导将某一地区确定为海洋保护区时，经常利用专家们的专业知识来陈述科学案例。但涉海非政府组织主要将精力集中在它们最擅长的问题上，在包括惠益分享在内的海洋遗传资源获取问题上并不是十分关注。这是因为它们大多数是环境保护组织，对公平分享惠益并不专业。这说明涉海非政府组织更重视 BBNJ 的养护，较少关注其可持续利用。

海洋保护区是涉海非政府组织对国家产生影响的一个领域①。2011 年，新西兰和美国向南极海洋生物资源养护委员会的科学委员会提交了建立罗斯海海洋保护区的提案。由于南极海洋生物资源养护委员会的议事规则规定必须就实质性决定达成共识，并且该地区存在巨大的渔业利益，该提案遭到了各方拒绝。看到建立罗斯海海洋保护区的提案没有进展，500 多名科学家签署了一份请愿书，支持加强对罗斯海的保护。由 31 个非政府组织，包括皮尤慈善信托基金组成的联盟——南极和南大洋联盟接受了科学家们的呼吁，努力促进罗斯海海洋保护区的形成。为了推进罗斯海海洋保护区的建设进程，2013 年皮尤慈善信托基金举办了一场为建立南大洋海洋保护区的动员招待会。该活动汇集了非政府组织、私营部门和政府，包括当时的美国国务卿约翰·克里和新西兰驻美国大使迈克尔·穆尔。通过游说和组织活动，南极和南大洋联盟在 2015 年之前让除俄罗斯和中国以外的所有成员达成一致，2016 年罗斯海海洋保护区得以建立。

马尾藻海委员会的成立是非政府组织在全球海洋治理中作用不断增强的一个典型案例。马尾藻海委员会于 2013 年成立，在保护马尾藻海方面发挥了混合政府间组织的作用。它通过《汉密尔

---

① E Wales. Areas beyond national jurisdiction: a study on capacity, effectiveness of marine protected areas, and the role of non-governmental organizations [D]. University of Delaware, 2020.

顿宣言》开展工作，为签署国制定提案，通过国际和区域组织提交。签署了《汉密尔顿宣言》的国家将某些活动的权力下放给马尾藻海委员会，议程的制定从国家转移到非政府组织。马尾藻海委员会不再需要说服国家去做什么，而是有权制定议程：它有权制定与保护有关的工作方案和行动计划、预算和财务报告以及规则和程序；在公众宣传和认识方面发挥作用；与国家、区域和国际组织联络，进行科学研究和观察，以及提高公众认识水平和进行宣传；发表报告；监测人为活动的影响；鼓励政府、区域组织和国际组织之间的合作。以上这些进一步加强了马尾藻海委员会作为一个涉海非政府组织的权利。

综上，涉海政府间组织是由各国家协商一致产生的，绝大多数以国家利益为基础，在一定程度上超越了单个国家的利益，所以说涉海政府间组织是国家利益的延伸与拓展。而涉海非政府组织对全球海洋治理的参与，使得规则更加合理化、透明化、民主化，利益更加多元化，所以涉海非政府组织在全球海洋治理中对国家的作用和地位产生了更大的冲击。

在全球海洋治理中，国家的地位与作用受到了一定的冲击。这种现象使笔者对国家在全球海洋治理的核心要素之一——全球海洋治理规则，其在全球海洋治理中所处的地位和发挥的作用产生了怀疑。国家在全球海洋治理规则演变的历史中是如何发挥作用的？在众多影响全球海洋治理规则形成的主体之中，国家是否仍然发挥着重要的作用？如果国家仍然发挥着重要的作用，那么它是处于中心地位，还是与其他主体共存于多层治理的环境之中？如果国家不再那么重要的话，那它是过时了，还是终结了？由国家在全球海洋治理中地位受到冲击的现实问题，引发了一系列对全球海洋治理规则的思考。

第四节　国家地位变化引发对全球海洋治理规则的思考

就目前全球海洋治理现状来看，新兴海洋问题层出不穷、影响范围不断扩大，仅凭任何一个国家或者任何一个组织的能力都无法妥善解决。参与治理的主体呈现出多元化、多层次化的特点，且非国家行为体力量逐渐壮大。参与主体围绕如何提高技术水平、如何科学设置议题、如何加速规则制定等新问题展开日益激烈的讨论。在这种背景之下，国家传统优势地位受到了一定的冲击。

在国际关系理论背景下，国际规制是全球治理的核心要素。但是从国际法视角出发，全球治理的核心要素会是什么呢？全球海洋治理的核心要素又是什么呢？国家在全球海洋治理的核心要素中的地位有所动摇、作用有所减损吗？本节首先分析国际关系理论和国际法学理论在"国际规则"概念上的紧密联系，指出在国际法视角下全球治理规则是全球治理的核心要素之一，全球海洋治理规则是全球海洋治理的核心要素之一。其次对全球海洋治理规则的内涵与外延进行界定，为第二章、第三章对全球海洋治理规则演变过程的梳理奠定基础。

一、从国际规制到国际规则

前文在分析全球治理的构成要素时曾经提到，全球治理主要包括目的、规制、主体、客体和结果等五个构成要素①。首先，在全球治理的推进过程中，国际规制处于核心地位，它是由自利行为体所创立，用来解决或至少是改善集体行动难题，并由此增加

① 俞可平. 全球治理引论［C］//俞可平. 全球化：全球治理. 北京：社会科学文献出版社，2003：13.

社会福利的一套治理体系。国际规制的确立是全球治理能否达到理想效果的关键，这就要求行为体首先通过谈判确立适当的行为规制，达成共识并最大范围地扩大与传播这种共识；其次，严格按照行为规制办事，享受相应的权利，履行相应的义务，承担相应的责任，形成合力解决问题。但这些来自国际关系领域的理论，与国际法学有怎样的联系呢？

国际法的调整对象是国际关系，国际法是某些国际关系法治化的结果①。国际关系与国际法在关注的问题上具有高度的一致性，国际关系中的"国际规制"和国际法中的"国际规则"就是两个学科众多联系中的关键一个。关于"国际规制"的概念，国际关系领域的学者有多种不同的看法。其中最受推崇的当属史蒂芬·克拉斯纳的定义：国际规制是特定国际关系领域内的一套原则、规范、规则及其决策程序，无论明示或默示。② 这个定义表明，国际规则是国际规制的重要组成部分之一。国际规制与国际规则联系紧密，基于二者的包容或交叉关系，产生了相当程度的重叠之处。国际规制的范围比国际规则的范围要宽，因为它关注的是原则、规范、规则的动态发展过程。国际规则的范围比国际规制的范围要窄，但它也更为聚焦，更能体现国际法学的学科特点。但无论是国际规制，还是国际规则，它们的基本功能都在于减少冲突与促进合作。③

从"国际规制"向"国际规则"的转变，其实是从国际关系学科向国际法学科的转变，也就是从国际法的视角研究全球海洋

---

① 刘志云. 现代国际关系理论视野下的国际法 [M]. 北京：法律出版社，2006：1.

② Krasner S D. Structural causes and regime consequences: regimes as intervening variables [J]. International organization, 1982, 36 (2)：185 – 205.

③ 刘志云. 当代国际法的发展：一种从国际关系理论视角的分析 [M]. 北京：法律出版社，2010：124.

治理规则。从国际关系角度出发，国际规制是全球治理的核心，全球海洋规制是全球海洋治理的核心。从国际法角度出发，国际规则是全球治理核心要素之一，全球海洋规则是全球海洋治理的核心要素之一。

二、全球海洋治理规则

关于全球海洋治理规则的范围，可以参考《国际法院规约》（以下简称《规约》）第 38 条第 1 款所列举的国际法形式渊源：第一，不论普通或特别国际协约，确立诉讼当事国明白承认之规条者；第二，国际习惯，作为通例之证明而经接受为法律者；第三，一般法律原则为文明各国所承认者；第四，在第 59 条规定之下，司法判例及各国权威最高之公法学家学说，作为确定法律原则之辅助资料者。也就是说全球海洋治理规则包括作为严格法律意义上国际法渊源的国际条约和国际习惯，也包括作为在历史意义上国际法渊源的一般法律原则和确定法律原则之辅助资料。需要强调的是，随着全球法治进程的不断推进，《规约》第 38 条第 1 款中所谓的辅助资料的范围也有所扩大，不仅仅是条文中列举的司法判例和国际法学说，还涉及以软法形式出现的各种规范、规章、规则和原则等。

在界定"全球海洋治理规则"的内涵与外延时，应当意识到全球海洋治理规则不是孤立存在的，也不是凭空而来的，它有属于自己的演变历史和发展规律。虽然"全球海洋治理"的概念最早出现于 20 世纪 90 年代，但这并不意味全球海洋治理规则演变的历史也局限于这个时间点之后。它与"全球海洋治理"概念产生前海洋权力争霸时期的"海洋自由"、海洋权利争夺时期的《公约》及其形成过程呈现出一脉相承的关系。人类海洋活动发展到今时今日，进入了承担海洋责任的时期，关于 BBNJ 养护和可持续利用问题国际协定的谈判成为该时期海洋规则的典型代表。

以"全球海洋治理"概念产生的时间为划分节点，产生于该概念之前的海洋权力争霸时期和海洋权利争夺时期在本书中被统称为"前全球海洋治理时期"。这样划分的理据在于：如果单就"全球海洋治理"概念产生后的规则进行考证，很容易陷入孤立的、片面的思考之中。不能因为某些规则形成时没有学理上的"全球海洋治理"概念，就忽视它们作为规则之间的内在联系以及它们对后续规则演变产生的影响。本书的研究对象"全球海洋治理规则"并不是狭义的、局限的，而是从历史研究视角出发所看到的更为广义、更为宏大的"全球海洋治理规则"。以一种宏大的历史视角作为切入点，用发展的眼光看问题，才能得到更完整、更清晰的结论。

全球海洋治理规则同其他法律规则一样，通过对行为建立有效的期望来形成某种秩序，不仅具有管制作用，还具有重要的分配意义。全球海洋治理规则的重要性促使各参与主体用各种办法影响它们需要遵守的全球海洋治理规则。根据人类社会生产力的发展水平、对海洋的认知程度、对海洋的需求，按照时间发展顺序对全球海洋治理规则演变的历史进行分段，能够为第二章、第三章对全球海洋治理规则演变过程的梳理奠定基础。

第二章 前全球海洋治理时期海洋规则中国家的地位和作用

　　海洋是人类沟通的纽带、贸易的桥梁、觅食的天然场所，它的自然属性和社会属性与陆地迥然不同。海洋与生俱来的流动性和国际性使得全球海洋治理的实践早于全球海洋治理理论的出现。虽然"全球海洋治理"概念最早出现于20世纪90年代，但与海洋相关的实践活动却拥有相当悠久的历史。随着人类海洋活动种类的增多、范围的扩大，人们意识到需要建立一套体系去规范、指引、约束以及评价这些活动。在此背景下，海洋规则应运而生，并且随着海洋实践活动的发展而发展，不同时期的海洋规则呈现出不同的特点。由于海洋规则具有限制国家及具有法律人格的其他实体行为活动的功能，所以国家试图影响他们所服从的全球海洋治理规则，创设对自身有利的制度性权利。

　　海洋规则历史演变是一脉相承的，不能因为某些规则形成过程中没有产生学理上的"全球海洋治理"概念，就忽视它们之间的内在联系以及它们对后续规则产生的影响。以"前全球海洋治理时期"

为这一时期命名，可以避免读者产生类似于"海洋自由时代有全球海洋治理概念吗？"或"《公约》诞生的过程中有全球海洋治理概念吗？"这样的疑问。总之，采取这种划分办法，意在避免由于单纯关注"全球海洋治理"概念产生时间而忽略海洋规则历史演变联系性和连续性情况的发生。

本章的核心内容在于分析国家在前全球海洋治理时期海洋规则中的地位与作用。根据人类社会生产力的发展水平、对海洋的认识程度、对海洋的需求程度，可以对前全球海洋治理时期进行再次划分，包括海洋权力争霸时期和海洋权利争夺时期。海洋权力争霸时期的海洋规则以海洋自由为核心，海洋权利争夺时期的海洋规则以《公约》形成过程为线索。本章先给出时期划分的理据，然后分析该时期海洋规则的演变过程，最后总结国家在该时期海洋规则塑造和实施中发挥了怎样的作用、处于怎样的地位。

第一节　"前全球海洋治理时期"的界定

"前全球海洋治理时期"可以上溯至地理大发现时期。"前全球海洋治理时期"可划分为海洋权力争霸时期和海洋权利争夺时期。海洋权力争霸时期始于地理大发现，止于20世纪初人们着手编纂海洋法之时。这一时期，人类社会生产力有限，人类海洋活动范围较小、种类较少。海洋权利争夺时期始于20世纪初人们着手编纂海洋法之时，止于1982年《公约》的诞生。这一时期，海洋权利的取得主要通过"各国对海洋的划分、统治、管辖和治理及海洋资源的分配、开发、使用和养护来实现"。① 海洋规则逐步

---

① 周忠海. 国际海洋法 [M]. 北京：中国政法大学出版社，1987：3.

从习惯法过渡到成文法，伴随着国际关系体系从"权力本位"向"权利本位"过渡。①

一、海洋权力争霸时期

所谓海洋权力争霸时期，指的是从地理大发现后，西欧主要国家通过航行手段进行全球贸易和殖民扩张开始，到20世纪初人们着手编纂海洋法为止的一段时期。该时期与海洋相关的时代特征是，但凡有能力进行全球贸易和殖民扩张的国家，无一例外都拥有强大的国力和先进的海军。也就是说，国家海洋活动开展的程度与国家拥有的海洋权力呈正相关关系。这个阶段海洋权力的获得与早期陆地主权的获得极为相似，基本都是通过武力实现。

16世纪晚期，荷兰与葡萄牙在东印度群岛海域因为商品交易产生了尖锐的矛盾，格劳秀斯为了维护荷兰人的利益发表了《海洋自由论》，把这个时代海洋强国对海洋权力的渴望推向了极致。无论身处什么时代，国家利益都是永恒不变的话题。西欧海洋强国通过优势力量实现它们对于海洋的控制②，从而加强对殖民地、原料和主要航道的三重控制，最后实现地区乃至全球霸权。可以说，这些国家对海洋的控制，始于权力，也终于权力。

二、海洋权利争夺时期

所谓海洋权利争夺时期，指的是从20世纪初人们着手编纂海洋法开始，到1982年《公约》诞生为止的一段时间。这段时期社会生产力大幅提高，海洋活动范围逐渐扩大、种类逐渐增多，人类对海洋权力的渴望转为对海洋权利的追求。该时期国际关系的

---

① 高潮. 国际关系的权利转向与国际法 [J]. 河北法学, 2016, 34 (11)：173 – 181.
② 江河. 国家主权的双重属性以及大国海权的强化 [J]. 政法论坛, 2017 (1)：130.

总体特征从"权力本位"向"权利本位"过渡①。这种过渡与整体国际环境的变化密不可分：第一次世界大战结束后，《凡尔赛和约》要求德国及其各盟国承担战争罪责，并且限制德国军备。第二次世界大战促成了以联合国为中心的国际制度的创建。作为联合国的基本法，1945 年《联合国宪章》签字生效，秉承会员国主权平等、和平解决国际争端、不得使用威胁或武力等原则。在这些事件发生以前，大多数西方国家一直奉行"将战争视为解决国际争端的正常手段"的原则。在面对无法和平解决的国际争端时，国家有决定发动战争的自由与权利。自此之后，国际关系从武力至上逐步向权利和义务转变，呈现出想要摆脱武装实力的趋势。

海洋规则领域作为国际关系的一隅，其发展特点必然与时代背景息息相关。如果说 20 世纪之前是海洋权力称霸的时期，那么 20 世纪之后就是海洋权利争夺时期。对海洋权利最合理的安排手段就是制定相应的规则。在海洋规则逐渐成文化和体系化的过程中产生了四次历史性的突破：第一次突破，关于领海宽度的讨论；第二次突破，"杜鲁门声明"的发表；第三次突破，"帕多提案"的提出；第四次突破，《公约》的诞生。这四次突破也可以被解释为：用区域管理方法将海洋空间进行重新划分，并赋予海洋空间相对应的海洋权利。分区域管理海洋空间的想法是随着人类海洋活动的增加而出现的。随着人类对海洋利用强度的增加，就海洋空间和海洋资源的法律地位形成国际共识的呼吁也在增加。

---

① 高潮. 国际关系的权利转向与国际法 [J]. 河北法学, 2016, 34 (11)：173 – 181.

第二节　海洋权力争霸时期海洋规则中国家的地位和作用

海洋权力争霸时期的海洋规则以海洋自由为核心。格劳秀斯倡导的海洋自由包括航行自由、捕鱼自由和建立在航行自由上的贸易自由。从当时的时间节点来看，他的动机纯粹是为了维护荷兰东印度公司的利益，为荷兰在海洋霸权的争夺中创造合理依据。但在五百年后的今天再次研读，不难发现格劳秀斯思想中的自然法思想对后世国际法思想和原则的形成产生了巨大的影响。

一、以海洋自由为核心的海洋权力争霸时期的海洋规则

1609 年，格劳秀斯发表了他的经典著作《海洋自由论》。他最初的写作目的是为荷兰人参与东印度贸易争取更多权利。当时荷兰和西班牙正处于停战谈判的背景之中，两国希望尽快结束 16 世纪晚期开始的争端。随着荷兰大肆进军东方市场，它与葡萄牙和西班牙在丝绸、香料、瓷器等商品交易中产生了越来越多的摩擦。1603 年 2 月，荷兰船队打算在东印度群岛海域进行香料贸易，先到达该地区的葡萄牙人阻止当地人将香料贩卖给荷兰人。荷兰船长雅克布·范·海姆斯科克一气之下扣押了葡萄牙船只"圣卡特琳娜号"，抢走一船香料，返回了荷兰。因此，葡萄牙人将荷兰人告上了阿姆斯特丹法庭。1604 年 9 月，阿姆斯特丹法庭判决葡萄牙人败诉，理由是荷兰人带走的是合法战利品，无须归还。1608 年，在荷兰东印度公司的请求下，格劳秀斯就此事件撰写了一份有法理依据的辩护词，也就是后来的《海洋自由论》。

格劳秀斯为荷兰辩护的思路来源于自然法，是从神的意志衍生出来的。第一，自然法的主要思想是自我保护，它将自我保护

定义为"获得和保留对生命有用的东西"。上帝把他创造的东西全部赐予了人类，只有通过物理扣押（占有）进而使用才能获得所有权。第二，从另外两条法则"无害"和"禁欲"中，引申出了两条法则：邪恶的行为应该受到惩罚，善良的行为应该得到奖励。这些法则作为格劳秀斯对东印度公司与葡萄牙"圣卡特琳娜号"关系的判断基础。如果能证明葡萄牙人对荷兰人犯下了邪恶的罪行，且船长雅克布·范·海姆斯科克对葡萄牙"圣卡特琳娜号"进行的是一场正义的战争，那么他在这场战争中获得的战利品对于他所代表的东印度公司来说，就是合法的战利品。格劳秀斯的论证主要围绕法律和事实这两个方面展开。他首先列出基督徒可以正当地从其他基督徒那里夺取战利品的条件，以及界定基督徒之间战争性质的条件。在确定了适用条款之后，他转向了事实问题，开始详细叙述荷兰起义以来荷兰人与西班牙人和葡萄牙人之间的关系。最后，格劳秀斯给出了他的结论：即使这场战争是一场私人战争，它也是公正的，荷兰东印度公司有权获得所有战利品。

格劳秀斯《海洋自由论》的出发点是在以海洋作为交通场所的背景下，对抗其他国家对荷兰实施的航海限制。格劳秀斯反驳了葡萄牙人"比别人先在海上航行就可以占领该片海域"的观点，他认为"船不会因为在海上航行就给它创设更多的法律权利，就像它不会留下一条轨道一样""海上航行是人人享有的权利"。格劳秀斯的观点与西班牙、葡萄牙控制大片海洋区域的主张和实践截然对立，① 他尤其强烈地挑战了亚历山大六世教皇的诏书、1494年的托德西拉斯条约以及葡萄牙和西班牙对世界主要海洋地区的

---

① Simmonds K R. Grotius and the Law of the Sea: A Reassessment [J]. Addiction, 2007, 95 (6): 889 – 900.

霸权主张有关的封闭海域理论。①

《海洋自由论》介入了两场对荷兰至关重要的政治辩论：一是荷兰与西班牙君主制的关系，荷兰于 1581 年脱离了西班牙君主制。二是荷兰在东南亚的商业渗透。虽然这两场辩论的舞台具有地域局限性，但《海洋自由论》思想的传播是全球性的。英格兰人和苏格兰人认为这种思想侵犯了他们在北海的捕鱼权，而西班牙人则认为这种思想破坏了他们海外帝国的基础。《海洋自由论》的思想对沿海水域的影响不亚于对公海的影响，它还对东印度群岛和西印度群岛、欧洲内部争端、欧洲列强和欧洲以外各国人民之间的关系都产生了影响。《海洋自由论》是接下来三个世纪国际海洋法的基础，格劳秀斯凭借先进的思想已经考虑到海洋及其资源应被视为共同财产，可供所有人使用。格劳秀斯在海洋法史上具有巨大的影响，他的思想支持英国、美国和其他国家的海军和商船去追逐海洋利益，这种影响一直延续到 20 世纪。②虽然他关注的重点是航行权，但海洋自由的原则对人类利用海洋的其他方式也有重要的影响。可以说格劳秀斯的思想为海洋法的现代化演变提供了理论起点。

（一）《海洋自由论》的主要观点

海洋的广袤无垠使罗马和中世纪的法学家先在神权法的概念下，后又在自然法的概念下得出结论：海洋是可以自由进入的，它不可能成为私有财产。根据《万民法》，任何人都可以在海洋行

---

① Linden H V. Alexander VI. and the Demarcation of the Maritime and Colonial Domains of Spain and Portugal, 1493–1494 [J]. American Historical Review, 1916, 22 (1): 1–20.

② Bederman D J, Bull H, Kingsbury B, et al. Hugo Grotius and International Relations [J]. The American Journal of International Law, 1990, 86 (2): 411.

使捕鱼权。但这些长期存在的自由传统在皇权对沿海水域日益增强的控制下有所让步。随着航海技术不断提高，跨大洋航行增加了沿海水域受到侵犯的可能性。在西班牙和葡萄牙忙于征服和占有海外领土、确保商品独家贸易垄断、扩大皇家特权的时代背景之下，格劳秀斯为维护荷兰东印度公司的利益，使其能够正常行使海上航行权，发表了如下观点："海洋对所有人来说都是共有物，因为它是无限的。无论我们从航海的角度还是渔业的角度来看，它都不能成为任何一个人的财产。"

格劳秀斯区分了具有"所有权"的东西和不具有"所有权"的东西。具有"所有权"的东西是那些可能被用完的东西，或者现在使用了、将来可能无法继续使用的东西。但是不具有"所有权"的东西"虽然为某一个人服务，但仍然足以为其他人共同使用"，或者说"应该永远为所有人使用"。格劳秀斯将葡萄牙人对东印度群岛的独占权划分为三个部分：所有权、航行权和贸易权。葡萄牙人不能因最先发现东印度群岛而声称拥有所有权，因为东印度群岛的土地不是无主地，而是属于他们土著统治者的。东印度群岛不可能把统治权移交给葡萄牙人，因为教皇没有世俗的权力，尤其是对异教徒。葡萄牙人不能宣称对这片海域拥有所有权，也不具有能够禁止其他国家与东印度群岛进行贸易的司法统治权。因为航行权是自然法则的客观特征，所以航海权不能被葡萄牙人或任何人，包括教皇占有。然后格劳秀斯将主题从土地权利转向了海洋权利。在格劳秀斯看来，海洋属于不具有"所有权"的东西，因为它本质上是无限的。除非在极其特殊的情况下，海洋不能被人侵占，也不能封闭。并且正常航行并没有对海洋造成任何损害。在格劳秀斯看来，海洋不是商品，也不能成为私人财产，海洋的任何一部分都不能被认为是任何民族的领土。一个国家可以占领河流，因为它们被封闭在国家的疆界内。因为土地可以被物理地限制，人类劳动确实改变了它，它的产品通过使用而变得私有，所以陆地可以被人类占有。而对于大海，任何一个国家也不能这样做。因为海洋是流动的、不断变化的，所以不能被占有。

尽管格劳秀斯主要是与葡萄牙人就航海问题进行争论，但海洋自由主义对荷兰人更大的价值在于"他们声称有权在英国附近水域捕捞鲱鱼"。14 世纪，荷兰人威廉·比克尔斯发明了一种工艺，将鲱鱼拖上渔船后立即开膛剖肚，小心地腌制起来，装在桶里，以此保存鱼类。经过腌制的鱼类在很长一段时间内都可以食用，这使鱼类成为一种重要的贸易商品，威廉·比克尔斯也因此而备受尊敬。此外，荷兰人在捕鱼回程中寻找分销鲱鱼的机会，这直接促进了荷兰贸易的增长。因此，人们常说"阿姆斯特丹是建在鲱鱼骨上的"。据报道，仅在一年的时间里，荷兰人就在英国卖出了价值 120 万英镑的鱼。这样的情况在英国引起了相当大的恐慌，因为捕鱼业被英国视为财富的一大来源。17 世纪初，詹姆斯一世国王的顾问们甚至指出"捕鱼业比印度群岛的金银更有价值"。詹姆斯一世意识到，荷兰鲱鱼捕捞业的发展与荷兰海上力量崛起之间的关系明显。为了促进英国渔业的发展，他甚至要求他的臣民在特定的日子里吃鱼。为了捍卫财富和权力，詹姆斯一世于 1609 年发布了一项公告，禁止外国人在没有英国政府颁发的许可证的情况下在英国海岸捕鱼。荷兰人认为自己对海洋的利用是自由和正确的，因此拒绝承认该宣言的有效性。由于这种反对意见和政治需要，该宣言没有得到执行。尽管荷兰渔民也受到自己国家当局对捕鱼的各种限制，但根源不在于保护环境，而在于经济收益。在这种情况下，影响人们对渔业态度的因素是国家的财富和权力，而不是对鱼类灭绝的担忧。

为了捍卫英国君主在海上的权利，证明英国对邻近海域的财产和渔业的合法性，英国学者约翰·塞尔登撰写《闭海论》对格劳秀斯的观点进行了反驳。他对格劳秀斯的反对不是基于海洋及其资源的物理学和生物学特性，而是基于所有人都能平等地使用海洋资源会对海洋资源的分配产生怎样的影响。塞尔登认为：如果允许其他国家享有海洋自由并开发其资源，那么拥有这片海洋的国家所获得的利润就会减少。这种关切不是因为担心海洋及其资源会被开发枯竭，而是因为一个国家基于对海洋的所有权和控制所获得的利益会因允许其他国家对该片海域的使用而减少。[①] 从这一现象推理可得，法律能够产生巨大的分配后果。在 15—17 世纪，许多法学家提出了旨在使海上贸易垄断合法化的伪学说。而证明大规模占用陆地和海洋空间的合法性的关键就是"无主物"概念的解释。格劳秀斯和塞尔登的争论在今天看来似乎神秘而遥远。但他们对"无主物""共有物"或"公有物"概念的讨论，为之后的海洋治理和资源分配提供了早期的法律基础。这印证了一个道理：海洋法的历史从始至终都紧密围绕着一个亘古不变的主题，那就是海洋自由与海洋控制。

虽然"海洋自由"的焦点集中于航行权问题，但它也对渔业给予了一定关注。格劳秀斯认为：如果人类大量在陆地上狩猎或在河里捕鱼，那么森林里的野生动物和河里的鱼很快就会灭绝。但在海洋里这种情况是不可能发生的。几年后，这种观点受到了英国法学家威尔伍德的挑战，他根据《圣经》的观点证明了独家捕鱼权的合理性。威尔伍德声称苏格兰东海岸的渔业资源在减少，

---

① Selden J, Nedham M. of the dominion, or, Ownership of the sea [J]. Gifted Education International, 1972, 24 (2-3): 297-304.

基于实际需要，沿海国家在近海岸水域的独家捕鱼权需要被捍卫。如果要以任何方式限制对海洋的使用，那主要应该是在渔业方面，因为渔业资源是可耗尽的。苏格兰渔民过去20年的经验证明了这一点，苏格兰渔业的衰落应当归咎于荷兰渔船的活动。威尔伍德甚至认为《海洋自由论》以"圣卡特琳娜号"事件为背景，其实只是幌子，该书真实的目的是强化荷兰鲱鱼舰队在英国，尤其是苏格兰东海岸捕鱼的权利。格劳秀斯在《战争与和平法》中对威尔伍德的观点进行了回应，他认为：海洋广阔无垠，足以给各国人民提供取水、捕鱼和航海等任何可能的用途。因此，格劳秀斯的结论是，捕鱼权和航海权一样，自古以来就存在。格劳秀斯还驳斥了威尔伍德根据《圣经》提出的独家捕鱼权的概念。他认为捕鱼权是普遍权利而不是特定权利，上帝把这些东西给了人类，而不是给任何特定的人。

　　威尔伍德还从另外一个角度对格劳秀斯"海洋自由"理论提出了批评，他认为"远离陆地的海洋地区才适用海洋自由概念"。格劳秀斯对威尔伍德的批评作出了反驳：所谓的"远离陆地"的范围如何确定？这样主张的合法性来源于哪里？尽管格劳秀斯反对个别国家对海洋地区的过分主张，但他确实承认"内海"和"外海"是有区别的。前者是被陆地包围的水域，而后者是由"无边无际的、无限的、只有天界——万物之母"组成的。后来他在著作《战争与和平法》对这一点进行了区分，在某种程度上允许沿海国家当局在近海岸水域行使权力。格劳秀斯对"内海"和"外海"所做的区分，符合领海法律概念发展的潮流。领海概念在14世纪末期开始形成，与宾刻舒克提出的所谓"大炮射程说"和后来的国家惯例有关。最初并没有规定这部分海域的所有权，而是为商业、航行和国防目的提供专属管辖权。但实际上，沿海国家对邻近海域的管辖不可避免地涉及主权。到 17 世纪中叶，领海的概念允许每个国家对从其沿岸向海延伸的一定水域提出专属管辖权或主权要求。在这片水域内，沿海国家像在陆地上一样进行管理，对水域及其自然资源拥有完全的主权。到 17 世纪末，领海概念已得到普遍接受，大部分国家同意领海范围为 3 海里。当然也有关于这一限度的例外情况，比如挪威、冰岛和瑞典等国声称拥有 4 海里的领海主权，而拥有强大海军力量的西班牙则声称拥有 9 海里领海主权。

通过格劳秀斯的详细论述，说明自然宗教的义务超越了特定教派的传统，即使是西班牙君主制的法律惯例也反对葡萄牙人。格劳秀斯坚信，海洋自由论将成为贸易和航行领域的一般性原则。海洋自由论也在国际关系的基础、国家主权的界限以及主权和所有权之间的关系等领域引发了广泛且持久的争议。

（二）海洋自由论与海洋封闭论之争

《海洋自由论》的写作主要采用了演绎法。关于自然法最有力、最不模棱两可的陈述来自查士丁尼："根据自然法则，空气、流水、海洋属于所有人。"乌尔比安也认为："不能阻止一个人在另一个人的房前钓鱼，因为海滩和空气对所有人都是共同的。"在格劳秀斯看来，自然法是神的意志的表达，是所有人与生俱来的，不依赖于《圣经》的解释或个别国家的政策。航行自由、捕鱼自由和贸易自由在法律上得到了体现，与法律相悖的历史事件和国家政策都是违法的。格劳秀斯主张，属人管辖权的行使取决于统治者和臣民之间的关系。也就是说，在领土边界之外，君主只能对其臣民行使统治权，而不能对另一个君主的臣民和船只行使统治权。捕鱼权的界限可以通过大炮射程来确定，在这个范围内，沿海国家享有专属捕鱼权。在这个范围之外，捕鱼是绝对自由的。

　　《闭海论》的写作主要采用了归纳论证法。查士丁尼的论述给了塞尔登强有力的支撑：根据自然法则，某些事物是所有人共有的，某些事物是公共的，某些事物是属于个人的，而某些事物则不属于任何人。塞尔登利用自己渊博的学识，尽可能多地收集了大量的历史、法律和文学资料，证明海洋所有权是一种法律惯例和政治事实，符合国家安全的人道主义的航行和商业活动，不损害对海洋的所有权。基于乌尔比安"可以将河流分为公共河流和私人河流"的观点，塞尔登认为：既然海洋比河流更为流动，那么海洋也可以成为私有财产。他的政治利益比格劳秀斯更明显。他不仅要论证海洋所有权问题，而且还要确定和阐明英国君主的统治权，相比之下贸易和商业事务变成了次要的。根据他的说法，英格兰的统治范围西至大西洋，东至挪威和荷兰，包括格陵兰岛的海岸，再加上通往法国海岸的海峡。尽管这个说法在今天看来可能很荒谬，但在当时的历史背景下也并非难以置信，因为他只不过提出了与西班牙人和葡萄牙人类似的主张。

　　根据格劳秀斯的说法，海洋自由的主要原因之一在于"大海是流动的、无穷无尽的，它为一个人服务与它为所有人服务一样，不会对任何人造成损失"。塞尔登否定格劳秀斯的观点，他认为海洋不能像陆地一样，以边界的理论进行限制。他引用了塞内加的观点"大海静止不动，仿佛它是一堆自然完美的呆滞物质"以及卢坎的观点"大海是深不可测的、变幻莫测的水池"来佐证他的观点，否认大海的流动性。从二人的观点可以看出，贸易自由对塞尔登来说并不是一个重要的问题，但在格劳秀斯看来贸易自由非常重要。他在这方面广泛借用了亚里士多德的观点"一旦不动产私有制成为规范，交换就会被看作自然而然的过程"。

　　可以说，《海洋自由论》与《闭海论》的主题、目标皆有不同。二者不仅在基础资料的组织上，还在方法论上反映出深刻的差异。《闭海论》出版后不久，格劳秀斯意识到，虽然《海洋自由论》的出发点是好的，但它也有许多缺点。之后，格劳秀斯也开始相信"国家可以拥有自己的沿海水域"的说法，甚至开始思考这片沿海水域范围的问题。现行《公约》表明，格劳秀斯的海洋自由论和塞尔登的海洋封闭论各有千秋。正如格劳秀斯所倡导的，公海航行和捕鱼是自由的。也正如塞尔登所倡导的那样，为了捕鱼和其他目的，国家有权占领沿岸水域，把其他国家排除在外。

（三）海洋自由论对后世的影响

18 世纪 40 年代德国著名学者克里斯蒂安·沃尔夫写道：航海和捕鱼活动都不会妨碍其他人以同样的方式利用这些海域，因为公海"用途无限"。他认为，没有人能阻止其他人在公海上航行或捕鱼。瓦特尔是沃尔夫的信徒，他认为：将公海用于航行和捕鱼的目的是无害的，而且是取之不尽、用之不竭的。在公海航行或在那里捕鱼不会伤害任何人，大海在这两方面都能满足所有人的需要。瓦特尔与塞尔登一样，关注的不是资源保护，而是海洋开发的利益分配。瓦特尔进一步发展这个观点，认为沿海国基于安全和福利目的，可以主张边缘海的权利，如果外国船只的目的并非无害，沿海国则可以拒绝其进入该海域。

1836 年，美国著名法学家亨利·惠顿在其《国际法要素》中认同 1736 年英国《悬停法案》对海湾和封闭水域的主权主张，但他也注意到对世界更广阔海域的主权要求并未得到普遍默许。他认为，只有在基本安全的基础上，封闭水域的悬停行为才有正当理由。[①] 在

[①] Wheaton H. Elements of international law: With a sketch of the history of the science [J]. Journal of Geophysical Research Atmospheres, 2014, 119 (18): 10, 902 - 911.

格劳秀斯、塞尔登、宾刻舒克和瓦特尔之后，惠顿的结论是，关于邻近水域以外的公海能否成为国家所有的争议"曾经动用了欧洲最有能力的法学家，在今天很难被认为是公开的"①。至于渔业，惠顿后来指出"沿海国在邻近水域范围内，拥有专有捕鱼权"②。

柯西在1862年的《国际海事法》中提到，尽管海洋渔业作为一个整体来说可能是无限的，但他对"那些每天有无数渔船出入的海湾及附近区域是否同样如此"持相当强烈的怀疑态度。柯西认为，在这样的水域中，沿海国家拥有统治权，对海洋自由的某些限制可以正当地发生。在回答"沿海国家能在多大程度上迫使其他国家服从"时，柯西的答案是："沿海国家的强制力依据区域内开展活动性质和目的而有所不同。如果考虑进行某种特殊活动，应该考察一下这种活动受自然本身的限制。"

整个19世纪，许多法学家表达了对沿海渔业的担忧，以此作为支持沿海国控制领海的理据③。随着对领海范围讨论的广泛开展，人们开始听到"3海里领海不足以保护沿海渔业"的声音。乔治·贝登堡爵士创新性地提出"在领海之外也需要某种形式的管制，以便减少对鱼类的损害"④。1896年，瑞士法学家里维尔提出的一个观点引起了广泛关注，他认为"虽然沿海国家控制下的渔

---

① Wheaton H. Elements of international law: With a sketch of the history of the science [J]. Journal of Geophysical Research Atmospheres, 2014, 119 (18): 10, 902 – 911.

② Wheaton H. Elements of international law: With a sketch of the history of the science [J]. Journal of Geophysical Research Atmospheres, 2014, 119 (18): 10, 902 – 911.

③ Woolbert R G. Protection of Coastal Fisheries under International Law [J]. The Cambridge Law Journal, 1943, 8 (2): 229.

④ Woolbert R G. Protection of Coastal Fisheries under International Law [J]. The Cambridge Law Journal, 1943, 8 (2): 229.

业受到了监管，但公海上的渔业却经常遭到掠夺"。挪威法学家路德维格·奥伯特指出"国家对沿岸专属权越大，就越有可能成立一个组织，以便更合理地开发渔业"。1894 年，加拿大海军军官安德鲁·戈登在巴黎国际法研究所的会议上发言，呼吁承认沿海国有权管理离海岸 9 海里以内的捕鱼活动。在领海以外的 6 海里范围内，外国渔民也遵循沿海国的管制。

到 19 世纪中期，大多数国际法领域的专家们仍然持有"海洋生物资源是取之不尽、用之不竭的"观点。然而，在一个通过严格限制沿海国管辖范围才能满足航海和海洋利益的时代，各种因素导致人们越来越关注渔业。在没有有效的国际规制的情况下，现有的规制对于保护渔业资源是不够的，这使得人们开始考虑如何更新目前的规制。后来的法学家目睹了一个格劳秀斯和他的同时代法学家无法预见的世界，在这个世界里，法律原则、规则甚至政治制度都必须适时修改从而适应不断变化的环境，认识到这一点将对制定适用于世界海洋的规则产生重大影响。

二、海洋自由中国家的地位和作用

在格劳秀斯的时代，人类对海洋的开发利用相对较少，技术的落后限制了人类活动对公海的影响，因此海洋自由原则并没有得到更广泛的应用。有人认为，海洋及其资源是"无主物"，无主物的占有遵循先占原则，而海洋的流动性决定了它无法被占有，因此海洋及其资源不独属于任何一个国家。它对所有人开放、供所有人使用。既然国家对享有主权的地区进行全面控制，那么海洋作为对所有人开放的地区，自然不受国家所有权和主权的约束。另外一些人认为，海洋及其资源是"共有物"，不应被某些国家占有，而是应为每个人所有。但是在海洋及其资源的使用上，需要在经过各国同意后，才能由任何一个特定的人去开发使用。无论海洋及其资源是"无主物"还是"共有物"，其最后的指向都是"海洋自由论"，这种自由是最广义的自由，对所有国家的自由，所有国家均享有渔业自由、航行自由和贸易自由。

格劳秀斯临终时曾说道："我理解了一些东西，但是一事无成。"他的"一事无成"是因为五百年前人类整体认知水平有限，思维的局限性使他无法设想到"将海洋按区域划分并区别治理"的方案。他只能将广袤无垠的大海作为一个整体进行对待。在这个前提下，格劳秀斯反对将主权概念应用在海洋治理之上，实际上是反对将海洋，尤其是海洋带来的利益完全归于某些国家名下。虽然他的出发点仅仅是维护荷兰一个国家的利益，但他的理论在之后的许多年服务了很多个与荷兰有同样需求的国家，甚至可以说他的理论服务了全人类。

《海洋自由论》之所以饱受争议，是因为很多人认为"海洋自由"与"国家对其邻近海域拥有所有权"这两个观点似乎存在冲突。实际上，领海是海洋自由的一般规则的一个例外。格劳秀斯并没有质疑国家对邻近海域及其范围内鱼类的权利要求，他是对皇家特权的范围和包含物质的范围提出了异议。一旦某些国家凭借武力部署占领了大片水域，就可能排斥他人享有的航行自由，而格劳秀斯关心的正是荷兰与东方进行海上贸易的航行自由。格劳秀斯其实也关注过近海与大洋的区分，但他刻意将区分标准写得极为含糊。他这样的刻意为之实际上是害怕近海渔业控制和管辖的"排他性"权利危及"海洋自由"的总体原则以及各国据此原则而拥有的一些权利。随着对海洋认识程度的加深，在 1625 年出版的《战争与和平法》中，格劳秀斯一方面坚持海洋不能被私有的原则，另一方面也酝酿出了早期的领海思想，为此后"公海自由"和"领海主权"观念的发展与成熟奠定了一个坚实的基础①。格劳秀斯对威尔伍德的认同算是对此前诸多争论的一个终结。但领海宽度的无法确定也为此后几百年人们的争论埋下了伏笔。

格劳秀斯强调的最广义的海洋自由把那个时代海洋强国对海洋权力的渴望推向了极致。西欧一些国家通过优势力量实现其对海洋的控制②,从而加强对殖民地、原料和主要航道的三重控制,最后实现地区乃至全球霸权。可以说,在这一时期西欧主要国家对海洋的控制,始于权力,也终于权力。即使格劳秀斯的思想因为无法脱离时代和立场的局限性而存在瑕疵,我们也必须承认他的先进性和贡献性。他是全球海洋治理规则当之无愧的开篇者,海洋自由拉开了全球海洋治理规则从无到有的序幕。

海洋权力争霸时期早于威斯特伐利亚体系的诞生。这个时期海洋规则的产生并不依赖于各国之间的协商会议和妥协让步,也不需要各国共同承担维持秩序的责任。格劳秀斯提倡海洋自由纯粹是为了维护荷兰东印度公司的利益,为荷兰在海洋霸权的争夺中创造合理的依据。但海洋自由规则的塑造仅仅依靠各国学者的论战显然不够,它能够得到认可并形成共识最直接的原因是相关国家强大的海上武装实力,最有力的支撑来自相关国家在从事海洋活动时对海洋自由的实践。另外,当时世界整体环境也为海洋自由规则的塑造提供了外部条件。除了欧洲以外,其他绝大多数地区生产力水平低下,根本不具备进行海洋活动或者向海洋提出权利要求的条件。所以,海洋权力争霸时期海洋自由规则塑造的

---

① 计秋枫. 格劳秀斯《海洋自由论》与 17 世纪初关于海洋法律地位的争论 [J]. 史学月刊, 2013 (10): 96-106.

② 江河. 国家主权的双重属性以及大国海权的强化 [J]. 政法论坛, 2017 (1): 130.

根本目的是保障国家权力的无限扩张，国家在海洋自由的形成与落实中发挥最重要作用、占据最重要地位。

第三节　海洋权利争夺时期海洋规则中国家的地位和作用

一、《公约》形成过程中的海洋规则

在格劳秀斯时代，他先将广袤无垠的大海作为一个整体进行对待，后来他也认识到了领海与公海的区分。再后来海洋被划分为领海和公海，在领海范围内，沿海国拥有与其陆地领土权利相类似的权利；在公海范围内，所有国家都享有使用这些水域和相关自然资源的自由。这个划分规则的前提是海洋资源是无限的，在任何情况下海洋资源都大于人类对它的需求。随着人类海洋活动范围的扩大、种类的增多，海洋资源的供给逐渐不足，公海自然资源不属于任何人的规则体系遭到了冲击。第二次世界大战初期，一些沿海国采取了一系列单方面扩大其海洋管辖权的措施，以减轻来自海洋资源的压力，并确保自己获得更大份额的海洋财富。这反映出海洋权利争夺时期的总体特征：沿海国的管辖权不断扩张，公海的范围不断收缩。

海洋权利争夺时期始于20世纪初人们着手编纂海洋法之时，止于1982年《公约》的诞生。海洋权利争夺时期的海洋规则以《公约》形成过程为线索，在海洋规则逐渐成文化和体系化的过程中发生了四次重大历史性事件，包括关于领海宽度的讨论、"杜鲁门声明"的发表、"帕多提案"的提出，最终《公约》诞生。这四次重大历史性事件是对海洋作为"无主物"或"共有物"的法律属性以及海洋自由原则的突破。

（一）关于领海宽度的讨论

1. 领海宽度的讨论

前文提及格劳秀斯的《海洋自由论》与塞尔登的《闭海论》关于海洋性质的划分进行了激烈的论战。在 1625 年出版的《战争与和平法》中，格劳秀斯一方面坚持海洋不能被私有的原则，另一方面也酝酿出了早期的领海思想，但他遗留了一个至关重要的问题：领海宽度应当如何确定。由于建立领海制度是绝大多数沿海国家维护自身安全和获取经济利益的重要渠道，所以后人围绕着这个问题进行了长足的讨论。

领海制度的历史不仅相当悠远，而且非常复杂，尤其是关于领海宽度的说法更是五花八门。主流学说有航程说、视野说、大炮射程说和 3 海里说等，其中大炮射程说和 3 海里说得到了相对比较广泛的支持。到 19 世纪，领海制度已经十分普遍，几乎所有沿海国家都宣布建立领海制度，但 3 海里领海宽度并没有成为一项普遍的国际法原则。在这种背景下，各国对于领海宽度的实践更是无法统一：以英、美为代表的传统海洋强国大力推行 3 海里领海制度，这些国家认为只有保持相对狭窄的领海区域才能提供更大的公海区域，从而维系其庞大的海军和海外贸易。但许多沿海国家却希望增强对近海的控制，对此范围内的海洋资源拥有主权和专属控制权。在传统海洋强国的大力推行之下，很多国家被迫接受 3 海里领海制度，于是就产生了接下来一系列的激烈斗争。

1930 年 3 月，在国际法编纂会议上，与会代表就领海宽度展开了一系列的讨论：第一，能否从此确定领海宽度为 3 海里；第二，能否通过一部分国家提出的超过 3 海里的宽领海主张；第三，能否通过一部分国家提出的在 3 海里领海宽度范围外区域设置毗连区的主张。① 从讨论的问题可以看出海洋强国与海洋弱国的矛盾所在：海洋强国意图用法律制度将 3 海里窄领海制度固定下来，以便它们在"海洋自由"的前提下攫取更多的海洋利益。海洋弱国则致力于如何打破这种不利甚至有损于它们国家利益的领海制度。出于维护自身安全和获取经济利益的需要，各国在领海问题上针锋相对、互不退让，导致领海问题在本次会议上没有得到解决。但本次会议也对今后领海问题的解决提供了一定程度上的参考。

　　1958 年 2 月，第一次联合国海洋法会议在日内瓦召开。会议比 1930 年海牙会议更集中于领海和渔业，会议上关于领海宽度问题主要产生了以下几种议案：3 海里，6 海里或 6 海里加 6 海里捕鱼区，12 海里或 12 海里加毗连区，以及由沿海国自行决定领海宽度，等等。其中美国提议"6 海里加 6 海里捕鱼区"，苏联提议"由沿海国在 3~12 海里内自行决定领海宽度"，哥伦比亚等 8 国提议"以 12 海里为限，如果不足 12 海里可以建立不超过 12 海里的渔区"。② 以自身利益为出发点和落脚点，各国提出了符合自身需求的领海宽度议案。拥有相似背景和利益需求的国家所提出的议案比较相似，无形中造就了几个海洋利益同盟。本次大会提出的议案必须经投票并获得 2/3 以上的票数才能通过，经过紧张的讨论和最终投票，无论是美国提案、苏联提案还是哥伦比亚等 8 国提案，都没有达到这个标准。因此虽然本次会议通过了《领海与毗连区公约》，也并没有如愿解决领海宽度问题。而且该公约基本上体现的是传统海洋强国的意志，没有体现第三世界国家的合理诉

---

① 刘中民. 领海制度形成与发展的国际关系分析［J］. 太平洋学报，2008（3）：17 - 28.
② 刘中民. 领海制度形成与发展的国际关系分析［J］. 太平洋学报，2008（3）：17 - 28.

求，因此遭到很多第三世界国家的不满与反对。

根据联合国大会 1958 年 12 月 10 日第 1307（ⅩⅢ）号决议，第二次联合国海洋法会议 1960 年在日内瓦召开。墨西哥提议"最大领海为 12 海里，如果把这个界限定为 3~6 海里，则渔区可扩大至 18 海里"；美国、加拿大提议"最大领海为 6 海里，并增加 6 海里渔区"。墨西哥的建议明确表明了领海界限和渔区之间的联系，通过用更广泛的专属渔区作为补偿，诱惑沿岸国接受更窄的领海。但是，人们的注意力主要集中在加拿大和美国的联合提议上。冰岛和许多发展中沿海国家倾向于前者，而西欧的沿海国家和日本则支持后者。从商讨议题来看，这次会议很大程度上是对第一次联合国海洋法会议的继承，虽然会议全体委员会以多数票通过了加拿大和美国的联合提议，但在全体会议上以一票之差未能获得所需的 2/3 以上的票数，所以这次投票也以失败而告终。美国因为这次失败而向其他国家发出警告：国家单方面声称更宽领海不受国际法保护，并与公认的公海自由原则相冲突。第二次联合国海洋法会议，由于未能调和分歧，导致人类近海管辖权与海洋空间管理方面的冲突加剧。

2. 确定领海宽度的意义

虽然以上三次会议都不能将领海宽度问题以法律形式确定下来，不过这并不妨碍各国以自己利益为出发点制定国内领海制度。通过制定国内领海制度，尤其是设立"无害通过"制度，沿海国可以有效地防止海上军事入侵、偷渡、走私、毒品交易和贩卖人口。从各国自行确定的领海宽度可以发现，选择宽于 3 海里领海制度的国家越来越多。这跟第二次世界大战后亚非拉地区崛起、殖民地半殖民地纷纷独立有很大关系。这些国家和地区在成立初期迫切需要巩固自身安全、维护海洋权益，因此必须抵制传统海洋大国的霸权主义。1973 年，第三次联合国海洋法会议在纽约召开。这次会议持续了长达十年之久，最终《公约》第二部分第三条对领海的宽度予以确认。除了实行"无害通过"制度，领海已经与沿海国领土没有差别。领海宽度之所以能在这次会议上得以确认，其实也是传统海洋强国与第三世界国家彼此做出的让步与妥协，并且传统海洋国家将重点转移至 12 海里以外海洋空间权利的争夺上。至此，领海概念的形成与发展完成了海洋权利争夺时期海洋规则的第一次突破。

（二）"杜鲁门声明"的发表

1. "大陆架"概念的产生与发展

前文提及，一些沿海国采取了一系列单方面扩大其海洋管辖权的措施，以减轻国家承担的自然资源压力，并确保自己获得更大份额的海洋利益。这其中最具有代表性的事件就是 1945 年 9 月 28 日美国总统杜鲁门发表的"杜鲁门声明"。

1939 年第二次世界大战爆发，美国随后加入战争。战争使人类对海洋的利用模式发生了重大变化。国家的海上军事行动、为战争提供后勤服务的商船活动、军队征召有航海经验人员等活动，直接或间接地干扰了渔业活动。不仅如此，这场战争也对海洋利用模式的发展方向产生了深远的影响。这场战争使得人类对石油的需求空前增长，凸显了石油在现代世界的重要性。甚至有人认为，石油储备量决定了第二次世界大战成败的走向。随着技术的发展，在彼时海上石油开采即将成为现实。作为大陆的海底延伸，大陆架区域被视为潜在的石油来源。随着石油产品成为热门的燃料和润滑剂，大陆架资源的利益也随之扩大。因此急需通过法律形式将大陆架的概念与性质予以确定，从而为投资者从事海外业务提供具有稳定性的法律制度作为保障。而美国出于对战争胜利的渴望、对未来石油资源控制权的渴望，率先开始了对石油资源附着的大陆架的争夺。

作为具有重要国际地位的海军强国、拥有最先进海洋开发技术的国家和具有重要远洋渔业利益和贸易利益的国家，美国在寻求大陆架资源时，需要考虑方方面面的利益。正是出于这种考虑，1945年9月28日美国颁布了"杜鲁门声明"。该声明指出"全世界迫切需要石油和其他矿物的新来源"，并表示"现代技术的进步已经或将很快使利用大陆架上发现的资源成为可行"。声明指出"大陆架可以被视为沿海国家陆地的延伸，因此自然地依附于它"，并且"相邻国家行使管辖权和控制是合理和公正的"。所以即使声明提出管辖和控制的自然资源所附着的大陆架部分位于公海，美国也有合理的理由对这些自然资源实施管辖与控制。"杜鲁门声明"被视为一个精心设计的、自私自利的法律主张的典型例子。它的成功经历说明了一个道理：法律学说可以被人为塑造，成为服务于提出它的国家的根本政治利益的工具。从"杜鲁门声明"中可以清楚地看出，美国试图根据国家利益来塑造国际法，而塑造出来的法律也为美国开采大陆架上的资源提供了法律依据。

美国之所以通过"杜鲁门声明"宣示对大陆架海床和底土的自然资源拥有管辖权和控制权，是从自身利益出发精心选择的说法。假以时日，如果美国管辖权和控制权的说法能成为国际法的一部分，它一方面能独占该部分大陆架海床和底土资源，另一方面又不对大陆架以上、领海以外水域的法律地位产生影响，不对在这些水域内生活的鱼类作为公海资源的地位产生相应的影响。相反，如果美国宣称对这部分自然资源拥有主权，则意味着对水域及其上空的控制，如果这种说法推及至全球，就会对美国的海军活动、商业和远洋捕鱼活动产生巨大的干扰。在对两种说法进行比较后，发现采取更谨慎、更有限的说法将满足美国更长远的发展目标，采取更严格、更广泛的说法可能会威胁到美国在其他领域的利益。

2. "杜鲁门声明"的影响

在分析"杜鲁门声明"的意义时，不仅要考虑它的实质内容，还要考虑它提出的方式。"杜鲁门声明"引起的问题不仅仅是源于它的内容，更是源于它的单方性质。尽管美国在宣布之前已通知若干国家，但这些宣布也是单方面的。美国没有与任何国家签署任何条约，也没有任何国家就美国的主张提出类似的主张。尽管美国内部也曾有顾虑，但还是采取了这种单方面的做法。一些学者后来表示，"杜鲁门声明"是海洋法一系列问题的起点。"杜鲁门声明"引发了麦雷斯·麦克道戈尔关于国际法"持续的诉求与回应过程"的研究，这个过程与通过签订条约形成国际法的过程不同。在这个过程中，对于一个国家提出的某种诉求，国际社会和其他国家会做出反应。首先，它们可以什么也不做，它们的默许构成对所提出诉求法律效力的含蓄承认。其次，它们也可以正式提出反对，从而保留反对国的法律权利，破坏原诉求的有效性。最后，各国也可以提出自己的要求，这些要求可能完全符合、也可能不完全符合原诉求。正如麦克道戈尔所指出的"并不是这些诉求本身构成了法律，而需要将诉求与对这种诉求的回应结合在一起"。"杜鲁门声明"引发了其他国家提出法律诉求的连锁反应，其中一些主张比"杜鲁门声明"中宣称的要广泛得多，这在美国和拉丁美洲的一些国家之间搭建了对抗的平台。

但是，对其他国家来说，"杜鲁门声明"提出的主张不足以保护它们国家利益，特别是在渔业方面的利益。以美国单方面提出的诉求为例，一些国家发表了它们自己的声明作为回应，这些声明符合它们的利益，却不一定符合美国的利益。"杜鲁门声明"出台后，许多拉丁美洲国家对大陆架及其资源提出了主权要求。智利、厄瓜多尔和秘鲁只有非常狭窄的大陆架，但它们沿海区域有丰富的渔业资源。如果美国可以单方面要求对其领海以外的非生物资源拥有管辖权和控制权，那么它们为什么不能要求对生物资源拥有控制权呢？[①] 随着时间的推移，这些国家开始通过法令或联合行动来争取权益。1952 年，智利、厄瓜多尔和秘鲁的《圣地亚哥宣言》强调了渔业作为主要粮食供应在经济发展领域的重要性，因此沿海国家有权对这些资源进行保护。1955 年，智利、厄瓜多尔和秘鲁提出"海洋与生物资源、毗邻的土地、气候和水文条件是密切相关的，构成了一个整体"，这个观点为沿海国家对大陆架行使优先权利和保护措施提供了依据。对渔业资源的不合理开发将破坏现有系统的平衡，沿海国有责任避免这种情况的发生。虽然各国具体说法有所差异，但有一点是完全一致的：无论如何界定，大陆架都不能被定义为"无主物"。大陆架由这些沿海国的国家当局管辖，即使碍于国家实力与技术暂时不能对其进行实质性开发也无所谓。鉴于大陆架区域内蕴含的大量资源以及它们可能对国家财富和安全做出的贡献，沿海国对大陆架及其资源提出主权要求的观点也无可厚非。

联合国大会为了落实《联合国宪章》"促进国际法的逐步发展及其编纂"的要求，于 1947 年专门成立了国际法委员会，委员会由个人身份而不是政府代表身份的专家组成。在委员会开始审议大陆架问题时遇到了一些基本问题，比如"大陆架"一词该如何

---

① Maxwell C. The Exploitation and Conservation of the Resources of the Sea, A Study of Contemporary International Law [J]. Canadian Yearbook of International Law, 1964, 2: 215 –323.

理解？国际法委员会在审议之初就明确指出，国际法对该术语的理解不同于科学家的理解。国际法委员会对于大陆架的理解是基于实际应用考虑的，因为有些海底区域，比如波斯湾，其深度符合开发标准，但它可能不符合法律意义上大陆架的条件。大陆架的外部界限是国际法委员会内部持续争论的另一个话题。国际法委员会支持"可利用水深为 200 米"原则。国际法委员会指出，大陆架的资源将得到开发，但对于谁应该控制大陆架、如何在世界各国之间分配其丰富的资源，存在着一些分歧。时任国际法委员会委员的徐淑希提出："大陆架开发应由国际社会而不是沿海国家负责。"这为后来"人类共同继承财产"概念的出现埋下了伏笔。这个提议在当时缺乏支持，因为委员会委员普遍认为国际化将遇到无法克服的实际困难，它不能确保对满足人类必需的自然资源进行有效开发。另一种说法是"将大陆架视为无主物，受占有它的人的开发和控制"，这种办法也很快遭到了否定。有委员断言："没有一个国家会承认大陆架无主权的说法。"国际法委员会不仅关注"谁应该控制大陆架资源"，更关注大陆架的地理范围、沿海国的要求和其他国家的合法权益。国际法委员会以现实主义为基础，兼顾相关习惯法，在地理邻近的基础上，赋予沿海国对大陆架的海床和底土的专有权，而不需要证明有效占领。

由沿海国管辖和控制、在大陆架上进行的活动很可能会影响上层水域的使用，例如船舶在近海石油钻塔作业的海面航行，二者有可能产生不必要的冲突。这种现实使人们开始思考，公海自由的传统和新兴的大陆架学说之间的矛盾该如何调和。当时国际法委员会委员乔治斯·塞勒对这个问题给出了他的结论：公海的概念与大陆架概念完全不相容，国际法委员会推动大陆架概念的普及，是为了沿海国的利益而牺牲公海自由。而国际法委员会内部大多数人认为：公海自由并非完全无限制，应当努力寻求传统公海自由与大陆架资源开发之间的平衡。时任国际法委员会委员兼巴拿马外交部长的里卡多·阿尔法罗表示：一方面，传统的公海自由原则仍需尊重；另一方面，随着科学技术的更新换代，行使开发海床及其底土的合法权利必然在某种程度上影响海洋自由。因此，有必要在审议草案中说明，有关海洋自由的国际法原则通常适用，但需视大陆架自然资源开发的要求而定。

　　另外一个值得考虑的问题是：沿海国在大陆架上所拥有的权利究竟性质如何？沿海国对大陆架拥有的是"主权"，还是"杜鲁门宣言"中的"管辖权和控制权"，抑或是"主权权利"？以英国为首的一些国家赞同"主权"说。鉴于英国一直作为海洋自由概念捍卫者的传统立场，这一转变令人惊讶。但实际上，英国赞同"主权"说与海洋自由并不矛盾，因为适用于大陆架的"主权"并不像陆地延伸至天空那样，它并不延伸至海水表层。最后，国际法委员会的结论是，应承认沿海国为了勘探和开发其自然资源的目的对大陆架行使的"主权权利"。这为沿海国家在开发大陆架资源方面提供了必要的法律基础，同时避免了一旦推行"主权"学说，在大陆架范围内可能发生的航行、飞行和渔业方面的矛盾。

　　最终国际法委员会大陆架草案规定：大陆架勘探和自然资源开发不能以任何理由干扰航行、渔业和海洋生物资源保护。国际法委员会在对该条的评论中强调，并非所有对传统公海权利的干扰都是被禁止的，只有那些"不合理"的干扰才被禁止。由于在开发大陆架资源方面出现了新的需要和利益，传统公海权利必须接受"正当"的干涉。随着新的海洋利用活动的出现，需要平衡各方利益，对这些不同利益的相对重要性做出一系列评估：在某些情况下，对航行和捕鱼的干扰，即使是重大的干扰，也可能是正当的。另外，如果与大陆架勘探和开发的合理要求无关，即使是小规模的干涉也是不被允许的。国际法委员会草案规定：作为调解相关方利益的手段，由国际法院强制解决大陆架争端。这样一来，沿海国的利益和涉及海洋自由的更广泛利益都能得到保护。这一举措虽然有助于平衡各方利益，但各国是否愿意接受第三方强制和具有约束力的争端解决也是一个无法避免的问题。

3. "杜鲁门声明"的意义

对大陆架法律地位的讨论证明了从三维角度考虑海洋空间的必要性，三维角度包括海床和底土、水域及其上方空域。早期海洋在人们眼中是二维的、平面的。到了20世纪50年代，人们注意到了上空、表面、水体、海床和底土的使用，也就是整个海洋所对应的垂直空间。传统意义上的主权是指对这片垂直空间整体进行控制。有人认为，海床和底土与其上附水域法律地位相同，如果海洋作为"无主物"或者"共有物"，不受国家所有权和主权的约束，那么海床与底土也不受国家所有权和主权的约束，任何国家都可以在该范围内自由活动。另外一些人认为，海床和底土实际上是被海水覆盖的陆地，它们与其他陆地一样都可以被国家通过先占原则进行占有，也就是说海床和底土可以被声索主权。然而，随着人类海洋活动对海洋空间需求的扩大，美国、英国等海洋大国越发不能接受将完全意义上的主权作为国际海洋法的一项基本原则。"杜鲁门声明"是海洋空间功能化进程的重大突破，在这一进程中，各国在特定领域为特定目的拥有有限的权利，而不是完全意义上的主权。在这种情况下，传统自由的公海可以继续向所有人开放，而大陆架的矿物资源和领海内的鱼类受到不同规则的制约。总体来说，全球海洋因国家的不同的利用目的被划分为不同的可控制区域，划分原则并不局限于国家权威，也有可能选择某种新兴的中介或职能机构，不同的选择将会引发数年的外交谈判。至此，"大陆架"概念的形成与发展完成了海洋权利争夺时期海洋规则的第二次突破。

（三）"帕多提案"的提出

1. "国际海底区域"概念的产生与发展

人类能够探索的海洋范围取决于人类的科技发展水平，尤其是航海技术发展水平。沿海国的海洋活动由近向远一步步延伸，逐步形成对海洋的三维探索。由于认知和技术水平有限，海底一直是人类活动无法触及的未知领域。1956 年国际法委员会在报告中指出：国际法委员会不必考虑各国勘探和开发大陆架外公海底土的自由。目前，在水深超过 200 米的海域内建造永久性设施是不可能的，而且很可能在相当长一段时间内仍会如此。因此，国际法委员会认为深海海底采矿的法律制度问题并不需要审议，因为短时间内这种采矿在技术上是不可能发生的。然而，当时间过渡到 1973 年第三次联合国海洋法会议召开时，海底采矿问题已成为谈判的中心问题。在这期间到底发生了什么事，使得海底采矿在海洋法议程上的地位发生如此的转变呢？

海底蕴藏的资源是异常丰富和亟待探索的。对海底锰结核的探索可以追溯到 19 世纪 70 年代"挑战者"号进行的科学研究。许多大学和研究机构热衷于这个领域的探索，他们表示：许多重要的金属可以从海洋中提取，而且成本只有陆地成本的 50%~75%，为了工业的发展应当鼓励海底采矿。[1] 1965 年，采矿工程师

---

① Mero J L. The Mineral Re sources of the Sea [M]. London: Elsevier Publishing, 1965: 274 –275.

约翰·梅洛出版了他的里程碑式著作《海洋矿产资源》，引起了人们对深海海底采矿的极大关注。梅洛认为：锰结核开采在技术上和经济上都是可行的，大量的工程数据和计算表明，从海底开采镍、铜、钴、锰等金属都是有利可图的。梅洛还指出：如果海底锰结核中大约有 10% 可供开采，按锰结核的再生速度和目前的消费速度来计算，足以使用数千年。^① 到 1967 年，美国一些公司已经开始投资锰结核的地质研究和采矿加工技术。日本和英国等国家也在进行类似的研究，深海底采矿已经被纳入这些国家的工业决策。^② 梅洛的预言得到了应验，在深海海床上的采矿商业已然产生。

在 1967 年联合国大会上，马耳他代表团要求大会审议如下议题：第一，国家管辖范围之外的海底问题；第二，为人类利益使用海底资源的问题；第三，为和平目的保留海底资源的问题。提出将海底地区确立为"人类共同继承财产"，从中获得的财政利益"主要用于促进贫穷国家的发展"。设立一个国际机构，为所有国家充当海底的受托人，管理人类在海底进行的活动。马耳他常驻联合国代表阿维德·帕多博士发表了联合国大会有史以来最杰出的一篇讲话，即"帕多提案"。他慷慨激昂地呼吁采取国际行动，为和平目的保留海床和底土，并确保它们作为"人类共同继承财产"的地位。虽然帕多对海底的开发潜力持乐观态度，但他也认为国际社会必须在某些国家将海底据为己有之前采取行动，国际社会的不作为很可能导致局势恶化。在此基础上，帕多提议设立

---

① Mero J L. The Mineral Re sources of the Sea ［M］. London：Elsevier Publishing，1965：277 –279.
② Brooks D B. Deep Sea Manganese Nodules：From Scientific Phenomenon to World Resource ［J］ Resources Journal，1968，8：401 –423.

一个国际机构来管理深海海床的开发，并从商业经营中获取收入。假定 1970 年开始设立该机构，到 1975 年该机构从海底采矿获得的总收入将接近 60 亿美元。扣除必要费用后，该机构将"至少"有 50 亿美元用于贫困国家的发展，在帕多看来"国际援助格局将完全因此改变"。

毫无疑问，帕多的讲话引起了人们对海底问题的高度注意，尤其是对海底利益的注意。但他也承认自己的描述中有"一些仓促的计算"，他所提供的意象点燃了人们"并不现实"的期望，特别是对一些发展中国家尤为如此。的确，海底采矿不仅引起外交家和实业家的注意，也引起各种理想主义者的注意。他们认为海底采矿能够促进第三世界发展，甚至推进联合国财政收入。为了实现这些目标，必须强调把海底资源视为"人类共同继承财产"的重要性。① 帕多的讲话不仅引起了人们对海底本身的注意，也引起了人们对海洋法管辖问题的注意。鉴于 1958 年和 1960 年海洋法会议无法确定领海的范围，《大陆架公约》中对大陆架下的定义不够精确，让人们不禁疑惑海洋领域国家管辖权的范围究竟是什么？虽然联合国和平利用海床委员会在其第一份报告中指出，各方就"海底有一片区域超出了国家管辖范围"这一问题达成了一致，但是无法就该地区精确边界问题达成一致。②

经过一系列的讨论后，联合国大会于 1967 年 12 月成立了一个由 35 个成员国组成的特设委员会来专门审查深海海底采矿问题。该委员会的报告说明该问题的复杂程度。它兼具科学、经济、技

---

① Oda S. The Law of the Sea in Our Time I: New Developments, 1966 – 1975 [J]. British Yearbook of International Law, 1982 (1): 1.

② United Nations. Report of the Committee on the Peaceful Uses of the Sea-bed and the Ocean Floor Beyond the Limits of National Jurisdiction. A/7622.

术和法律方面的复杂性和多面性，还需要进一步研究。① 1968 年
12 月，联合国大会成立了 42 个国家常设委员会，以贯彻特设委员
会的工作。后来又增加了 44 个成员，负责编写第三次联合国海洋
法会议的议程。② 为此建立了 3 个小组委员会，分别审议三个问
题：第一，国家管辖范围以外的海底和海底资源的国际制度；第
二，海洋法问题，包括领海、毗连区、大陆架、公海和渔业问题；
第三，海洋环境的保护和海洋科学研究。③ 可以说，一项规模广泛
的海洋法审查因此拉开了帷幕。

2. "帕多提案"的意义

1969 年，联合国大会不顾一些发达国家和东欧国家的反对，
通过了暂停开采决议，呼吁各国在国际制度建立之前，不在国家
管辖范围以外的海底进行资源开采的一切活动，海底任何部分的
主权要求都不应得到承认。④ 决议中没有规定国家管辖权的界限，
以巴西为首的一些国家，在投票赞成决议后扩大了它们的管辖权
要求。⑤ 翌年，大会在《关于国家管辖范围以外的海床的原则声
明》通过之后，决定于 1973 年召开一次范围广泛的海洋法会议。⑥
声明没有对国家管辖权的界限作出决定，这一问题是即将召开会
议的一个焦点问题。这次大会通过的原则有："区域"（the Area）

① United Nations. General Assembly Official Records. Report of the Ad Hoc Committee to Study the Peaceful Uses of the Sea-Bed and the Ocean Floor Beyond the Limits of National Jurisdiction. A/7230.

② UN General Assembly Resolution 2750（ⅩⅩⅤ），1970.

③ United Nations. General Assembly Official Records, Report of the Committee on the Peaceful Uses of the Sea-Bed and the Ocean Floor beyond the Limits of National Jurisdiction. A/9021.

④ UN General Assembly Resolution 2574D（ⅩⅩⅤ），1969.

⑤ Ratiner L S. United States Oceans Policy: An Analysis ［J］. Journal of Maritime Law and Commerce. 1970: 225 – 266.

⑥ UN General Assembly Resolution 2750C（ⅩⅩⅤ），1970.

以外的海床和洋底及其资源是人类共同继承财产；任何国家不得对该地区的任何部分主张或行使主权或主权权利；任何国家或个人不得对该地区或对其资源行使与国际制度或本宣言原则不相容的权利；"区域"内的所有勘探、开发及相关活动均受拟建立的国际制度管辖；各国应根据适用的国际法在"区域"行事；对"区域"及其资源的勘探开发应造福全人类；"区域"应专为和平目的保留；应通过国际条约构建相应制度，规定"区域"及其资源的有序发展和合理管理，规定各国公平分享利益，并特别考虑到发展中国家的需要；各国还应采取行动，防止对生态平衡的干扰，并促进"区域"自然资源的保护和养护；在"区域"，各国应适当尊重其他国家的权利和合法利益；本协议不得影响该"区域"上覆水域或空域的法律地位；各国应确保在其管辖范围内的实体或个人在"区域"内的活动应按照即将建立的国际制度进行，造成损害的，应当承担责任；有关"区域"活动的争端，各方应根据《联合国宪章》第 33 条以及通过即将确定的国际制度中议定的程序来解决争端。① 就国际海底区域而言，召开此次海洋法会议的任务是处理这些笼统且模糊的原则，并建立一个能够满足各国不同期望的工作制度。至此，"人类共同继承财产"概念的形成与发展完成了海洋权利争夺时期海洋规则的第三次突破。

（四）《公约》的诞生

1. 《公约》诞生的背景

首先，创设《公约》是出于解决新兴海洋问题的需要。为了推进全球海洋法治化进程并解决新兴海洋问题，必须了解海洋问题如何影响海洋法的发展。影响国际海洋法制定的主要原因有两

---

① UN General Assembly Resolution 2749（XXV），1970.

方面：一方面，海洋的"公有"性质，不允许单一的国家进行独家控制，海洋的流动性使得生物资源、污染和船只自由地从一个地区移动到另一个地区；另一方面，人口增长、技术发展和消费需求增加也给海洋带来了更大压力。

第一，国际航运带来的问题。与陆地区域不同的是，在 1982 年国家管辖范围被广泛承认之前，船舶在近海航行超过 3 海里后，海洋利用就成了一项国际事务。国际航运对人类和海洋生物造成的风险是另一个令人关切的问题，一方面，需要为危险货物的运输建立保障措施；另一方面，需要控制船舶排放的油性废物。20 世纪 70 年代，对海洋环境中有毒有害物质所造成的影响进行的科学研究引发了一系列部门协定的缔结。这些研究结果启动了一项持续的评估进程，确定应禁止或谨慎管制的海上倾废问题，这更直接引起一批区域性和全球性倾废公约的签订。在小型、半封闭或封闭海域，污染的扩散程度不如开阔海域，不同来源的污染造成的集中和互动效应更为明显。这导致这些海域周围的国家缔结了涉及更多种类海洋污染源的全面协定。

第二，海底矿产开发带来的问题。科学研究和技术创新促进了矿产开发，深海海底矿物的开发远远超出国家管辖范围，而这一天的到来很可能引发新的环境问题。虽然各类国际文书的实施产生了效果，船舶造成的污染有所减少，但越来越多、越来越大的船舶引起了人们对同在航道上作业的小型渔船和其他船只的碰撞和损坏问题的关注。另外，世界范围内的船舶航行将外来物种引入海洋，也有可能破坏生态系统的稳定。

第三，渔业过度捕捞带来的问题。一方面，国内鱼类保护措施不足；另一方面，国际渔业过度捕捞。随着世界远洋捕捞规模的扩大和效率的提高，需要采取措施稳定捕鱼能力，避免过度竞争耗尽鱼类资源。丢弃大量非预期目标的鱼类是人类社会和生态系统都无法承受的另一种浪费行为。在某些地区，非法、不报告和不管制捕捞是一个日益严重的问题。更为可恶的是某些"方便旗"船只和"流氓"国家甚至阻挠参与渔业的国家之间达成保护措施。

第四，陆地上人类活动带来的问题。沿海地区处于陆地和海洋相连的十字路口，集中了世界一半以上的人口，承受着来自上游地区的各种污染，环境尤为脆弱。在沿海地区，人类定居范围的扩大可能会与海洋生物争夺栖息地。随着国际旅游业的日益发展，在海洋利用方式上的冲突可能会更激烈。所以，如何判断并协调影响海洋环境的各种海洋利用方式是一个重要的问题。这个问题不局限于沿海和近岸地区，也包括内陆地区。

第五，海洋生态系统改变带来的问题。人类不得不面对更为严峻的挑战在于，不仅要有共同的意识去减少人类活动对海洋环境的影响，还要确保海洋生态系统不会发生不可逆转的恶化。在某种程度上，捕鱼改变了海洋生物链的关系和物种组成。人为改变河流流量、沉积物含量和营养物质输送量，会破坏某些海洋生物的栖息地。海洋流动导致的外来物种入侵可能会取代之前的动植物群落。人类活动造成臭氧耗竭和气候变化，间接破坏了海洋生态系统。处于海洋食物链底部的微小的光合藻类由于臭氧消耗、暴露在紫外线下而受到伤害。气候变化不仅可能导致海平面上升和更严重的沿海风暴，还可能影响海水的温度和盐度，造成物种死亡或改变物种组成和迁徙模式。在全球层面，还可能导致海洋环流模式的重大变化。

20世纪众多的海洋问题表明：来自个别领域的孤立影响是相互融合的，它们与内陆的人类活动密切相关，并传播到封闭的海

湾之外。受到影响的不仅是特定物种，更是由它们组成的更大的
自然系统和人类社会。这就要求海洋规则不仅能够应对单个的压
力来源，而且能够应对其累积和相互作用的影响。现实的问题为
国际海洋规则的发展提供了双重议题：一方面，维持海洋生态系
统对整个人类社会的利益和功能；另一方面，制定国际法律文书
的特定部门需要对海洋生态系统问题复杂程度进行判断，确定不
同压力来源的相对重要性和轻重缓急，从而做出更系统、更全面
地决定。

　　首先，在国际层面，既需要专门的规则来解决特定领域的问
题，也需要使规则与某一特定影响联系起来。为了有效地应对海
洋向人类发出的挑战，国际社会各参与主体必须行动起来，就如
何保护海洋资源问题达成一致意见。当问题的规模超出国家边界，
这些问题就不再能由一个国家单独解决，就需要在地方、国家和
国际层面上分别采取措施。要在国际层面取得成功，这取决于地
方和国家层面的参与程度，地方和国家层面的政策安排要在保护
海洋生态系统的基础上，与国际层面政策安排相适应。

　　创设《公约》是海洋规则发展的结果，国际涉海规则的制度
化源于实际问题的解决需要。新兴海洋问题层出不穷，与之相适
应的海洋规则也五花八门。它们都是人类为了达到解决海洋问题
目的而选择的手段，体现了对如何处理问题的共同看法，并根据
新的科学发现、技术发展和其他变化的情况调整和更新措施。人
们已开始对国家权利和义务采取一种更具前瞻性的态度，并认识
到可持续地利用海洋资源和保护海洋生态系统对人类福祉至关
重要。

　　科学和技术知识是人类开展海洋活动的第一步。在国家层面，
科学和技术知识共享有助于促进不同利益集团达成共识。在国际

社会，分享科学和技术知识是确定行动的必要先决条件。但关键的问题在于：哪些国际进程能够最有效地促进解决方案达成一致？一旦某些国家做出了法律承诺，它们就会要求其他国家做出回应，从而刺激进一步的科学、技术和社会经济评估，以履行承诺。

海洋权利争夺时期的海洋规则有着悠久且富有传奇色彩的历史。1958 年和 1960 年举行的第一次和第二次联合国海洋法会议，制定了四项公约，但在建立一个能够对海洋及其资源进行治理的系统方面没有取得十分显著的进步。20 世纪 60 年代初至 70 年代初发生了若干事件，其中包括沿海国继续单方面主张权利和在深海海底开采金属结核等，这些事件推动了 1973 年开始的第三次联合国海洋法会议。会议倾向于以生态系统为基础的、广泛的、生物地理学的海洋治理方法，并努力将物种保护安排与海洋环境保护联系起来。

2. 《公约》的主要内容

《公约》于 1973 年至 1982 年经谈判达成，于 1994 年生效，被尊称为"海洋宪法"。《公约》在序言中指出"海洋空间问题密切相关，需要作为一个整体加以考虑"。《公约》旨在建立全球"海洋法律秩序"。由联合国大会监督《公约》的执行，大会每年通过海洋相关决议，处理并执行与《公约》有关的一系列问题。

一方面，人类活动对海洋及其生态系统不断施加压力；另一方面，海洋生态系统也以独特的方式对人类活动产生相应的"反馈"。《公约》明确承认这一现象，并为解决这些问题做出了各种努力。然而，这些努力不足以解决海洋生态系统面临的日益严峻的全部挑战。《公约》为海洋治理提供了规则框架，结合广泛的国际和区域文书，规定了各参与主体的权利义务，以及海洋利用的总体目标和原则。《公约》赋予沿海国在不同海洋区域内不同程度的主权和管辖权，并且规定了其他国家在这些区域内的权利和义务。如果陆地上的活动影响到海洋环境，《公约》也会处理这些问题。《公约》已得到广泛批准，截至 2020 年 3 月 10 日，有 168 个国家加入了《公约》①。《公约》中的某些规定形成了习惯国际法，因此适用于《公约》的缔约方和非缔约方。《公约》内容可根据不断演变的现实情况加以解释和适用，在某些情况下，更详细的全球和区域协定也可以适用于非缔约国。《公约》确定的许多原则和创新概念，为海洋治理的国际合作奠定了基础，以期达到海洋资源可持续利用以及世界范围内人与海洋和谐共处的目的与效果。

第一，海洋分区域治理。《公约》规定了所有国家在内水、领海、毗连区、专属经济区和大陆架内的权利和义务。《公约》赋予沿海国在这些区域内活动的实质性权利，并且沿海国对其他国家在这些区域内活动的控制程度有所不同。沿海国在 12 海里领海范围内的主权与它在其他近海区域内行使的权力之间存在着根本的区别。《公约》调整了沿海国在近海区域的权利和义务与全球航行和电信通信权利之间的关系，对国际安全和商业发展具有重要意义。沿海国对近海自然资源、生物和非生物以及一般经济活动的控制几乎已经完成。这些权利包括从水、海流和风中生产能源，以及建立和使用人工岛及其他设施和结构。如果大陆架的自然延伸超过 200 海里，沿海国对大陆架资源的专属权利将延伸到专属经济区以外直至大陆边缘。沿海国对近海资源的权利与保护海洋环境的义务同时存在。在专属经济区和大陆架管理和授权海洋科学

---

① Chronological lists of ratifications of, accessions and successions to the Convention and the related Agreements, https://www.un.org/Depts/los/reference_files/chronological_lists_of_ratifications.htm. 访问日期 2022 年 3 月 11 日。

研究的权利已被同等化，从而为其他国家进行促进人类知识进步的基础研究提供帮助。沿海国家当局在制定和实施污染控制方面的要求是：随着区域离海岸越远，对外国船只的限制就越少，这与国际航行方面的规定相平衡。在国家管辖范围之外，各国在公海享有同样的权利和义务。对于国家管辖范围以外的深海海底矿产资源，《公约》建立了一个国际管理制度和相应机构，即国际海底管理局。

第二，国际争端解决。《公约》建立了独特的国际争端解决体系，并与其他国际文书相适应。《公约》为各国政府提供了一系列解决争端的选择，但在大多数情况下，它们最终必须服从强制性的、有约束力的程序。《公约》对强制性、约束性争端解决的例外规定涉及国际边界冲突、联合国安理会面临的问题以及军事活动。此外，沿海国没有义务将有关渔业和海洋科学研究的某些争端提交强制、有约束力的程序，沿海国行使专属经济区权利的执法活动争议也不被纳入强制、有约束力的解决方案。

四种具有约束力的强制性解决方案是：诉诸国际法院、国际海洋法法庭、仲裁庭和特别仲裁庭。特别仲裁庭适用于四个专门类别的争端：国际航行、来自船舶和倾倒的污染、渔业、海洋科学研究和海洋环境保护。在这种情况下，仲裁员是该领域的专家，而不是在海事方面有经验的律师。专家名单分别由国际海事组织、粮食及农业组织、教科文组织政府间海洋学委员会和环境规划署保管。此外，在可能对海洋环境造成严重损害的情况下，处理争端的法庭可规定防止这种损害的临时措施。

相关规定提供的具体规则和标准可以为争端解决程序提供参考，并有助于确定是否发生了违反《公约》一般义务的情况，《公约》在海洋环境保护方面的规定体现了这一特点。即使另一项全球或区域《公约》本身没有诉诸强制性的、有约束力的争端解决办法，《公约》缔约国之间也可以根据《公约》程序来解决关于适用其他协定的争端。《公约》在专属经济区外捕鱼的争议应遵循强制性、约束性的解决程序。在专属经济区内，沿海国没有义务就其渔业某些争端提交强制、有约束力的程序，在规定的情况下可以诉诸非约束性的调解程序。调解委员会的报告必须送交有关的国际组织，从而保证相关国家碍于压力，更好地落实相关建议。与海洋环境保护相类似，渔业协定也可规定当事各方之间的争端按照《公约》的程序加以解决。也就是说，即使某国不受特定区域协议的正式约束，由于《公约》的强制性，如果该国是《公约》的缔约国，也可以援引具有约束力的程序来执行《公约》规定的义务，以解决相关的渔业问题。

第三，国际合作。《公约》规定了国际合作的各种形式。它呼吁各国单独或集体帮助发展中国家加强其海洋科学技术能力，尤其是为环境目的提供援助。在双边基础上，通过扩大近海管辖权，《公约》允许沿海国定义外国获得自然资源的条件和价格。当一个沿海国没有充分开发其管辖范围内的海洋生物资源时，国际社会有机会分享未充分利用的资源。在国家管辖范围超过200海里的地区开发大陆架非生物资源也有机会分享收益。此外，当外国为科学研究目的寻求沿海国的准入时，必须对沿海国的利益加以重视，分享成果和结论，并根据要求做出相应的解释。

对于作为"人类共同继承财产"的国家管辖范围以外区域的海底矿产资源，《公约》旨在避免权利主张冲突，促进有序发展，保障全人类的利益。一旦深海海底采矿在商业上可行，必须考虑如何促进发展中国家的公平参与、技术发展及财政收益。《公约》的设想与现有国际组织的支持密不可分。虽然《公约》很少明确提到特定的政府间组织，但它要求国际组织履行两项基本职能：第一，在全球和区域各级就补充法律文书达成协议；第二，在全球和区域各级落实环境监测、数据管理、环境评价、信息交流和能力建设。

3.《公约》的重大意义

国际海洋规则体系的建立是实现海洋可持续发展的基础。海洋规则的成文化体现了国与国之间互相寄予的期望，旨在推进连续性行动、避免临时或任意的行动所造成的负面后果。有效的海洋治理需要知识和智慧来设计有效的解决方案，也需要受影响部门、行政机构和公众的参与，从而确保解决方案得到应用。从特定应对行动中吸取经验教训是促进解决问题的关键，可以通过实践加速国家行动，促进各类国际文书的达成。这些经验教训可能会在规则形成之前广泛传播，规则将它们从零碎状态提升到权威战略层次。因此，海洋治理是一个复杂的动态过程，包括搜集信息、分析信息和改进方案；就有效措施达成协议，制定法律；定期进行审查和修订，并确保它们得到遵守。而法律本身需要与新的科学发现、技术发展、社会经济分析和经验教训相匹配。

第一，《公约》这个具有约束力的国际公约蕴含了先进的知识和实践，并以国际间非约束性措施作为补充。《公约》是各国政府、国际组织、非政府组织和私营部门的一种宝贵资源。但我们也应该注意到，在某些领域，《公约》还尚未具备指导国家实际行动的专属性。这可能取决于科学和技术的发展，也可能仅仅是一个国家或地区的解决方案在另一个国家或地区受了解程度有限。此外，还可能由于许多国家在确定海洋优先事项和采取环境保护措施的能力有限。

第二，《公约》对地方、国家、区域和全球各级管理者和决策者的影响。在理想状态下，这些行动的设计应参照一种有充分根据的、基于生态系统的方法。这种方法适用于全体海洋问题，每个问题有其特殊的需求和目标。《公约》为受影响的利益集团和利益相关者在制定目标和原则方面的协调创造了条件，使得地方、国家、区域和全球各级机构在执行任务时有相对优势。

第三，《公约》在若干方面朝着以生态系统为基础的海洋治理迈进。由于《公约》中许多规定和概念已得到广泛采用，因此有人认为《公约》已经形成习惯国际法。许多地区和国家机构有必要在区域层面进行合作，以提高了解和有效应对。理想的情况是，加强政治和技术两级的合作，并促进更多的公众认可和参与。

第四，《公约》在信息搜集与评估方面具有一定的优势。首先，《公约》将注意力集中在确定的目标上，包括长期和短期的目标，并为决策者提供一个系统的框架。它可以确保有关的研究和倡议广为人知，尤其为参与决策过程的人所知。它有足够的能力确保将信息传递给可能受益的各级群体。其次，当缔约方会议根据专家建议批准了监测项目的数据标准时，这种指导具有更高的权威。在这种权威的帮助下，可以提高数据质量和参考性，并促进更多的数据收集。再次，如果缔约国会议就执行过程达成一致，事情就向着达成国际协议的方向开始发展。最后，《公约》对信息的认可能够促进私营机构或政府和非政府机构之间的合作。

第五，《公约》在全球层面上为联合国大会对海洋事务进行全面的年度综述提供了帮助。可持续发展委员会每五年审议海洋可持续发展方面的进展情况，该机构在全球和区域两级向一些专门论坛提供指导，并提出新的倡议。如果这些磋商就具体海洋问题深入讨论，就会为联合国大会推进"政府和机构间协调与合作"的进程提供帮助，也可以利用新机制使包括私营部门在内的非政府行为者参与进来。

第六,《公约》在问责方面的作用是比较狭隘的,它侧重于遵守。缔约国会议为海洋领域相关问题的审议和评估提供了一个契机,在此基础上缔约国会议可能就突出问题做出改变。《公约》应当以设计一个更综合、更广泛的海洋审查程序为进一步目标,考虑更广泛的情况和发展趋势。

人们普遍认为《公约》在海洋领域发挥着重要作用。《公约》作为一个典型的动态法律框架,能够充当不同政权和参与者之间的互动的跳板,是一般法律框架与适用的国际制度之间的"共同纽带"。《公约》将海洋划分成了不同的空间板块,并在每个空间板块中赋予人类相应的权利与义务,使得"海洋及其资源处于一个稳定的法律制度管辖之下"①。沿海国的管辖权不断扩张反映了"沿海国享有的独占权对海洋共有的实质减损"②,而公海的范围不断收缩则体现了"国际社会的共同努力使海洋从国家间竞争的场所变为国际共同事业的基础"③。总之,《公约》的诞生成为海洋权利争夺时期海洋规则的一项重大成就。

二、《公约》形成过程中国家的地位与作用

在讨论全球海洋治理规则的发展历程时,我们清楚地认识到,全球海洋治理规则发展的程度与范围是受限于人类认知水平和科学技术水平的。最早的海洋自由原则关注的仅仅只是二维的海洋

---

① 亨金. 国际法:政治与价值 [M]. 张乃根,等译. 北京:中国政法大学出版社,2005:114.

② 亨金. 国际法:政治与价值 [M]. 张乃根,等译. 北京:中国政法大学出版社,2005:114.

③ 亨金. 国际法:政治与价值 [M]. 张乃根,等译. 北京:中国政法大学出版社,2005:114.

世界，对海洋区域的划分停留在海洋的表面，最终成果是将"大洋自由"和"近海主权"这一对双向原则的思想进行了区分。除了沿海国声索主权的近海范围，其他范围的海洋都是对全人类开放的自由区域。造成这种局面的并不是所谓人性的善良与伟大，而是由于当时客观条件的桎梏让人无法想象有朝一日人类能够驰骋于远洋、遨游于海底。海洋作为"无主物"或"共有物"的法律属性以及海洋自由的原则随着时间的推移逐渐形成了一种习惯。

海洋权利争夺时期中国家的地位作用可以理解为四次重大历史性事件中国家的作用。以时间线索梳理四次突破，从"领海"概念的形成与发展，到"大陆架"概念的形成与发展，到"人类共同继承财产"概念的形成与发展，再到《公约》的诞生，是对海洋作为"无主物"或"共有物"的法律属性以及海洋自由原则的突破。这种突破建立在人类认知水平、探索能力和物质需求不断增长的基础之上。当人们意识到资源本身的稀缺性和海洋空间的待开发性，必然会向原有的格局施加压力，通过制定新的制度安排来实现利益最大化，也就产生了沿海国对领海的主权要求，对专属经济区和大陆架的主权权利要求等。这四次重大历史性事件实际上反映了沿海国的权利要求与海洋自由的原则之间的矛盾，体现了国家在传统原则与实用主义之间的利益取舍。

（一）国家领海主权与海洋自由第一次交锋

国际上关于领海宽度的讨论其实是沿海国扩张主权的意图与海洋自由原则之间的第一次交锋。沿海国对领海的主张最早是和专属捕鱼权联系在一起的，沿海国对该片海域及其渔业资源要求绝对的排他性权利。从 17 世纪开始，关于领海宽度的讨论，实际上就是在确定沿海国能独占多大范围内的渔业资源。但是在那些航海大国眼里，沿海国无节制地对海洋主张主权将会缩减海洋自由的范围，这对它们的远洋航行、贸易和捕鱼将造成负面影响。

到了 20 世纪，关于领海宽度的问题仍未得到解决。出于各自利益的考量，主要国家在领海宽度问题上形成了不同的阵营。三次国际会议都将领海宽度问题作为重中之重进行讨论，也都因为各国存在的重大分歧而宣告失败。纵观这几次主要会议的程序可以发现，传统程序的内在逻辑是先查明现有法律规则，然后在必要时予以澄清或补充。传统程序通常由主管机构指定的条款草案开始，提交联合国大会后先在主要委员会上作为基本案文由会议各方提出修订意见，从而保证表决中必要的多数。根据传统决策机制，通过主要委员会需要出席会议和投票的双重简单多数，通过全体会议需要 2/3 之上。这种程序最大的弊端就在于很难在实质性问题上达到一致。会议决策机制的不合理也是领海宽度问题得不到充分解决的原因之一。因此第三次联合国海洋法会议从根本上脱离了这种操作。首先，会议没有以基本的案文作为出发点，只有大量相互矛盾冲突的提案、修正案和具有各种不同地位的文本。其次，通过一项"君子协定"，以便会议能就实质性问题达成共识。除非旨在达成共识的一切努力均已失败，否则不就这些事项进行表决。① 第三次联合国海洋法会议最终在尽可能达成共识的前提下，通过一项涵盖整个讨论范围的"一揽子方案"，解决了绵延三四个世纪的领海宽度问题。沿海国在领海中享有的主权可以延伸到领海的海床和底土以及领海之上的空间。在这个三维空间内除了无害通过权，国家在渔业、资源、航行、安全、关税、财政和卫生等各个方面享有排他的权利。所谓的无害通过权，其实

---

① 诺德奎斯特.1982 年《公约》评注第一卷 [M].吕文正，毛彬，唐勇中，译.北京：海洋出版社，2019：32.

是海洋交通必要性和沿海国主权之间的一种平衡模式。

通过确定领海宽度，将领海与其他海域进行区分，象征着国家海上边界的确立。它体现出沿海国扩张主权的意图与海洋自由原则之间互动的客观规律：国家在海洋领域的管辖权主张往往会转变为对主权的主张[①]；沿海国管辖权主张的延伸发展类似于陆地合法性权利的发展，这种趋势必须与其他海域的海洋自由原则相互协调。局势一旦失控，广阔的海洋就会面对沦为"有主物"或者某些国家的"专有物"的风险。

（二）"主权权利"对海洋自由造成冲击

第二次世界大战后，"大陆架"概念的形成与发展是"沿海国主张将其独占权扩大到根据习惯已被认定是共有物区域"意图的延续。如果说关于领海宽度的讨论是沿海国扩张主权的意图与海洋自由原则之间的第一次正面交锋，且持海洋自由原则的传统海洋大国暂时占据了上风。那么随着世界政治格局的改变，事态的发展出现了戏剧性的变化。在大陆架问题中，"主权权利"对海洋自由造成了冲击。

1945 年的"杜鲁门声明"是事态变化的转折点。该声明之所以能够没有被其他沿海国持续反对，在几年时间内就被国际法委员会确认为习惯法，甚至被称为"速成习惯法"[②]。如此"天时地利人和"，其背后的逻辑值得深思与考量：首先，该声明提出之时，世界各国受到第二次世界大战的影响，已经精疲力竭，忙于修复战争带来的创伤和重建家园，无暇顾及其他领域；其次，该声明中的措辞简易适中，提出美国对大陆架海床和底土的自然资

---

① 布朗利. 国际公法原理［M］. 曾令良，余敏友，译. 北京：法律出版社，2007：202.
② 亨金. 国际法：政治与价值［M］. 张乃根，等译. 北京：中国政法大学出版社，2005：119.

源拥有的是"管辖权和控制权",而不是"主权"或者其他近似于"主权"的概念。这种表述给人的第一感觉比较温和、没有太强的攻击性、容易被接受;再次,美国对大陆架的要求没有影响大陆架上方水域的自由性质,不与坚持海洋自由原则的传统海洋大国相冲突;最后,美国对大陆架的要求与其他沿海国的需求相一致,甚至可以说该声明激发了其他沿海国追求更大利益的欲望。在以上原因的共同作用下,大多数沿海国没有对"杜鲁门声明"这一所谓的"创新"举动表示反对,而是跟随着美国的脚步向更广泛的共有物区域进行扩张。原本主张宽领海制度的沿海国更加坚定自己的主张,甚至要求更加宽泛的领海范围。不满足于地理意义上大陆架自然延伸所带来资源的沿海国,主张在法律上对大陆架范围进行更宽泛的定义。一些拉美和非洲沿海国还顺势提出了所谓的"承袭海"概念,以另外一种形式扩大自己对海洋及其资源的占有。无论沿海国采取怎样的措施,它们的精神内核都是殊途同归的:采取更容易令其他国家接受的方式,获得更大范围的控制和"独占"权。各国从"杜鲁门声明"中意识到法律规则可以被人为塑造,从而为提出它的国家服务,帮助该国达到某些政治目的。

这里需要强调一点,虽然美国并没有主张大陆架范围内的主权,但这并不影响其他国家提出扩张主权的要求。1958 年《大陆架公约》规定"沿海国为了勘探和开采自然资源的目的,对大陆架行使主权权利"。这里没有采用"主权"概念,是从支持海洋自由的国家角度出发,避免沿海国将权利拓展到大陆架上覆水域、颠覆传统的海洋自由原则。同时也必须兼顾沿海国对大陆架资源的权利需求,尤其是依法管理其他国家在大陆架活动的权力。可以说"主权权利"的提出,是沿海国扩张主权的意图与海洋自由原则之间的一次缓和与平衡。但是无论最后采取了什么样的中和概念，沿海国将独占权扩大到已认为是共有物区域的意图中都含有很高程度的主权因素。

（三）"人类共同继承财产"限制国家主权过度扩张

1967 年"人类共同继承财产"概念的提出与发展是国际社会对共有物法律地位的第一次大范围认真讨论。国家管辖范围外的海床及其资源不应被自私的国家利益所影响，也不应成为国际竞争的猎物。如果说"杜鲁门声明"之后沿海国的扩张主义得到了一定程度的支持，那么"帕多提案"对共有物不同的理解则引导了之后国际社会体系与法律规则的走向。"人类共同继承财产"的概念对国家主权在国际海底区域的过度扩张产生了一定程度的遏制。

从"杜鲁门声明"到"帕多提案"，这中间二十余年的国际海洋政治斗争，归根结底是沿海国与海洋大国间利益的斗争。即使海洋大国拥护"海洋是共有物"的传统，高举海洋自由的大旗，也不完全出于对这种传统的认可和尊重，而是出于对自己国家利益的维护。一方面，只有最大限度地限制沿海国扩大管辖范围，才能保证自己的航行自由、贸易自由和渔业自由；另一方面，坚持海洋作为共有物的法律地位，能为自己对石油天然气和其他资源的开发铺路。

"帕多提案"的主要内容是确定国家管辖范围外的海床及其资源是"人类共同继承财产"，它被纳入联合国第三次海洋法会议的议程，之后得到《公约》的确认。该提案的议程之所以如此顺利，与当时的国际形势有密不可分的关系。第二次世界大战结束后，亚非拉地区崛起、殖民地、半殖民地国家纷纷独立，它们组成了独立于两极格局之外的"第三世界"，在联合国占据了一席之地。"帕多提案"提出后得到第三世界国家的大力支持，在它们眼里，支持"人类共同继承财产"就能促进海底及其资源归全人类真正的共同所有。全人类平等地享有开发权和使用权，平等地分享因为海底开发而带来的巨大财富。另外，第三世界国家也希望能够凭借这项优势增加与发达国家谈判的筹码，逐渐摆脱不利地位。但当它们提出《暂停开采决议》，呼吁"各国在建立国际制度之前，不在国家管辖范围以外的海底进行资源开采的一切活动"时，遭到了发达国家的强烈反对。因为这与发达国家心目中"人类共同继承财产"带来的开发与贸易自由相违背，与它们的国家利益相违背。

"人类共同继承财产"的效力对于《公约》非缔约国来说是不确定的。以美国为例，该国一直对国际海底及其资源属于人类共同继承财产表示反对，从而阻断了该规则成为习惯法的过程。不仅如此，美国还主张新规则的建立①。通过这一事件的发展，再次印证了国家利益为先的时代特征。无论对"人类共同继承财产"持何种态度，都不完全是从人类共同利益的角度出发，而是在这面旗帜下谋求自身权利的拓展。可以庆幸的是，这一事件让人类开始思考一个问题：沿海国在海洋中的特别权利界限在哪里？真正的人类共有物的起点又在哪里？和平处置全人类继承财产，尽全力避免新形式的殖民竞争和国际冲突，也为之后步入全球海洋治理责任时期埋下了伏笔。

（四）《公约》中的国家主权

《公约》确立了海洋法律秩序，以成文法的形式对沿海国的合理主张予以确定，也对人类共有的海洋与海底的范围进行界定。

---

① 布朗利. 国际公法原理 [M]. 曾令良，余敏友，译. 北京：法律出版社，2007：268.

《公约》是对国际海洋规则各方面发展的一揽子总结，最后取得了相对较为圆满的结果。这种结果的取得，既是源于会议决策程序的改良，也是源于某些国家对达成协议表现出的更积极的态度，但最重要的还是源于各方势力之间的妥协与退让。可以说，《公约》的订立在空间划分办法的基础上使得国家主权及其衍生权利在相应的海域得到了法律意义上的确定与落实。

如果不考虑国家实力和国际关系，每个国家的理想状态都是以主权或其衍生权利的形式将海洋及其资源据为己有。但由于海洋的物理特征，人类无法像占有陆地那样占有海洋。大多数情况下人类对海洋的控制能力和海洋与陆地的距离成反比，也就是说人类对海洋的控制能力由近海岸向远海岸逐渐减小。现实之所以如此，不是沿海国主观"不想"，而是客观"不能"。在制定某个领域的法律规则时，不仅要考虑眼前的现实需求，更应为未来的发展留下操作的空间。谁也无法预料之后科技的进步和人类的需求将会发展到怎样的程度，如果贸然定下较为严苛的"硬法"，恐怕日后还要大费周折进行多番修订，陡增立法成本。更重要的是，规则有其内在的发展规律，如果日后发现当初设置的规则标准过高，再想将既定规则放低、放宽就非常困难了。这也是传统海洋大国奉行海洋自由原则的原因之一，海洋自由为主权国家对海洋的开发利用奠定了基调、留足了余地。

在第三次联合国海洋法会议上有三股不可忽视的政治势力：首先，传统的沿海国，它们矢志不渝地专注于如何为自身争取更大范围的管辖权。其次，海洋大国，它们一方面为了维护自身的远洋利益而反对沿海国过分扩张，另一方面迫于国内渔业和资源压力从而对更大范围的渔业区和大陆架产生了浓厚的兴趣。最后，第三世界国家，它们是前两方都极力争取的重要政治力量。沿海国打出"经济自决"的旗号成功与第三世界国家"团结一致",海洋大国也不愿再与第三世界国家产生更大的冲突。于是三方势力互相妥协与退让,产生了专属经济区的概念,并允许其范围延伸至200海里。200海里专属经济区的广泛建立使得沿海国管辖权进一步扩大。之前,拥有丰富自然资源的辽阔海域在作为公海的一部分时向所有人开放,现在变成沿海国的"资产"。产生这一变化的主要理由是:可持续利用海洋的责任必须交给最依赖海洋的国家,也就是沿海国。在第三次联合国海洋法会议上,沿海国凭借得天独厚的优势成功地在法律层面落实了扩大的权利,获得了最大的收益。第三世界国家也抓住机会建立了新的制度,给海洋大国攫取更大权利的道路造成了阻碍。

《公约》是国际合作的产物,世界各国既认识到有必要拟定新的、全面的海洋法制度,又有比较高的集体合作意愿,这样的情况是史无前例的。《公约》建立在削减共有物利益、同意沿海国权利延伸的前提下,只有这样才能建立针对最为复杂、涉及面最广的争端解决机制。①《公约》要求缔约方"享有权利就必须承担随之而来的义务和责任",从而在海洋空间内建立一个总体平等的秩序。《公约》对国家主权的概念进行了限制、改变和超越。所谓对国家主权的限制是指:第一,建立全面的和平解决争端体系,该体系作为《公约》的组成部分对所有缔约国都有约束力。第二,将沿海国享有的主权权利与保护环境义务相联系。第三,在环境资源管理、海洋科学研究、技术开发和转让等问题上,要求缔约国"应当合作",而非"可以合作"。第四,不仅对国际海底资源的开发征税,甚至对超过200海里的大陆架资源开发征税。所谓

---

① 亨金. 国际法:政治与价值 [M]. 张乃根,等译. 北京:中国政法大学出版社,2005:130.

《公约》对国家主权的改变是指：第56条中的"主权权利"、第79条中的"管辖权"、第81条中的"专属权利"、第94条中的"管辖和控制"都是对主权的改造，为拉斯基的"多元化主权"增加了一个新的维度。此外，《公约》给予国家和非国家主体平等或几乎平等的待遇，非国家主体、公司法人，甚至个人在国际海洋法法庭都有一席之地，同样是"多元化主权"的应用。所谓《公约》对国家主权的超越是指：提出"人类共同继承财产"这个既非主权又非所有权的概念。甚至有人说，这一概念将主权赋予整个人类，并使人类成为国际法的主体，这是对国家主权概念的终极超越。

在对海洋空间进行重新划分、赋予海洋空间相对应义务的过程中，世界各国从未放弃自己作为主权国家的地位与作用，新兴第三世界国家更是积极行使自己作为独立主权国家的权利。这一阶段主权国家的强势地位在身份、权威和能力三方面得以体现：第一，主权国家的身份与国际社会之间的相互承认相挂钩。在海洋领域，各个主权国家凭借着这种身份能够更好地构建起相互交往的制度安排，国际社会其他主体在这方面无法与之抗衡。第二，主权国家的权威包括制定法律的权利以及其他与国家统治有关的较为次要的权利[①]。权威可以被分割与让渡，《公约》的签订实际上也是主权让渡的产物。第三，主权国家的能力是指它们根据自己意愿制定并执行政策，它们将法律作为工具和手段，服务于特定的政治目标和利益的实现。虽然在海洋领域，每个国家都应当具有一律平等的地位，但第三世界国家与海洋强国相比，无论在

---

① 米勒，波格丹诺．布莱克维尔政治学百科全书［M］．邓正来，译．北京：中国政法大学出版社，1992：45.

自主程度上，还是在自主能力上，都存在着肉眼可见的巨大差距。正因为此，第三世界国家才会更加积极地在海洋领域创设制度，为自身发展争取更多的谈判筹码。海洋权利争夺时期的历史印证了一个道理：国家利益是主权国家不变的行为依据和准则，是主权国家战略思维不变的出发点与归宿点。

经过了两次世界大战，人们开始意识到国家权力的无限扩张必须得到遏制，否则将会给全人类带来灭顶之灾。在此背景之下，国际社会对规则的重视程度提升到了一个新的高度，通过制定规则达到彼此约束和谋求权利的双重目的。国际关系从"权力本位"向"权利本位"过渡①，海洋权力争霸时期过渡到海洋权利争夺时期。该时期解决国际海洋事务的主要方式是召开会议、缔结条约、确定规则与框架，该时期的海洋规则以《公约》形成过程为线索。在海洋规则动态演变的过程中，国家也在不断自我完善与发展，从上一时期对权力扩张的无限追求发展到现在的自我克制与相互约束，甚至通过主权让渡使得某些国际组织也获得了独立的法律人格。尽管国家仍然对规则的塑造和实施保有重要的作用与地位，但某些权利的实施也开始依托于国际组织提供的规则框架，这种现象预示着国际组织内部的讨论可能成为造法活动的组成部分②。所以国家在《公约》形成过程中发挥的作用和所处的地位相较于海洋权力争霸时期主权的作用与地位，确实有所减损与动摇。这种减损与动摇来自国家在扩张权力和寻求利益之间做出的自律与他律的选择③。但考虑到国际组织是由国家创立的，它们所拥有的

---

① 高潮. 国际关系的权利转向与国际法 [J]. 河北法学, 2016, 34 (11): 173–181.
② 刘衡. 国际法之治：从国际法治到全球治理 [D]. 武汉：武汉大学, 2011.
③ 刘衡. 国际法之治：从国际法治到全球治理 [D]. 武汉：武汉大学, 2011.

权利具有明确范围限制，在很大程度上是国家利益的延伸与拓展。而且以《公约》形成过程为线索的海洋规则对海洋权利的划分仍然立足于国家利益的保障。所以，国家在海洋权利争夺时期对海洋规则塑造与实施中仍然发挥着重要作用、占据着重要地位，只不过这种作用和地位不再是唯一的、最高的而已。

第四节　本章小结

本章根据人类社会生产力发展水平、对海洋的认识程度、对海洋的需求程度将前全球海洋治理时期划分为两个不同阶段，即海洋权力争霸时期和海洋权利争夺时期。与这两个阶段相适应的海洋规则也在不断演进，海洋权力争霸时期的海洋规则以海洋自由为核心，海洋权利争夺时期的海洋规则以《公约》形成过程为线索。在海洋规则的演进过程中，国家发挥的作用和所处的地位也有所改变。

海洋权力争霸时期的海洋规则以海洋自由为核心。1609 年，雨果·格劳秀斯为了维护荷兰东印度公司的利益，为荷兰在海洋霸权的争夺中创造合理依据而发表了他的经典著作《海洋自由论》，极力争取航行自由、捕鱼自由和建立在航行自由上的贸易自由。格劳秀斯推崇的海洋自由是最广义的自由，也是对所有国家的自由。他反对将主权概念应用在海洋领域，实际上是反对将海洋，尤其是海洋带来的利益完全归于某些国家项下。但他也关注过近海与大洋的区分，之所以刻意将区分标准写得极为含糊，意在避免某些国家对近海渔业的控制和管辖影响海洋自由原则的地位以及基于此原则产生的利益。此时期海洋规则的产生并不依赖于各国之间的协商会议和妥协让步，也不需要各国共同承担维持秩序的责任。海洋自由的塑造不仅仅依靠各国学者的论战，它能够得到确认并形成共识最直接的原因是相关国家雄厚的海上武装实力，最有力的支撑来自相关国家在从事海洋活动时对海洋自由的实践。所以，海洋权力争霸时期海洋自由规则塑造的根本目的是保障国家权力的无限扩张，主权国家在该时期海洋规则的形成与落实中发挥最重要的作用、占据最重要的地位。

海洋权利争夺时期的海洋规则以《公约》形成过程为线索。海洋规则的演变与时代的发展息息相关，经过了两次世界大战，人们开始意识到，国家权力的无限扩张必须得到遏制。因此，国际社会对规则的重视程度提升到了一个新的高度。在海洋规则逐渐成文化和体系化的过程中发生了四次重大历史性事件，包括关于领海宽度的讨论、"杜鲁门声明"的发表、"帕多提案"的提出，最终《公约》诞生。这四次重大历史性事件是对海洋作为"无主物"或"共有物"的法律属性以及海洋自由原则的突破，实际上反映了沿海国的权利要求与海洋自由原则之间的矛盾，体现了国家在传统原则与实用主义之间的利益取舍。《公约》最后将全球海洋划分为九大海域，海洋具有开采价值的资源，以及其他有意义的经济活动，大部分归属于沿海国，沿海国的主权得到充分的尊重。① 在海洋规则动态演变的过程中，国家也在不断自我完善与发展。从上一时期对权力扩张的无限追求发展到现在的自我克制与相互约束，甚至通过主权让渡使得某些政府间国际组织也获得了独立的法律人格并且参与到了相关造法活动之中。国家在权力与利益、自律与他律之间做出的选择必然会带来一定程度的"牺牲"。这种"牺牲"在规则的塑造和实施过程中有所显现，表现为

---

① 焦传凯. 论海洋法基础规范的历史流变与启示 [J]. 南洋问题研究，2019（3）：51-60.

国家主权作用的减损和地位的动摇。但引起这种"牺牲"的政府间国际组织其实并不是与国家对等的法律主体，它们由国家创立，它们的权利来自国家明确的、有界限的让与。从某种程度来讲这个时期的国际组织其实是国家的"工具"，是国家利益在国际层面上的延伸和拓展。它们在海洋规则塑造与实施中发挥的作用与所处的地位不能与国家相提并论。虽然国家在海洋权利争夺时期海洋规则塑造与实施中不再是唯一的主体，但它们仍然发挥着重要作用、占据着重要地位。

最初，与一般海洋国家相比，海洋强国对海洋规则的塑造与实施具有更大的影响力①。海洋权力争霸时期以海洋自由为核心的海洋规则之所以能够得到确认并形成共识，一方面是由于格劳秀斯、塞尔登、威尔伍德等人持续多年的论战，使得海洋自由为人们广泛所知；另一方面是因为拥有强大海军实力的荷兰和英国在它们大范围的海洋活动中对海洋自由持续有力的实践。也就是说，以荷兰和英国为代表的早期海洋强国在海洋自由的塑造与实施中起到了至关重要的作用。

进入海洋权利争夺时期后，海洋强国发挥影响力最典型的代表是美国为了控制大陆架海床和底土自然资源而颁布的"杜鲁门声明"。"杜鲁门声明"的成功说明法律学说可以被人为塑造，成为服务于提出它的国家的根本政治利益的工具。美国试图根据国家利益来塑造国际法，而塑造出来的法律也为美国开采大陆架上的资源提供了法律依据。但第二次世界大战结束后，许多殖民地、半殖民地国家赢得了民族独立，成立了主权国家。第三世界国家国际社会地位的提高使得它们开始思考如何与传统的海洋强国进

---

① 房旭. 国际海洋规则制定能力的角色定位与提升路径研究［J］. 中国海洋大学学报（社会科学版），2021（6）：51–60.

行斗争，捍卫自己的海洋权益。在 1967 年联合国大会上，马耳他常驻联合国代表阿维德·帕多博士发表的"帕多提案"，是第三世界国家对海洋霸权主义的有力冲击①。联合国第三次海洋法会议延续了广大第三世界国家同海洋大国的斗争。《公约》是由联合国推动制定的，它的建立源于国家做出的主权让渡，从另一个方面也对国家的某些权利形成了限制。但是《公约》的制定过程也是主要海洋大国与发展中国家、群岛国和内陆国几大利益集团之间相互协调的结果，②《公约》最终的订立说明反海洋霸权力量获得了初步胜利③。也就是说，第三世界国家也成为《公约》形成过程中举足轻重的参与主体。

无论是海洋强国还是第三世界国家，它们都以独立自主的国家身份参与到海洋规则的塑造与实施中。国家以国家利益为出发点去影响海洋规则的形成与塑造，以实际行动为落脚点去践行海洋规则的内容与规定，并且为违反规则产生的后果承担相应责任。虽然后来基于主权让渡使得一些国际组织参与到了相关的造法活动之中，但这个时期国际组织的造法活动更多地反映出多数缔约国的意志，是国家利益在国际层面上的延伸和拓展。所以，国家是前全球海洋治理时期海洋规则塑造与实施中毋庸置疑的最重要的主体。

---

① 周子亚. 海洋法与第三世界 [J]. 吉林大学社会科学学报，1983（1）：71-76.

② 白佳玉，隋佳欣. 人类命运共同体理念视域中的国际海洋法治演进与发展 [J]. 广西大学学报（哲学社会科学版），2019，41（4）：82-95.

③ 周子亚. 海洋法与第三世界 [J]. 吉林大学社会科学学报，1983（1）：71-76.

第三章 新兴全球海洋治理规则中国家的地位和作用

　　全球海洋治理并不是一个突兀的现象，它是人类海洋活动发展到现阶段水到渠成的结果。从国际法视角出发，全球海洋治理规则是全球海洋治理的核心要素之一。全球海洋治理规则不是孤立存在的，它的发展历史并不局限于"全球海洋治理"概念产生之后，它与"全球海洋治理"概念产生前既有的海洋规则呈现出一脉相承的关系。

　　全球海洋治理规则从无到有的发展过程实际上是国家立场与利益博弈的过程①。海洋权力争霸时期，人类对海洋的开发利用相对较少，科学技术限制了人类活动对海洋的影响，海洋自由成为该时期海洋规则的核心。随着人类认知水平、探索能力和物质需求大幅度提高，他们逐渐意识到海洋空间的待开发性和海洋资源的稀缺性，不再满足于原有的海洋规则体系。由此进入海洋权利争夺时期，该时期的海洋规则以《公约》形成过程为线索。当人类

---

① 何志鹏，都青. 从自由到治理：海洋法对国际网络规则的启示 [J]. 厦门大学学报（哲学社会科学版），2018（1）：12－21.

海洋活动种类日益增多、范围进一步扩大，对海洋造成的负面影响也逐渐加深。这种负面影响在海洋的流动性和整体性的加持下呈现出全球性的趋势，很可能会触及国际社会其他成员的利益，甚至国际社会的整体利益。这种状况无法由任何一个国家单独解决，其他国家也无法袖手旁观、独善其身，人类对海洋的需求从"只顾眼前"向"可持续发展"转变。"全球海洋治理"概念应运而生，时代的特征由权利的争夺走向了责任的承担。BBNJ 养护和可持续利用问题国际协定的谈判过程是目前全球海洋治理最具代表性的事件，与之相关规则的形成过程是本章研究的重点。通过对 BBNJ 养护和可持续利用问题谈判案文的梳理，分析国家在该规则参与主体、目标实现和规制内容三大构成要素中发挥的作用和所处的地位，进而得出"国家在此时期海洋规则塑造与实施中作用与地位"问题的结论。

第一节　全球海洋治理的时代特征

一、海洋责任承担的由来

辩证唯物主义认为世界本质上是物质的，意识是客观物质世界在人脑中的反映。人类社会的发展是由物质力量即生产力的发展决定的，物质决定意识。认识是人类在社会实践中对客观世界的能动的反映，实践是认识的来源，实践是认识发展的动力。客观世界不能自然地满足人的生活和发展的需要，为了生存和发展，人必须改造客观世界，为了成功地改造世界必须正确地认识世界。认识是在实践基础上不断发展的辩证过程，是从不知到知、从知之不多到知之较多、从知之不深到知之较深的过程。

　　马克思辩证唯物主义贯穿于全球海洋治理规则演变的历史。人类在海洋领域从事的实践活动是人类对海洋认知的来源与发展动力。最初，人类社会生产力水平较为低下，海洋探索能力不高，海洋实践活动的种类与范围都十分有限。在这种客观环境下，大多数人对海洋的认识处于"混沌无知"的状态。率先崛起的葡萄牙、西班牙、荷兰和英国等国凭借着强大的海军实力开启了海洋权力争霸的序幕，它们亟须构建一种规则体系去支持其权力扩张和利益争夺。于是格劳秀斯提出的海洋自由顺理成章奏响了海洋权力争霸时期的最强音。虽然格劳秀斯强调海洋及其资源不独属于任何一个国家，它对所有人开放、供所有人使用。海洋自由是最广义的自由、对所有国家的自由，所有国家均享有渔业自由、航行自由和贸易自由。但实际情况是，除了少数几个具有渔业、航行和贸易能力的海洋大国，其他弱国几乎没有海洋活动能力，也不太可能从海洋及其资源中获得机会与利益。因此海洋权力争霸时期的海洋自由会引发强者更强、弱者积弱的局面。这种局面如果不能得到改善，就会加剧国家间的贫富差距。

　　之后，两次工业革命提高了人类社会生产力水平，两次世界大战加强了人们对"和平与发展"的向往，饱受战争之苦的人类社会对秩序的重视程度也到达了前所未有的高度。聚焦于海洋领域，在科学技术进步的引领下，人类造船水平也得到了大幅度提高。船舶动力和吨位的提升使得人类海洋活动的范围出现了突破，从原本的二维的、平面的海洋活动发展为三维的、立体的海洋空间开发与利用。海洋活动的种类也有所增加，渔业、航运和采矿业多点开花。社会经济对海洋资源的依赖程度越来越高，各国对海洋资源的开发进入恶性竞争状态①。以上一系列的变化对海洋自

---

① 胡键. 从全球治理到全球海洋治理［J］. 党政论坛，2018（2）：32－34.

由原则造成了一定的冲击，时代特征从"权力本位"向"权利本位"过渡。海洋权利争夺时期的海洋规则以《公约》形成过程为线索。《公约》在区域管理办法的基础上将海洋空间划分为九大水域，对海洋本身及其资源进行了权利与义务的分配。领海、毗连区、专属经济区和大陆架范围的确定使得国家管辖范围内海域有所扩大，以上区域内沿海国权利义务的确认也使得原本这些区域内的海洋自由受到了一定程度的限制与弱化。可以说，《公约》的诞生消解了海洋自由的范围①。

以《公约》形成过程为线索的海洋权利争夺时期海洋规则通过分配海洋本身及其资源，初步达到了"定分止争"的目的②。但科学技术日新月异的发展不仅使人类海洋活动的范围得以扩大，也使得海洋活动对海洋环境造成的负面影响呈现出了全球性的趋势。鉴于海洋的流动性与国际性，某一海域产生的海洋污染会扩散到其他海域，这种扩散不受人为设定的区域管理办法的限制。虽然《公约》对于国家在领海、毗连区、专属经济区和大陆架等范围内的权利义务有所分配，但国家管辖范围外区域的公海仍然保持着自由原则。如果继续坚持格劳秀斯时代的海洋自由，坚持海洋及其资源是无限的、人类正常海洋活动不会对海洋造成任何损害，这显然与社会现实并不相符。物质决定意识，为了更好地适应客观世界、改造客观世界，意识必须不断发展与更新。在全球性海洋问题数量日益增多、影响逐渐深入的客观背景下，任何一个国家都不具备独立解决这个问题的能力，并且这

---

① 何志鹏. 海洋法自由理论的发展、困境与路径选择 [J]. 社会科学刊, 2018 (5): 112-119.

② 王阳. 全球海洋治理: 历史演进、理论基础与中国的应对 [J]. 河北法学, 2019, 37 (7): 164-176.

个问题造成的负面影响事关全人类的共同利益。这种客观环境要求国际社会其他成员做出意识上的转变。从最初对权力扩张的无限追求，发展到之后的自我克制与相互约束，再转变到现在的彼此合作、承担责任。为了实现海洋资源可持续利用以及世界范围内人与海洋和谐共处的目标，时代的特征由海洋权利争夺转变为海洋责任承担，而具有这种时代特征的时期也就是当下所谓的全球海洋治理时期。全球海洋治理是国际社会意识并应对全球性风险的重要表现①。关于 BBNJ 养护和可持续利用问题国际协定的谈判是目前全球海洋治理最具代表性的事件，国际社会希望通过这一谈判对全球海洋治理形成一个具有普遍约束力的国际海洋规则框架。

纵观全球海洋治理规则演变的历史进程，不难发现：第一，随着人类社会生产力的发展和科学技术水平的提高，得以提高的不仅是人类利用海洋的能力，还有破坏海洋的能力。为了更好地生存与发展，人类不仅需要正确地认识客观世界，还需要努力地改造客观世界。海洋规则作为人类认识和改造客观海洋世界的工具，它的演变过程是随着客观海洋环境的改变而改变的辩证过程，是对海洋利用从不知到知、从知之不多到知之较多、从知之不深到知之较深的过程。灵活、适时地调整海洋规则，有助于构建更加合理的海洋秩序。第二，海洋规则的塑造和实施与某些国家，尤其某些海洋强国息息相关。从海洋权力争霸时期的海洋自由，到海洋权利争夺时期的《公约》及其形成过程，再到以海洋责任承担为主要特征的 BBNJ 养护和可持续利用问题国际协定的谈判，海洋规则的每一次演变都是由某个或某几个国家意志的创新作为

---

① 何志鹏. 海洋法自由理论的发展、困境与路径选择 [J]. 社会科学刊，2018
（5）：112–119.

开端。这些国家通过实际行动说服其他国家认可其意识的创新，使之成为海洋领域众所周知的规则。但世间万物每时每刻都处于不断的变化当中，随着时间的推移，之前塑造规则的某些强国可能会走下神坛，被它们所塑造的规则也可能变得落后且不合时宜，后起之秀、新的规则便会取而代之。于是，在格劳秀斯所倡导的绝对海洋自由原则明显落后于社会生产力和科学技术的前提下，海洋规则通过不断演进缩减了海洋自由的范围与内容，人类由此进入了全球海洋治理的新范式①。而全球海洋治理的时代特征就是海洋责任的共同承担。

二、"公地悲剧"理论与"公共池塘资源"理论

全球公域是指国家管辖范围外区域及其资源，包括南极、公海、外太空和网络空间等领域。以上领域蕴含的资源作为开放获取的资源，具有非常显著的非排他性。其自身的稀缺性决定着它容易遭到过度使用和潜在破坏，体现了它的竞争性。所以以上资源是非常典型的"公共池塘资源"，对以上资源绝对自由的利用将会导致"公地悲剧"。为了避免悲剧的产生，哈丁的"公地悲剧"理论和奥斯特罗姆的"公共池塘资源"理论都指向了建立强制性社会安排的途径。

就公海领域而言，公海资源不专属于任何个人或个人群体，任何人都可以发现它并占有它。如果某些海洋大国出于追求自身利益最大化的目的，凭借高人一等的科学技术将这些资源提前利用并耗尽，全然不顾其他实力较弱国家的利益和子孙后代的利益，就会产生"公地悲剧"的后果。于是人类意识到在公海领域奉行

---

① 何志鹏. 海洋法自由理论的发展、困境与路径选择［J］. 社会科学刊，2018
（5）：112－119.

绝对的自由将导致毁灭，必须通过建立"相互胁迫，相互同意"的规则来达到"为最多数人谋最大利益"的目标。当人类意识到通过开发利用公海资源能够获取利益，势必引起各参与主体之间的激烈竞争。为了避免这种竞争沦为恶性竞争，必须制定与所处的地理和文化环境相匹配的规则对人类在公海的活动加以限制。而这种规则的制定，需要各参与主体通过不断的谈判与妥协达成。

"公地悲剧"理论和"公共池塘资源"理论说明，国家管辖范围外区域及其资源的治理特征不再是"自由"，而是"责任"。逐利是人的本性，在不属于任何人的、向所有人开放获取的全球公域内要求人类违背自己逐利的本性行事是很难的，更遑论要求他们承担责任，但只有强调责任的承担才能更好地规制那些"没有良心的人"。在全球公域的治理过程中，负责任的自治、自我监督和自我执行的规则才是最有可能获得成功的一条出路。在全球海洋治理的时代中，海洋责任的承担是最主要的时代特征。

（一）"公地悲剧"理论

1968 年，著名生态经济学家加勒特·哈丁在《科学》杂志上发表了《公地的悲剧》。哈丁在文章中强化了希腊哲学家亚里士多德的观点"对大多数人来说，共同的东西得到的关怀最少""人最关注的是自己的东西，而不是共同的东西"。文章从对未来核战争的思考而起，认为当代国家面临着军事力量稳步增长和国家安全持续下降的两难境地。由此联想到人口问题，在一个有限的世界里，世界人口呈指数增长，世界商品中的人均份额必然减少。

"公地"是一种基本的社会制度，它的含义是：在社会中，有些环境资源从来不曾、也不应该专属于任何个人或个人群体。哈丁对"公地悲剧"的解释是：如果有一片向所有人开放的牧场，那么每个牧民都会试着在公有土地上饲养尽可能多的牛。由于部落战争、偷猎和疾病使人类和牲畜的数量大大低于土地的承载能力，这样的安排可能在几个世纪内都能令人相当满意地运作。然而，作为具有理性的正常人，每个牧民都力求最大限度地拓展自己的利益。但是由于动物增加造成的过度放牧，其负面影响是由所有牧民共同承担的，最后所有牧民的结局都是毁灭。

首先，"公地悲剧"在污染问题上得以体现。当人遵从自己逐利的本心行事时，他会发现向公共场所排放废物的成本比净化废物的成本要低。因此必须采取措施来防止公地变成"污水坑"的悲剧，比如制定强制性法律或征税，使污染者处理污染物的成本低于不处理污染物的成本。由于法律具有滞后性，所以需要精心地修改和调整，使其适应"公地"这个新兴领域。其次，"公地悲剧"在人口问题上得以体现。如果把"生育自由"与"人人生而平等"结合起来，人类将把过度繁殖作为一种政策，以确保其自身的发展，就等于把世界代入了一个悲剧的行动路线中。在这种情形下，哈丁赞成使用强制性的社会安排来规范个人的行为：对可以轻易围起来的资源（如私人财产）进行圈地，对不能围起来的资源进行税收和强制性立法。这种安排反映了"相互强迫，使得受影响的大多数人相互同意"，虽然不是完全公正，但它们也具有确定性的优点。因为没有人能创设更好的制度，不公正也比彻底毁灭好。

在把技术上无法解决的问题交给政治和社会领域去解决的过程中，哈丁提出了三个关键的假设：首先，需要在现实生活中发展一种"判断的标准"或"一种权衡的系统"，从而"使收入变得可以衡量"；其次，有了这种"判断的标准"后，可以使用强制来解决问题；最后，行政制度在使用"判断标准"和"强制手段"的情况下，能够并且将会保护人民利益不受进一步的侵犯。如果上述三个假设都是正确的，那么哈丁所认识到的"公地悲剧"将会促使规则的建立。

后来哈丁又在《科学》杂志上发表了《"公地悲剧"的延伸》一文。在文中他表示赞同威廉·福斯特·洛夫德的观点，在供应保持不变的前提下，随着需求与人口同步增长，有一天人类会被自己的冲动竞争所困，无管理的公地将被过度放牧破坏，竞争的个人主义对防止社会灾难无能为力。在我们的全球世界里，避免灾难的方法是通过"相互胁迫，相互同意"的政策。在物质稀缺性条件下，以自我为中心的冲动竞争会将成本强加给群体，从而也强加给所有成员。1625年，格劳秀斯曾提出"海洋的面积足以让所有人取水、捕鱼、航海"，而现在曾经无限的海洋渔业资源已经变得稀缺，完全的自由将导致悲剧，各国正在限制渔民在公共海域的自由。全球海洋系统因公有物理论的存在而受到损害，沿海国高度响应"海洋自由"原则，它们一边自称相信"海洋资源是取之不尽、用之不竭的"，另一边通过实际行动让许多海洋生物濒临灭绝。

戏剧性悲剧的本质不是不幸，它存在于万物无情的运转之中。在现实生活中，以上技术无法解决的问题，政治制度也没能解决。许多开放获取的资源最终的结局是过度使用，甚至是遭到破坏。超越国家界限的价值体系很难站得住脚，人们更有可能在国家的边界内找到这样一个价值体系，国家是唯一有能力寻找针对以上问题解决方案的政治单位。人们之所以珍视个人主义，是因为它能产生自由，但这种馈赠是有条件的：人口越超过环境的承载能力，就必须放弃越多的自由。在全球范围内，随着世界人口的持续增长，其他领域还会产生许多限制，也就引出了人类应当承担的"责任"。在没有实质性制裁的情况下使用"责任"是一种不劳而获，相当于要求公地上的自由人违背自己的利益行事。责任实际上是明确的社会安排的产物，我们承担责任，并不是因为我们享受它，而是我们认识到强调责任的承担有利于规制"没有良心的人"，从而规避"公地悲剧"的产生。基于以上两点，"国家"与"责任"两个概念产生了密不可分的联系。国家应当怎样去承担避免"公地悲剧"产生的责任成了一个值得探讨的问题。

没有一个简单的治理体系在所有情况下都是成功的，越来越多的研究表明，许多公共资源被非国家主体成功治理。在世界各地成功的公共资源制度中产生了多种具体的使用规则，最重要的规则之一是边界规则，它确定谁拥有权利和责任，以及特定治理单元覆盖的领域。许多不同的边界规则被成功地用于治理世界各地的公共资源。为治理复杂资源而创设新规则的努力可能产生意想不到的结果，所有的技术和体制干预都应被视为一种适应性的过程，以便参与者和其他人能够从中学习，而不是继续犯错。在全球范围内，强加于不同资源上的整体解决方案比加强鼓励负责任的自治、自我监督和自我执行的制度更可能无效。

当然，也有人对哈丁"公地悲剧"理论持质疑态度，认为它"从历史上看是错误的"。"公地悲剧"一般被理解为发生在中世纪和后中世纪英国的公共牧场上，当时"公地"概念与现代的"公地"概念有很大的不同：英国的土地并不向普通大众开放，而是只向继承或被授予土地使用权的特定个人开放，并且这些人使用公地也是有规定的。由于认识到土地承载能力有限，每个佃户可以放牧的牲畜种类和数量是有限的。公地制度的衰落是多种因素共同作用的结果，与制度的内在价值无关。这些因素包括滥用公有地管理规则、增加少数土地所有者持股的土地"改革"、改进的农业技术以及工业革命的影响。因此，传统的公有物制度并不是人们意识中的固有的、有缺陷的土地使用政策的例子，而是一种当时取得令人钦佩的成功政策。如果我们误解了公地的本质，我们也就误解了传统公地体系消亡的含义①。

"公地悲剧"理论揭示了一个道理：对所有人开放的稀缺资源会遭到过度开发。将这个道理运用到海洋治理之中会发现：国家相当于牧场上的牧民，海洋相当于牧场。国家对海洋资源的过度开发就好比牧民在牧场上过度放牧。每个国家都可以通过进行海洋活动获得利益与好处，却只需要承担其中的一小部分成本——过度开发海洋造成的危害，如海洋环境破坏、海洋资源枯竭等——因为所有的使用国家都会分担该成本。因此，绝对的海洋自由在这个时期已然显得不合时宜，海洋规则通过不断演进缩减了海洋自由的范围与内容，人类由此进入了全球海洋治理的新范式②。而全球海洋治理的时代特征就是海洋责任的共同承担。

（二）"公共池塘资源"理论

经济学家埃莉诺·奥斯特罗姆在《规则、博弈和公共池塘资源》一书中阐释了"公共池塘资源"理论。"公共池塘资源"是一种产生有限数量的资源系统，它产生有限的利益流动，其中一个成员对这些资源的使用会减少其他成员可能享有的利益，我们很难确定"公共池塘资源"成员的范围。当资源受到高度重视，许多成员将它们用于消费、交换或作为生产过程中的一个因素并获得了利益时，成员之间就会产生竞争。以上就是奥斯特罗姆对"公共池塘资源"性质的概述，它们具有非排他性和竞争性双重属性。

---

① Cox S B. No tragedy of the commons [J]. Environmental Ethics, 1985, 7 (1): 49–61.
② 何志鹏. 海洋法自由理论的发展、困境与路径选择 [J]. 社会科学刊, 2018 (5): 112–119.

在"公共池塘资源"系统中，每个固定时间段内产生的、供应的资源都是有限的。成员在资产、技能和文化观点方面是相近的，他们的目标是短期利益最大化。在这个理论中，资源是开放获取的，任何人都可以进入资源系统。成员对他们从资源系统中获得的东西享有财产权，然后在公开竞争的市场上出售它们获取利润。随着博弈论的不断应用，"公共池塘资源"的使用经常表现为射击或有限重复的囚徒困境博弈①。

"公共池塘资源"作为开放获取的资源，具有非常显著的非排他性。其自身的稀缺性决定着它容易遭到过度使用和潜在破坏，体现了它的竞争性。所以，设计有效的规则来治理公共资源系统问题是困难的。任何一套旨在治理大片领域和不同生态系统的全面、单一的制度，都注定遭遇失败，制度必须与它们所处的地理和文化环境相匹配才能得以存活。例如，虽然设计一个可转让渔业配额的系统可以有效地抑制过度捕捞，但不能为多物种渔业设计同一种高效、公平、可转让的配额制度。

当所有成员都意识到资源具有的潜在价值，就需要设计出有利于资源长期有效利用的分配规则。在现代国际社会中，几乎没有任何资源系统只由成员治理，而不受地方、地区、国家或国际社会制定的规则的影响。在资源系统中，成员制定了一部分促进资源系统可持续性利用的规则，制定规则"有助于解释公共资源获得成员遵守的因素或条件"②。对于定义公共资源系统成员的范围以及他们对公共资源享有的权利和履行的义务，不可能得出经

---

① Ostrom E. Common-pool resources and institutions：Toward a revised theory［J］. Handbook of Agricultural Economics, 2002, 2：1315 – 1339.

② Ostrom E. Common-pool resources and institutions：Toward a revised theory［J］. Handbook of Agricultural Economics, 2002, 2：1315 – 1339.

验性的一并概括。但是，可以衍生出一系列原则来反映规则的内在逻辑，并争取绝大多数参与者的遵守。这些原则有助于增进成员对资源系统、对遵循一套既定的规则所涉及的投入和回报的一致理解。南极、公海、网络空间和外太空等全球公域所富含的资源是最为典型的"公共池塘资源"，如果成员能够通过参与谈判自主制定规则，有助于更好地规范自己的行为。

在过去的半个世纪里，"公共池塘资源"理论有了长足的发展，但是仍有许多具有挑战性的问题等待解决。"公共池塘资源"理论揭示了一个道理：针对具有非排他性和竞争性双重属性的"公共池塘资源"，只有确定适当的分配制度才能预防资源的枯竭。将这个道理运用到全球海洋治理之中，我们可以发现公海自由原则决定了其资源对所有国家一律开放，体现了它的非排他性；公海资源的稀缺性决定了其资源不能满足所有国家的需求，体现了它的竞争性。因此，亟须通过建立一种新的分配方式使绝对公海自由原则得到限制，将人类对海洋的态度从争取更多权利向承担更多责任转变。

第二节　以 BBNJ 养护和可持续利用国际协定为代表的新兴全球海洋治理规则

1987 年，世界环境与发展委员会发布了一份影响深远的报告《我们共同的未来》，该报告围绕着如何参与世界未来的可持续发展进行了严肃地讨论："环境"是人们生活的地方，"发展"是人们改善生活的方式，人类应在确保不损害子孙后代利益的情况下满足当代人的需求，包括如何解决全球资源系统（global resource system）或者"全球公域"问题。传统形式的国家主权在日益加深的生态依赖和经济依赖中屡屡受到挑战。当时的挪威首相格罗·哈莱姆·布伦特兰指出，必须让学者、政府官员和公民认识到：我们拥有共同的未来，如果我们不能集中保护人类共同继承财产，未来就会受到严重反噬。

1992 年，联合国环境与发展会议提出了一些需要国际社会采取共同行动去解决的全球性环境问题，如臭氧层消耗、全球变暖、生物多样性减少、林业和荒漠化等。之所以将这些问题列为全球性问题，是因为它们具有以下共性：第一，这种环境问题构成的损害不针对某一特定国家，而是针对全球公域。第二，这种损害是在很长一段时间内由人类活动造成的，但不能归因于任何特定的国家。损害造成的影响，如果不及时加以控制，将影响整个国际社会，因此，采取行动符合各国的共同利益。第三，仅由一个国家采取的任何预防或补救行动对于扭转退化的进程都是没有用的，只有让所有国家共同采取行动，才能有效地控制这种不利事态的发展。在这次会议上也确定了"共同但有区别的责任原则"，世界各国无论大小，无论强弱，都对全球环境保护承担着一份不可推卸的责任。

在《我们共同的未来》报告发布后的 30 余年里，人类未能阻止海洋过度捕捞、大规模森林砍伐和向大气中过量排放二氧化碳造成的悲剧。面对这些悲剧，人类终于意识到，全球公域的不善治理会导致严重的问题，但还没有意识到利用集体智慧和尖端科技来解决全球公域问题的必要性。我们必须在国家和国际层面上做出体制安排，制定以"相互胁迫，相互同意"为基础的规则。威胁人类及其子孙后代切身利益的资源问题是全球性的，且大多数公共资源彼此之间差异很大，因此寄希望于建立单一的理想化解决方案是不可能的，建立全球范围内有效的治理方案比在地方规模上建立制度安排困难得多。

全球海洋环境的保护经历了一个漫长的发展过程。人们普遍认识到，针对海洋环境问题进行的补救办法必须是全球性和多层面的，需要全人类的共同努力和应对。将全球海洋环境保护视为"人类共同关切事项"，是呼吁进行规则创新的一种政治表达。在这样的现实需求面前，如果各国仍沉浸在对海洋权利的争夺之中，造成的负面影响很大可能会触及自身利益，甚至国际社会的整体利益。出于对现实需求的回应，联合国 2004 年开始了关于 BBNJ 养护与可持续利用问题制定国际协定的谈判，希望通过这一谈判对全球海洋治理形成一个具有普遍约束力的国际海洋规则框架。

一、BBNJ 养护和可持续利用问题的背景

海洋生态系统和生物多样性为人类生存和繁衍提供了一系列必不可少的服务。首先，它们在调节地球气候方面发挥着作用。其次，它们是人类所需营养物质的重要来源。再次，它们可用于包括药物在内的其他产品的开发。最后，它们也是休闲、娱乐、研究和教育的来源。成千上万的人依靠海洋资源维持生计，海洋生物多样性对人类福祉至关重要。在此背景下，BBNJ 养护和可持续利用问题逐渐成为国际社会高度关注的问题和全球海洋治理领域的热点及难点问题。

（一）海洋环境保护国际立法不成体系

海洋环境保护是目前国际立法的重要主题。根据在国际和区域上一系列相关条约的规定，各缔约国承担越来越多的保护海洋环境的责任：保护鱼类种群和海洋哺乳动物不受过度捕捞，保护海洋环境不受石油、有害物质、废物倾倒和核废料等污染。在渔业方面，各国通过区域渔业管理组织（Regional Fisheries Management

Organisations，RFMOs）开展合作。区域渔业管理组织的措施以《公约》、1993 年《粮农组织遵守协定》、1995 年《联合国鱼类种群协定》、2009 年《粮农组织港口国家针对非法、不报告和不管制捕鱼的协议》及各种有约束力的双边或多边协定等为依据。在海洋运输方面，各国遵循国际海事组织的管理，《国际防止船舶污染公约》《防止倾弃废物和其他物质污染海洋公约》及其议定书。《国际船舶压舱水和沉积物控制和管理公约》是关于保护海洋环境的关键协定。在海底采矿方面，国际海底区域（专称为"区域"）内的深海海底采矿活动由国际海底管理局管理，该机构根据《公约》第十一部分和 1994 年《关于执行〈联合国海洋法公约〉第十一部分的协定》设立。国际海底管理局管理负责监督与"区域"内矿产资源的勘探和开发以及利益分享有关的活动，制定勘探和开发的程序，进行环境影响评价（Environmental Impact Assessments，EIAs）等。除了上述组织，还有一些国际公约和组织与国家管辖范围以外区域海洋生物多样性养护和可持续利用有关，如：联合国教育、科学及文化组织代表团政府间海洋学委员会（The Intergovernmental Oceanographic Commission of the United Nations Educational，Scientific and Cultural Organization，IOC UNESCO），涉及海洋科学及海洋技术转让有关事项；联合国环境署（United Nations Environment Programme，UNEP），联合国下属的全球环境管理机构；保护动物和植物物种的协定，特别是《生物多样性公约》《养护移栖物种公约》和《濒危野生动植物种国际贸易公约》；以及其他区域海洋治理方案和区域性倡议等。

现有的国际条约没有充分保护海洋环境免受人类活动造成的有害影响。在这些海洋环境问题面前，开展更广泛的国际合作成为一种趋势：首先，许多地方性和全球性海洋环境问题的实质性质是相似的；其次，尽管地方和全球海洋资源的规模存在巨大差异，但"公共池塘资源"的基本逻辑是一致的，两级合作的理论原则是相似的；最后，任何破坏地方一级合作必要条件的全球制度从长远来看都不可能是可持续的。目前，国家管辖范围外的海洋环境治理面临着以下挑战：没有一套全面的政府管理原则来指导规则的制定，例如预防、合作、问责制、透明度、生态系统管理方法等；当前的制度框架是零散的，缺乏足够的全球协调、合作或现有区域和全球主管组织之间的协作机制；相关的规则不成体系，并不是所有国家管辖范围以外区域的人类海洋活动都得到了充分的管制，并非所有地区都被完全覆盖；公海渔业治理的重点在于区域一级，公海渔业治理机构之间地位的不平等也是一个问题；国内对注册和悬挂旗帜的船只控制不力导致非法、不报告和不管制捕鱼的猖獗。

（二）《公约》对公海的规制存有空白

人类在国家管辖范围以外海洋区域的活动包括海洋科研、海洋旅游、海洋运输、海洋渔业、海洋施肥、海洋倾废、海底电缆和管道铺设等，潜在的新活动如深海矿产资源的勘探开发和碳捕捉、碳封存等。人类对这些活动的治理水平主要取决于以下三点：第一，治理的政治意愿和远见的领导；第二，公众对全球公域的认识；第三，现代技术的使用情况。随着海洋经济活动空前增长，人们普遍认识到这些活动需要遵循可持续治理的原则，即社会经济发展不能在造成环境退化的情况下进行。我们需要从海洋获得食物、能源、交通和娱乐。既有的海洋产业继续扩张，新兴的海洋产业不断涌现。与此同时，由于气候变化、环境污染和勘探活动，人类面临的新的挑战正在出现。追求短期经济利益与长期繁荣以及健康、有弹性的海洋环境之间的不匹配日益明显。因此，我们迫切需要对海洋治理采取全面、基于知识和生态系统的治理办法，全球海洋治理就是这样的一种范式。《公约》与一系列国际和区域法律文书一起，构成了目前全球海洋治理的规范框架。这一框架为海洋环境及其资源的保护与可持续发展打下了基础。

《公约》得到广泛批准，其中绝大多数条款形成了国际习惯法，适用于缔约国和非缔约国。根据《公约》，海洋被划分为多个区域，每个区域都有不同的法律地位和权利义务：沿海国在内水中享有绝对主权。沿海国对领海享有主权存在"无害通过权"例外。沿海国在毗连区对海关、财政、移民、卫生法律享有管辖权。沿海国在专属经济区和大陆架享有资源方面的主权权利。每个沿海国需要通过向联合国秘书长提交海图来宣示自己的海域，通过这种方法主张和批准的海洋被视为国家管辖范围内的海域。国家管辖范围以外的水域包括被称为"公海"的水体，及其被称为"区域"的海床。人类在公海的活动遵循"公海自由"原则，即"公海对所有国家开放，不论其是沿海国家还是内陆国""保障航行、飞行、铺设海底电缆、建造人工岛屿、捕鱼、科研等自由"。人类在"区域"中遵循"人类共同继承财产"原则，共享"区域"及其矿物资源的所有权，子孙后代公平分享所得利益，由国际海底管理局代表全体人类，包括子孙后代采取行动。

《公约》为各国合作建立了一般规则，并提出了保护海洋环境生物资源的法律规则。但在公海上，它没有全面解决保护和可持续利用公海生物多样性的问题，该领域仍存在着许多空白。由于意识到保护和可持续利用生物多样性的必要性，沿海国家通过组织开展合作，以促进区域，包括在国家管辖范围以外地区的海洋治理。沿海国在《公约》框架下讨论该问题，试图解决公海非法、不报告和不管制捕鱼、海洋污染等问题，并致力于促进科学合作。

尽管如此，在法律和执行上的差距仍然存在，阻碍了对国家管辖范围以外区域海洋生物多样性的有效治理。特别是渔业领域缺乏具有法律约束力的治理措施，主管机构之间的协调也有所欠缺。BBNJ 养护和可持续利用国际协定谈判是一个机会，使支离破碎的治理机制变得连贯，为促进跨部门合作提供了更多的支持。

（三）海洋生物多样性遭到破坏

海洋生态系统是世界上最受威胁的生态系统之一。虽然人类活动对沿海地区海洋生物多样性施加了较大强度的压力，但人类活动也对远离海岸区域的生物多样性产生刺激，没有一个海洋区域的生态系统不受人类活动的影响。人类对海洋的物质需求使得野生鱼类生存面临巨大压力，水产养殖进一步向公海扩张。非法、不报告和不受管制捕鱼、过度捕捞以及在水中使用破坏性设备等人类活动对海洋环境和资源造成损害。各种各样的海洋环境污染，例如船舶油污、外来物种以及人为的水下噪声都具有破坏性。海洋酸化损伤了贝类、珊瑚和海洋浮游生物等海洋生物形成骨骼的能力，威胁到海洋食物链和珊瑚礁结构。人类对海洋资源的新兴利用方式，如减缓气候变化的碳封存活动、勘探和开发海底矿产资源、寻找富有商业价值的海洋遗传资源等，都引起了国际社会的广泛关注。并且气候变化也可能会对海洋生物多样性产生更大的影响。这些累积的影响使许多海洋生物濒临灭绝，这种不可弥补的海洋生物多样性丧失将阻碍其他发展目标的实现，特别是与贫穷、饥饿和健康有关的发展目标。因为海洋生物多样性的丧失会给穷人带来更多的打击，减少他们的发展选择。

国家管辖范围外区域海洋生物资源是全人类共有、典型的"公共池塘资源"，所有人都能开放性地获取这些资源。开发这些资源最根本的原因是个人利益最大化，过分追求个人利益可能造成生物多样性枯竭的局面。虽然海洋覆盖了地球三分之二的面积，但其中绝大多数，尤其是国家管辖范围外区域尚未被开发探索。人类对国家管辖范围外区域海洋生物资源的认知程度，取决于他们具备的专业科学技术、适当的基础设施、训练有素的人员和充分的财政支持。尽管近年人类在海洋技术领域取得了突飞猛进的成绩，为他们创造了探索和利用未知的海洋生态系统的机会。但是，这种探索与利用也应将可持续发展考虑在内，绝对自由的探索与利用将会导致海洋生物多样性枯竭的悲剧。

鉴于以上三方面原因，BBNJ 养护和可持续利用问题逐渐成为目前全球海洋治理领域的热点及难点问题，关于该问题进行的国际协定谈判也成为新兴全球海洋治理规则的代表。

二、BBNJ 养护和可持续利用国际协定谈判过程

就国家管辖范围外的公海领域而言，其中蕴含的海洋生物资源不专属于任何个人或个人群体，任何人都可以发现并占有它。这种"公共池塘资源"如果不能得到合理的规制，任由人类自由开发利用，将会导致公地悲剧的发生。国家管辖范围外区域及其资源的治理特征不再是"自由"，而是"责任"，但要求人类违背追求利益的本心去承担额外的责任谈何容易。只有建立"相互胁迫，相互同意"的规则才能达到"为最多数人谋最大利益"的目标。在海洋生物多样性遭到破坏、海洋环境保护国际立法不成体系、《公约》对公海的规制存有空白的背景下，联合国于 2004 年开始了关于 BBNJ 养护和可持续利用问题国际协定的谈判，希望通过这一谈判形成一个具有普遍约束力的国际海洋规则框架，促进海洋责任的共同承担。

（一）不限成员名额的特设非正式工作组会议

2004 年，联合国大会成立了不限成员名额的特设非正式工作组，致力于 BBNJ 养护和可持续利用问题。

工作组第一次会议于 2006 年 2 月 13 日至 17 日在纽约举行，形成了 A/61/65 号文件。

工作组第二次会议于 2008 年 4 月 28 日至 5 月 2 日在纽约召开，形成了 A/63/79 号文件。该次会议内容主要有：第一，人类海洋活动对 BBNJ 的影响；第二，各国之间以及有关政府间组织和机构之间的协调与合作，以促进 BBNJ 养护和可持续利用；第三，划区管理工具（Area-Based Management Tools，ABMTs）的作用；第四，国家管辖范围以外海洋遗传资源；第五，是否存在治理或管制缺口，如果存在，应如何加以解决。

工作组第三次会议于 2010 年 2 月 1 日至 5 日在纽约举行，形成了 A/65/68 号文件。工作组应联合国大会要求在其职权范围内进一步审议《公约》规定的国家管辖范围以外海洋遗传资源相关法律制度，以期在这一问题上取得进一步进展。会议还审议了海洋保护区和环境影响评估程序的问题。工作组的建议是：第一，加强信息库建设；第二，加强能力建设和技术转让（Capacity Building and Technology Transfer，CBTT）；第三，为海洋生态系统综合管理进行合作与协调；第四，环境影响评价；第五，海洋保护区等划区管理工具；第六，海洋遗传资源的获取与惠益分享。

工作组第四次会议于 2011 年 5 月 31 日至 6 月 3 日在纽约召开，形成了 A/66/119 号文件。联合国大会鼓励工作组推动其议程上所有未决问题的进程，尤其是海洋保护区和环境影响评价问题。

工作组第五次会议于 2012 年 5 月 7 日至 11 日在纽约举行，形成了 A/67/95 号文件。工作组对 BBNJ 养护和可持续利用法律框架

的不足和改进措施进行了讨论。工作组还请本次会议秘书长召开
两次讲习班，审议与国际合作以及能力建设和海洋技术转让有关
的问题，形成了 A/AC.276/6 号文件。

工作组第六次会议于 2013 年 8 月 19 日至 23 日在纽约召开，
形成了 A/68/399 号文件。会议建议：第一，在联合国大会第 69 届
会议结束之前根据《公约》制定一项关于 BBNJ 养护和可持续利用
的国际协定；第二，在第 66/231 号决议规定的任务范围内，根据
第 67/78 号决议，就国际协定的范围、参数和可行性向联合国大会
提出建议；第三，为此目的，工作组决定举行三次会议，每次四
天，在必要时可以举行额外的会议；第四，成员国就国际协定的
范围、参数和可行性提出意见。

工作组第七次会议于 2014 年 4 月 1 日至 4 日在纽约举行，形
成了 A/69/82 号文件。工作组在第 66/231 号决议规定的任务范围
内审议了国际协定的范围、参数和可行性，并根据第 67/78 号决议
的规定向联合国大会提出建议。

工作组第八次会议于 2014 年 6 月 16 日至 19 日在纽约举行，
继续审议这些问题，形成了 A/69/177 号文件。

工作组第九次会议于 2015 年 1 月 20 日至 23 日在纽约举行，
形成了 A/69/780 号文件。工作组建议联合国大会：第一，必须在
构建全球层面上的规则，以便更好地处理 BBNJ 养护和可持续利用
问题，并考虑根据《公约》拟订一项国际协定；第二，为了以上
目的的成立筹备委员会；第三，将 2011 年商定的"一揽子方案"中
确定的海洋遗传资源问题、海洋保护区问题、环境影响评价问题
和能力建设和海洋技术转让问题并称为四大议题，并将它们作为
整体看待；第四，新的国际协定不应对业已存在的法律框架和相
关机构造成损害；第五，谈判参与国在其他相关协定中法律地位

不因此次谈判或其结果受到影响。

（二）"框架上的共识"的形成

2015 年 6 月 19 日，联合国大会为根据《公约》制定一项关于
BBNJ 养护和可持续利用问题的具有法律约束力的国际协定，设立
了筹备委员会，形成了第 69/292 号决议。在召开政府间会议之前，
由筹备委员会就草案文本内容向联合国大会提出实质性建议，不限
成员名额特设非正式工作组的各种工作报告也考虑在内。筹委会在
2016 年、2017 年分别召开两次会议，在 2017 年 7 月 10 日至 21 日举
行的第四届会议上，筹备委员会通过了向联合国大会提交的报告。

1. 筹备委员会第一届会议

2016 年 3 月 28 日至 4 月 8 日，筹备委员会第一届会议在纽约
召开，99 个联合国成员国、2 个非成员国、8 个政府间组织、5 个
联合国基金和计划署、机构和办事处以及 17 个非政府组织出席了
会议。会议就案文草案要点提出实质性建议，处理 2011 年商定的
"一揽子方案"中确定的四大议题。

在筹备委员会第一届会议上，有几个问题需要进一步深入讨
论与澄清：第一，新的国际协定不应对已存在的法律框架和相关
机构造成损害；第二，大多数代表团赞成利用和分享国家管辖范
围以外地区海洋遗传资源产生的利益，但是对采取的原则和具体
分享办法产生了不同意见。因此，联合国大会鼓励各代表团提出
备选方案；第三，在海洋保护区问题上，大多数代表团赞成尊重
沿海国对其大陆架的权利，但是对于海洋保护区的保护程度持不
同意见。对于将要采用的机制，是选择全球机制还是区域机制，
抑或两者结合，也持不同意见；第四，在环境影响评价问题上，
各方对开展环境影响评价的必要性达成了共识，但是在环境影响
评价的主体、触发条件和范围等方面出现了差异；第五，在能力

建设和海洋技术转让问题上，各代表团普遍支持"在自愿基础上保留海洋技术转让，不损害双边安排"的立场，一致认为有必要实施《公约》第十四部分，并找到确保能力建设得到有效实施的途径。联合国大会主席指出，辩论的范围需要缩小，重点需要建立一个可执行并能满足已确定需求的新制度①。

除"一揽子方案"问题外，第一届会议还讨论了其他问题，包括指导方针和原则、范围、定义、治理结构、责任和争端解决等。虽然在其中几个问题上各代表团表达了不同的意见，但在指导方针和原则方面取得了一定的共识。第一届会议之后，根据全体会议讨论并核准的路线图，主席编写了一份会议概况，还编写了一份指示性建议，以协助各非正式工作组在筹备委员会第二届会议上进一步讨论。

2. 筹备委员会第二届会议

筹备委员会第二届会议于 2016 年 8 月 26 日至 9 月 9 日在纽约联合国总部召开，来自 116 个联合国成员国、3 个非成员国、6 个联合国基金和计划署、机构和办事处、9 个政府间组织和 22 个非政府组织的代表出席了会议。② 在全体会议期间，筹备委员会听取

① Preparatory Committee established by General Assembly resolution 69/292: Development of an international legally binding instrument under the United Nations Convention on the Law of the Sea on the conservation and sustainable use of marine biological diversity of areas beyond national jurisdiction Chair's overview of the first session of the Preparatory Committee, https://www.un.org/Depts/los/biodiversity/prepcom_files/PrepCom_1_Chair's_Overview.pdf. 访问日期 2022 年 3 月 11 日。

② Preparatory Committee established by General Assembly resolution 69/292: Development of an international legally binding instrument under the United Nations Convention on the Law of the Sea on the conservation and sustainable use of marine biological diversity of areas beyond national jurisdiction Chair's overview of the second session of the Preparatory Committee https://www.un.org/Depts/los/biodiversity/prepcom_files/Prep_Com_II_Chair_overview_to_MS.pdf. 访问日期 2022 年 3 月 11 日。

了一般性发言并审议了以下问题。

首先，海洋遗传资源获取和惠益分享问题。2016 年 9 月 8 日全体会议讨论后，大会对海洋遗传资源获取和惠益分享非正式工作组讨论中产生的意见一致的领域和需要进一步讨论的问题进行了总结。观点趋同的领域有：第一，海洋遗传资源和其他关键概念；第二，业已存在的文书中相关定义的有效性；第三，指导原则和方法；第四，非金钱利益的惠益分享；第五，沿海国大陆架权利应得到尊重；第六，惠益分享应有助于 BBNJ 养护和可持续利用；第七，惠益分享不仅考虑当代人的利益，还要考虑子孙后代的利益。

需要进一步讨论的问题有：第一，用于遗传资源的鱼类和用作商品的鱼类之间的区别；第二，人类共同继承财产和公海自由之间的关系；第三，是否应将原生境获得的资源、生物信息数据、基因序列数据中的资源纳入获取和惠益分享制度；第四，是否将衍生品纳入获取和惠益分享制度；第五，是否将国家管辖范围以外海域的海洋遗传资源纳入获取和惠益分享制度；第六，惠益分享是否包括金钱利益；第七，是否建立惠益分享机制；第八，是否涉及知识产权问题；第九，传统知识在该问题中的作用。

其次，海洋保护区问题。大会对海洋保护区问题非正式工作组讨论产生的意见一致的领域和需要进一步讨论的问题进行了总结。观点趋同的领域有：第一，在建立海洋保护区时应注意透明度、生态系统方法、以科学为基础的方法等；第二，各国有义务保护和保全海洋环境；第三，建立海洋保护区应以促进 BBNJ 养护和可持续利用为目标。

需要进一步讨论的问题有：第一，建立海洋保护区是否应有助于恢复海洋生态系统的健康；第二，定义海洋保护区的意义；

第三，海洋保护区的定义和使用是否应以现有的定义为基础；第四，进一步讨论采取哪种管理模式，包括纵向、横向、自上而下和自下而上的方法，将最有效地实现目标；第五，澄清参与者对这些不同管理模式的理解；第六，采取一个新机制或全球框架需要的额外措施；第七，采取一个新机制或全球框架产生的透明性和包容性；第八，促进合作与协调的方式；第九，建立新机制的架构需要，包括可能的缔约方会议或其他协调机制；第十，决策机制；第十一，为决策机构寻求必要的科学支持；第十二，各国单独或通过有关组织指定建设海洋保护区；第十三，利益相关者的识别和作用；第十四，指定海洋保护区的决定，特别是在国家管辖范围内毗邻地区的决定，应征得邻近沿海国的同意，海洋保护区的管理应委托给沿海国；第十五，指定海洋保护区的决定应在协商过程之后作出，该过程考虑所有利益攸关方的意见和关切；第十六，后续监测机制；第十七，需要进一步讨论的原则和方法；第十八，执行保护海洋环境义务的方式；第十九，尊重沿海国大陆架权利。

再次，环境影响评价问题①。大会对环境影响评价非正式工作组讨论所产生的意见一致的领域和需要进一步讨论的问题进行了总结。观点趋同的领域有：第一，环境影响评价应有助于 BBNJ 养护和可持续利用；第二，不应破坏现有相关法律文书和框架；第三，环境影响评价过程的透明度；第四，环境影响评价报告应

---

① Preparatory Committee established by General Assembly resolution 69/292: Development of an international legally binding instrument under the United Nations Convention on the Law of the Sea on the conservation and sustainable use of marine biological diversity of areas beyond national jurisdiction Chair's overview of the second session of the Preparatory Committee, https://www.un.org/Depts/los/biodiversity/prepcom_files/Prep_Com_II_Chair_overview_to_MS.pdf. 访问日期 2022 年 3 月 11 日。

公开。

需要进一步讨论的问题有：第一，应考虑小岛屿发展中国家、非洲国家和发展中国家，包括内陆国家参与和开展环评的能力；第二，是否应涵盖发生在国家管辖范围内、可能对国家管辖范围外产生影响的活动，同时应当注意不损害国家主权；第三，该协定负责国家管辖范围以外、对环境产生负面影响、达到商定阈值活动的环评；第四，《公约》第206条对环评门槛和责任的规定对该协定提供指导；第五，是否将跨界影响纳入考虑范围，或创设跨界环境影响评估的单独程序；第六，应使用什么阈值和标准来确定需要环评的活动；第七，是否制定需要环评的活动清单；第八，对于重要地区，是否应设置较低的环评门槛；第九，环评过程的程序步骤；第十，利益相关者的界定以及如何与利益相关者进行协商；第十一，是否需要制定一份禁止活动清单；第十二，进行环评的成本是否应由活动的发起者承担；第十三，在环评过程中，全球或区域层面是否应该有任何监督或参与？这种监督或参与应该如何运作？应该在区域一级还是在全球一级？应该在环评过程哪个阶段进行？第十四，在环评过程中，由国际参与或监督的阶段，由谁负责决定各项事宜；第十五，该协定是否应包括监测和审查的规定，如果包括，是强制性的还是自愿的；第十六，该协定是否应包括合规和责任条款；第十七，环境影响评价如何评审，由谁评审，以及评审应如何进行；第十八，环境影响评价和战略环境评估的交换所或中央储存库；第十九，中央储存库的职能是否可以由现有机构履行，还是应该创设一个新的机构；第二十，环境影响评价报告的具体内容是什么；第二十一，是否将战略环境评估纳入国际协定；第二十二，战略环境评估是否可以与海洋空间规划挂钩；第二十三，在考虑现有定义和方法的情况下，澄清海洋环境评价的概念、范围和程序；第二十四，考虑未获得完全独立或联合国承认的其他自治地位的人民的利益，或殖民统治下领土的人民的利益；第二十五，各国的领土完整、主权及其主权权利必须得到尊重。

又次，能力建设和海洋技术转让问题①。联合国大会对能力建设和海洋技术转让非正式工作组讨论所产生的意见一致的领域和需要进一步讨论的问题进行了总结。观点趋同的领域有：第一，能力建设和技术转让是跨领域的；第二，能力建设和技术转让应响应国家和区域的需要、优先事项和要求，并根据需要和优先事项的变化灵活调整；第三，海洋科学委员会关于海洋技术转让的标准和准则指导该文书中关于海洋技术转让的进一步工作；第四，应注意到利益攸关方参与能力建设和海洋技术转让的重要性。

需要进一步讨论的问题有：第一，能力建设和技术转让应具有广泛性和一般性的特点，还是应具体针对该协定所确定的问题；第二，要考虑到发展中国家的具体情况和特殊需要；第三，定期审查能力建设的需求和优先事项的转让；第四，知识产权问题；第五，创新问题；第六，海洋技术的定义和范围；第七，特定技术的转让；第八，能力建设和海洋技术转让的条件；第九，筹资机制的性质及其运作方式；第十，是否建立以及如何建立资金机制；第十一，能力建设和技术转让机制与利益分享机制之间是否联系以及如何联系；第十二，激励能力建设和技术转让的方法；

---

① Preparatory Committee established by General Assembly resolution 69/292：Development of an international legally binding instrument under the United Nations Convention on the Law of the Sea on the conservation and sustainable use of marine biological diversity of areas beyond national jurisdiction Chair's overview of the second session of the Preparatory Committee https：//www. un. org/Depts/los/biodiversity/prepcom_files/Prep_Com_II_Chair_overview_to_MS. pdf. 访问日期 2022 年 3 月 11 日。

第十三，是否建立能力建设和技术转让交流机制或使用现有机制；第十四，需要什么机制来落实能力建设和技术方案的转让；第十五，能力建设和技术转让与现有机制的协调；第十六，如何加强合作；第十七，伙伴关系的作用；第十八，来自原住民当地社区的传统知识可以作为能力建设的重要来源；第十九，监测、报告和评估应与其他现有机制一致；第二十，在业已存在的文书和机制的基础上进行发展和改进。

最后，交叉问题①。联合国大会对交叉问题非正式工作组讨论所产生的意见一致的领域和需要进一步讨论的问题进行了总结。新的文书将以《公约》下执行协定的形式出现。根据第 69/292 号决议，通过有效执行《公约》相关规定，确保 BBNJ 的养护和可持续利用。在考虑将下列各项作为该国际协定的指导原则和方法方面意见趋于一致：第一，尊重《公约》规定的权利、义务和利益的平衡；第二，接纳且不减损《公约》相关原则；第三，尊重海洋法，不破坏现有的有关法律文书和框架以及有关的全球、区域和部门机构；第四，尊重沿海国权利，包括大陆架权利；第五，尊重沿海国的主权和领土完整；第六，国际合作与协调；第七，合作的责任；第八，保护和保全海洋环境；第九，不将一种污染转化为另一种污染；第十，仅为和平目的利用 BBNJ；第十一，生态系统方法；第十二，以科学为基础的方法；第十三，使用现有的最佳科学信息；第十四，向公众提供资料；第十五，保证公众

---

① Preparatory Committee established by General Assembly resolution 69/292：Development of an international legally binding instrument under the United Nations Convention on the Law of the Sea on the conservation and sustainable use of marine biological diversity of areas beyond national jurisdiction Chair's overview of the second session of the Preparatory Committee https：//www. un. org/Depts/los/biodiversity/prepcom_files/Prep_Com_II_ Chair_overview_to_MS. pdf. 访问日期 2022 年 3 月 11 日。

参与；第十六，善治理论；第十七，提高透明度；第十八，问责制；第十九，代际公平；第二十，能力建设和技术转让；第二十一，对他人权利的适当尊重。

应该区分原则和方法：第一，定义应与《公约》一致；第二，协定应争取各国普遍参与，并应向所有国家开放，不论它们是否为《公约》缔约国；第三，协定隶属于《公约》，因此必须与《公约》保持一致；第四，在处理该协定与《公约》的关系时，可从业已存在的文书，特别是《联合国鱼类种群协定》中获得指导；第五，协定不应损害现有相关法律文书和框架以及相关的全球、区域和部门机构；第六，协定所建立的机构必须出于"适合的目的"，具有成本效益和效率；第七，在国际协定下的体制安排将包括决策、加强合作和协调、信息分享、科学咨询、能力建设和海洋技术等职能；第八，全球一级的机构安排可以包括决策论坛、科学论坛、试验场所和秘书处；第九，《公约》关于争端解决的规定为审议该问题提供了良好起点；第十，能力建设和海洋技术转让的必要性和相关性。

需要进一步讨论的问题有①：第一，该协定的目标是否还应包括应对海洋面临的威胁和迫在眉睫的危险、恢复受损海洋生态系统、对扶贫的贡献、减轻海洋酸化和气候变化的影响、解决现有的法律和实施差距、促进国际合作与协调、利益共享、实现普遍参与；第二，以下指导原则和方法需要进一步讨论，人类共同继

———————————

① Preparatory Committee established by General Assembly resolution 69/292：Development of an international legally binding instrument under the United Nations Convention on the Law of the Sea on the conservation and sustainable use of marine biological diversity of areas beyond national jurisdiction Chair's overview of the second session of the Preparatory Committee https：//www. un. org/Depts/los/biodiversity/prepcom_files/Prep_Com_II_Chair_overview_to_MS. pdf. 访问日期 2022 年 3 月 11 日。

承财产、公海自由、各国在国家以外地区的平等权利、公平合理利用资源、公平合理利益分享、考虑今世后代利益、预防原则和方法、适应性管理、灵活性、利益相关者的参与、妇女的角色、尊重传统知识、不受企业利益支配、人类共同关切、发展中国家，特别是小岛屿发展中国家、最不发达国家和内陆发展中国家的特殊利益、共同但有区别的责任、避免给小岛屿发展中国家造成不成比例的负担、国家对损害或危害海洋环境的责任以及污染者付费原则；第三，提出的原则有哪些被国际法承认；第四，哪些方法已充分确立，可以纳入国际协定；第五，提出的原则和方法如何适用于 2011 年"一揽子方案"的各个要素；第六，在协定中如何以及在何处反映适用的指导原则和方法；第七，哪些术语需要在国际协定中定义；第八，文书中应包含具体定义；第九，与其他文书和框架的关系；第十，如何在协定内列明与其他文书的关系；第十一，必要时如何提高区域和部门机构的效力；第十二，现有的区域和部门机构是否对根据该协定建立的体制安排负责；第十三，文书如何处理没有相关区域或部门机构的情况；第十四，文书是否应规范对 BBNJ 有影响的活动；第十五，是创设新的制度安排，还是将现有制度与新的制度安排相结合；第十六，机构安排与现有区域和部门机构的关系；第十七，国际海底管理局是否会发挥作用；第十八，全球层面的决策论坛该是怎样的形式；第十九，科学论坛该是怎样的形式；第二十，现有科学和技术机构的作用；第二十一，制度安排是否包括合规机制；第二十二，谁将履行秘书处的职能；第二十三，联合国海洋事务和海洋法司是否发挥作用；第二十四，是否需要包括责任条款，如果需要，这些条款应该包括什么内容；第二十五，是否应要求利益相关者向责任基金出资或发行证券债券以获取资源；第二十六，应建立何种机制来审查执行和遵守情况；第二十七，除了《公约》规定外，还应考虑加入哪些争端解决机制；第二十八，是否应建立一个可能的争端解决机制，可否在国际海洋法法庭下设立一个特别分庭，协定中的争端解决机制与区域和部门文书下现有的争端解决机制之间的关系如何；第二十九，《联合国鱼类种群协定》中所载的最后条款是否可为新的文书加以修改；第三十，协定生效的要求是什么。

在联合国大会第 69/292 号决议所设筹备委员会第二届会议期间，各代表团提出书面意见以协助这一进程向前发展，并确保筹备委员会能够履行第 69/292 号决议规定的任务。这次会议在各方面都取得了一定的进展：在海洋遗传资源方面，需要加强讨论，以确定各种办法，弥合各国代表团的不同意见。在海洋保护区方面，需要更多地关注与管理、监督和执法相关的问题。在环境影响评价和能力建设以及海洋技术转让方面，需要各代表团继续深入讨论，以便就案文草案的内容提出具体建议。在交叉问题方面，该协定应如何处理定义、如何体现指导原则或总体原则、如何在目前情况下借鉴其他争端解决规定都是值得进一步讨论的话题。从会议内容看，各代表团达成一致意见的领域远远少于需要进一步讨论的问题，必须更多地考虑和讨论备选建议，以寻求不同意见的弥合。

第二届会议之后，根据全体会议讨论并核准的路线图，主席编写了一份会议概况。主席还就根据案文草案要点编写了主席的非正式文件和对该文件的补充。全体会议还讨论并核准了第三届会议的路线图。

3. 筹备委员会第三届会议

根据联合国大会 2015 年 6 月 19 日第 69/292 号决议和 2016 年

12 月 23 日第 71/257 号决议，2017 年 3 月 27 日至 4 月 7 日筹备委员会第三届会议于纽约联合国总部举办，来自 147 个联合国成员国、2 个非成员国、5 个联合国基金和计划署、机构和办事处、14 个政府间组织和 19 个非政府组织的代表出席了会议。该筹备委员会的职责是，为在《公约》下构建一项关于 BBNJ 养护和可持续利用的具有法律约束力的国际协定案文草案向联合国大会提出实质性建议。本次会议最重要的成果是形成了《主席就〈公约〉关于 BBNJ 养护和可持续利用的具有法律约束力的国际协定草案案文内容的非文件》和《对主席就〈公约〉关于 BBNJ 养护和可持续利用的具有法律约束力的国际协定草案案文内容的非文件的补充》两份文件。这两份文件旨在对筹备委员会第二届会议期间广泛讨论的问题中可能达成一致的领域进行介绍，文件的内容不影响任何代表团对其中所述任何事项的立场。①

《主席就〈公约〉关于 BBNJ 养护和可持续利用的具有法律约束力的国际协定草案案文内容的非文件》的主要内容有：第一，序言概要；第二，总则，包括术语的使用、范围、目标、与《公约》和其他文书的关系；第三，BBNJ 养护和可持续利用，包括一般原则、方法和国际合作；第四，海洋遗传资源获取与惠益分享，包括范围、指导原则和方法、监测情况、信息交换和信息共享、小岛屿发展中国家的特别需要；第五，海洋保护区，包括目标、指导原则和方法、建立过程、实施及后续工作、与根据业已存在的法律文书框架设立的或全球、区域和部门机构设立措施的关系、

---

① Chair's non-paper on elements of a draft text of an international legally-binding instrument under the United Nations Convention on the Law of the Sea on the conservation and sustainable use of marine biological diversity of areas beyond national jurisdiction https：//www. un. org/Depts/los/biodiversity/prepcom_files/Chair_non_paper. pdf. 访问日期 2022 年 3 月 11 日。

能力建设和海洋技术转让、监测和审查；第六，环境影响评价，包括进行环评的义务、指导原则和方法、范围、过程、内容、与业已存在的法律文书和框架以及有关的全球、区域和部门机构进行的环评的关系、信息发布或交换机制、监测和审查；第七，能力建设和海洋技术转让，包括目标、范围、原则、类型与方式、资料库或信息交换所机制、资金、监测和审查；第八，制度安排，包括决策机构、附属机构、秘书处；第九，信息交换机制；第十，资金来源和机制，包括融资机制、应急基金；第十一，监测、审查、遵守和执行；第十二，争端解决；第十三，与非缔约国关系；第十四，责任与赔偿；第十五，最后要素。①

在《对主席就〈公约〉关于 BBNJ 养护和可持续利用的具有法律约束力的国际协定草案案文内容的非文件的补充》文件中，太平洋小岛屿发展中国家（Pacific Small Island Developing States，PSIDS）发表了一些看法。小岛屿发展中国家倡导保护和恢复整个海洋环境的健康、生产力和复原能力，这一总体目标促使小岛屿发展中国家大力参与与海洋有关的问题。小岛屿发展中国家认为新的执行协定应构建一个全面的全球机制，加强《公约》的执行，通过缩减法律差距、加强各国与有关组织和机制之间的合作与协调，在养护海洋资源和管理海洋活动方面采取综合办法。《公约》认识到，海洋空间的所有问题都是相互关联的，需要作为一个整体加以审议。为了实现这些目标，所有国家和相关行动者都应参与讨论和决策。小岛屿发展中国家重申，《公约》为实现公正、合

---

① Chair's non-paper on elements of a draft text of an international legally-binding instrument under the United Nations Convention on the Law of the Sea on the conservation and sustainable use of marine biological diversity of areas beyond national jurisdiction https：//www. un. org/Depts/los/biodiversity/prepcom_files/Chair_non_paper. pdf. 访问日期2022 年 3 月 11 日。

理的国际经济秩序作出贡献。新的具有法律约束力的国际协定应有助于改善各国与有关主管组织之间的合作与协调。因此，新的协定应补充现有各种文书和框架，旨在促进许多不同行动者之间的协调与合作。根据联合国大会第69/292号决议，小岛屿发展中国家支持新的协定不应损害现有的文书和框架。小岛屿发展中国家特别关心的是渔业问题，它们认为可以侧重于当前制度间的差距。考虑到诸如气候变化、污染或海洋酸化等新出现的问题对鱼类种群的影响，这项新协定应提供生物多样性保护原则或方法，这有助于改进区域管理组织的运作。国家管辖范围以外的区域适用的标准不应低于专属经济区的标准，新的协定不应损害太平洋区域的利益，包括现有框架中与渔业有关的规定。①

在筹备委员会第三届会议中，中国政府就文书草案内容提交了书面文件。中国政府支持77国集团（Group of 77，G77）② 和中国在前两次筹备委员会会议上的发言，以及77国集团和中国在提交的书面文件中所表达的观点。除上述观点外，中国政府还愿以自己的身份单独提交书面文件，这不影响中国在今后讨论中再次提出意见或建议。第一，该书面文件首先阐明了中国支持BBNJ养护和可持续利用问题，相关工作严格按照决议授权进行。筹备委员会最后提出的实质性建议应尽可能以协商一致为基础，反映各方的共同理解。同时，中国支持将筹备委员会2011年"一揽子方

---

① Supplement to the Chair's non-paper on elements of a draft text of an international legally-binding instrument under the United Nations Convention on the Law of the Sea on the conservation and sustainable use of marine biological diversity of areas beyond national jurisdiction https：//www. un. org/Depts/los/biodiversity/prepcom _ files/Supplement. pdf. 访问日期2022年3月11日。
② 77国集团是全球最大的发展中国家政府间组织，其成员来自全球134个国家（地区）。

案"四大议题作为一个整体。新的国际协定应与《公约》宗旨和目标保持一致，发挥补充作用。不应背离《公约》原则和精神，不应破坏《公约》现有框架。新的国际协定不应违反现行国际法和全球、区域或部门海洋机制，它也不应影响现有的法律文书框架以及有关的全球、区域和部门机构。它尤其应避免破坏联合国粮食及农业组织、各区域渔业管理组织、国际海事组织和国际海底管理局的规定。新的国际协定应促进与现有国际机构的合作和协调，并避免职务重复或冲突。新的国际协定相关制度安排应具有坚实的法律和科学基础，在海洋环境保护和可持续利用之间保持合理的平衡。新的国际协定应考虑各方利益和关切。它不应增加超出国家能力的义务和责任，使国家特别是发展中国家负担过重。

第二，该书面文件接着讨论了海洋遗传资源获取和惠益分享问题。新的国际协定应公平公正地分享海洋遗传资源带来的惠益，以增进人类共同福祉。可以将《生物多样性公约》和《粮食和农业植物遗传资源国际条约》中对遗传资源的定义作为新的国际协定对海洋遗传资源定义的参考。中国认为，就地采集符合《公约》关于国家管辖范围区域外海洋科学研究的条件，可以自由安排。中国认为，在优先发展非货币性惠益分享机制的同时，考虑发展中国家的关切和需求。同时，中国对建立货币惠益共享机制持开放态度。

第三，该书面文件讨论了海洋保护区问题。中国支持在 BBNJ 养护和可持续利用，高度重视包括海洋保护区在内的以区域为基础的管理手段。中国认为，新的国际协定对以区域为基础的管理工具的定义应包括但不限于以下三个基本要素：首先，目标要素，以区域为基础的管理工具应以 BBNJ 养护和可持续利用为目标；其次，地理范围要素，以区域为基础的管理工具应仅适用于公海和国际海底区域；最后，功能要素，基于区域的管理工具应具备不同的职能和管理方法。《公约》序言明确规定：意识到海洋空间问题是密切相关的，需要作为一个整体来考虑。根据这种精神，在涉及建立海洋保护区的原则和办法时，可以考虑海洋综合管理办法，以缩小目前区域或部门管理办法之间的差距。中国总体上赞同77国集团和中国在第二届会议上就海洋保护区具体指导原则所作的发言，并另外强调了必要性原则、相称原则、科学证据原则、分级保护原则和国际合作原则。[①] 海洋保护区的建立应当有明确的保护目标、具体的保护范围、适当的保护措施和合理的保护期等。海洋保护区的建立应遵循申请、咨询、审查、决策、管理、监测和监督等具体程序。

第四，该书面文件讨论了环境影响评价问题。中国高度重视海洋环境影响评估工作，认为在新的国际协定中与环境影响评估相关的制度安排应与《公约》和其他国际协定相符。根据《公约》第206条，环境影响评价的主体应是计划从事海洋活动的国家。环境影响评价的对象应是在国家管辖或控制下的计划"活动"，战略环境影响评价不包括在内。进行环境影响评价的门槛是"有理由相信这种活动可能对海洋环境造成重大污染或有害变化"。此外，应仔细考虑环境累积影响评估的可行性。中国认为，新的国际协定的环境影响评价范围应限于国家管辖范围以外的活动，包括可能对沿海国管辖范围内的地区造成重大环境影响的活动，但不包括在国家管辖范围地区内发生的活动。

---

① Supplement to the Chair's non-paper on elements of a draft text of an international legally-binding instrument under the United Nations Convention on the Law of the Sea on the conservation and sustainable use of marine biological diversity of areas beyond national jurisdiction https：//www. un. org/Depts/los/biodiversity/prepcom _ files/Supplement. pdf. 访问日期2022年3月11日。

第五，该书面文件讨论了能力建设和技术转让问题。能力建设和技术转让是提高发展中国家 BBNJ 养护和可持续利用能力的重要手段之一，对实现海洋环境保护和可持续发展的总体目标不可或缺。中国政府支持 77 国集团在能力建设和海洋技术转让方面的总体立场，进一步提出以下几点看法：新的国际协定应遵循针对性、有效性、平等互利、合作共赢的原则，充分考虑发展中国家的需要和利益。新的国际协定应鼓励开展各种形式的国际合作，包括建立国际合作平台，建立信息共享机制等。中国赞同非洲集团关于能力建设应是"有意义的"建议。中国政府倡导的不仅是"授鱼"，更重要的是"授渔"，即通过教育、技术培训、联合研究等方式，切实提高发展中国家该方面的内生能力。

第六，该书面文件讨论了交叉问题。中国认为，讨论"交叉问题"的关键在于遵循《公约》的规定和精神，维护已建立的国际海洋法律秩序，维护《公约》赋予的权利和义务的合理平衡。《关于执行〈公约〉有关养护和管理跨界鱼类和高度洄游鱼类的各项规定的协定》第四条规定"本协定不得损害各国根据《公约》享有的权利、管辖权和义务""本协定应在《公约》范围内并以符合《公约》的方式加以解释和适用"。中国认为，这一条款对解决新的国际协定与《公约》的关系确实具有一定的指导意义。①

在筹备委员会第三届会议上，各代表团在某些问题上达成了一致，也确定了需要进一步讨论的问题。第一，在海洋遗传资源获取和惠益分享方面，需要进一步审议与指导原则、范围以及获

---

① Supplement to the Chair's non-paper on elements of a draft text of an international legally-binding instrument under the United Nations Convention on the Law of the Sea on the conservation and sustainable use of marine biological diversity of areas beyond national jurisdiction https：//www. un. org/Depts/los/biodiversity/prepcom_files/Supplement. pdf. 访问日期 2022 年 3 月 11 日。

取和惠益分享方式有关的问题；在不同阶段可能获得的不同利益，谁可能被要求分享利益，谁可能是受益人，以及如何使用分享的利益；与海洋遗传资源利用的监测有关的问题，包括与可追溯性有关的问题；需要什么样的制度安排来管理准入和利益分享机制。第二，在海洋保护区方面，需要进一步审议基于区域的管理工具的分类；建立海洋保护区的相关决策程序和机构；已提出的不同办法中职责的分配，包括如何处理现有的区域和部门措施。第三，在环境影响评价方面，需要进一步审议如何处理跨界影响；如何实施《公约》第 206 条指导原则的形式和实质内容；与管理有关的问题，包括进程应由国家进行或"国际化"的程度；是否应该包括战略环境评价。第四，在能力建设和海洋技术转让方面，需要进一步审议是否有必要在国际协定中具体说明建设能力和转让技术的类型，如果有必要，说明这样做的方式；海洋技术转让的条件；信息交换机制的形式和内容；与筹资有关的问题；能力建设和技术转让是否应纳入"一揽子方案"各专题的主要内容，列入与其他部分有联系的专门章节。第五，在交叉问题方面，需要进一步审议指导原则和办法如何在国际协定中体现；如何在"一揽子方案"的各个组成部分中加以适用；与体制安排有关的问题；审查、监测、遵守、责任以及争端解决等。大会决定就筹备委员会讨论的问题提出建议和办法，以确保筹备委员会能够在筹备委员会第四届会议上履行其任务。①

---

① Preparatory Committee established by General Assembly resolution 69/292: Development of an international legally binding instrument under the United Nations Convention on the Law of the Sea on the conservation and sustainable use of marine biological diversity of areas beyond national jurisdiction Chair's overview of the third session of the Preparatory Committee https://www. un. org/Depts/los/biodiversity/prepcom_files/Chair_Overview. pdf. 访问日期 2022 年 3 月 11 日。

4. 筹备委员会第四届会议

于 2017 年 7 月 10 日至 21 日，筹备委员会第四届会议在纽约联合国总部举办，来自 131 个联合国成员国、2 个非成员国、联合国 2 个方案、基金和办事处、联合国系统 9 个专门机构和有关组织、10 个政府间组织和 23 个非政府组织的代表出席了会议。①

在这次会议上，联合国大会会议主席就草案案文内容提出了一份参考文件，协助各代表团审议筹备委员会所处理的问题。列入文件的建议并不意味着各代表团同意或就这些建议达成一致意见。在文件中的出现顺序也不能被理解为建议的优先次序，不影响任何代表团对其中所述任何事项的立场。此外，所列内容不一定详尽无遗，并不排除之后审议该文件未包括的事项。

该次大会通过的建议要素草案分为 A、B 两节，包含的内容并非已形成的共识。A 节为多数代表团意见一致的非排他性要点，包括：序言、一般性要点、体制安排、信息交换机制、财政资源和财务事项、遵守、争端解决、职责和责任、审查和最后条款 11 个部分。B 节重点突出存在意见分歧的一些主要问题，包括：人类共同继承财产和公海自由的关系；环境影响评价由各国开展或者"国际化"的程度问题；协定是否涉及战略性环境影响评估；海洋技术转让的条件、体制安排；国际协定建立的制度与相关全球、区域和部门机构之间的关系；如何处理监测、审查及遵守事项；所需资金的规模和机制；争端解决；职责与责任等。A 节和 B 节仅供参考之用，因为它们并不反映讨论过的所有事项。这两节均

---

① 大会关于根据《联合国海洋法公约》的规定就国家管辖范围以外区域海洋生物多样性养护和可持续利用问题拟订一份具有法律约束力的国际文书的第 69/292 号决议所设筹备委员会的报告. https://www.un.org/ga/search/view_doc.asp? symbol = A/AC. 287/2017/PC. 4/2&referer = /english/&Lang = C. 访问日期 2022 年 3 月 11 日。

不妨碍各国在谈判中的立场。

在2017年7月21日的会议上，筹备委员会以协商一致方式通过了向联大提交的建议要素草案，实现了BBNJ养护和可持续利用问题国际协定"框架上的共识"。① 联合国大会的下一步任务是召开一次政府间会议审议要点并拟订案文，从而形成"案文上的共识"。

（三）"案文上的共识"的形成

2017年12月24日联合国大会第72/249号决议，决定在联合国的主持下召开一次政府间会议，审议2015年6月19日第69/292号决议设立的筹备委员会的建议，拟定一项关于BBNJ养护和可持续利用问题的具有法律约束力的国际协定。根据第72/249号决议，大会将讨论2011年商定的"一揽子方案"中确定的四大议题。根据第72/249号决议，会议于2018年4月16日至18日在纽约举行了为期三天的组织会议，第一届会议于2018年9月4日至17日举行，第二届会议于2019年3月25日至4月5日举行，第三届会议于2019年8月19日至30日举行。大会第75/239号决议决定于2021年8月16日至27日召开第四届会议。

1. 组织会议

2018年4月16日至18日，联合国大会在纽约根据第72/249号决议的规定讨论了若干组织事项，包括编写国际协定的预稿。展望会议第一届实质性会议，大家普遍认为，这次会议应侧重实质性讨论，不要在程序问题上花费太多时间。实质性讨论侧重第72/249号决议"一揽子方案"的四大议题，可在全体会议，也可在非正式工作组进行。关于编写协定预稿的进程，应努力达成协

---

① 胡学东，郑苗壮. 国家管辖范围以外区域海洋生物多样性焦点问题研究［M］. 北京：中国书籍出版社，2019：2.

商一致的成果。作为会议第一届实质性会议筹备工作的一部分，会议请主席根据第 69/292 号决议所设筹备委员会的报告，编写一份简明文件。文件不含任何条约文本，只是确定需要进一步讨论的问题，包括可能需要加以讨论的问题。这份文件协助会议编写文书预稿，但其本身并非预稿。①

2. 第一届实质性会议

2018 年 9 月 4 日至 17 日，联合国大会在纽约召开了拟定国际协定的政府间会议第一届会议。主席为了协助讨论编写了一份名为《主席对讨论的协助》文件，文件借鉴筹备委员会报告和 A、B 两节相关建议，提供了一份不完全的事项、问题和备选方案清单。各国家、政府间组织和非政府组织于 2018 年 9 月 4 日和 5 日做了一般性发言。各代表团普遍对《主席对讨论的协助》表示满意，该材料成为第一届会议上讨论的基础。会议要求主席为第二届会议编写一份文件，作为"一揽子方案"四大议题内容的备选方案，旨在促进有针对性的讨论。四大议题非正式工作组分别就《主席对讨论的协助》中所涉及的一致同意事项和需要进一步讨论的事项向全体会议进行了口头报告。②

3. 第二届实质性会议

2019 年 3 月 25 日至 4 月 5 日，大会在纽约召开了拟定国际协定的政府间会议第二届会议，会议就第 72/249 号决议中所列的"一揽子方案"中四大议题和交叉问题进行了实质性讨论。会议主

---

① Intergovernmental Conference on an international legally binding instrument under the United Nations Convention on the Law of the Sea on the conservation and sustainable use of marine biological diversity of areas beyond national jurisdiction（General Assembly resolution 72/249）https：//www.un.org/bbnj/node/313. 访问日期 2022 年 3 月 11 日。

② Statement by the President of the Conference at the closing of the first session https：//www.un.org/bbnj/content/first-substantive-session. 访问日期 2022 年 3 月 11 日。

席编写了《主席对讨论的协助》，旨在促进有针对性的讨论和基于案文的谈判。《主席对讨论的协助》中的备选案文以会议框架内的讨论为基础，尝试把讨论期间产生的建议转变成协定案文。虽然不是每个建议均在该文件中得以体现，但备选案文力图反映这些建议的主旨。该文件的结构大体上沿用第一届实质性会议《主席对讨论的协助》文件，但有以下三个例外情况：第一，一般要点，包括用语、适用范围、目标以及与《公约》、其他文书框架以及相关全球、区域和部门机构的关系；第二，一般原则和方法以及国际合作；第三，体制安排。虽然在《主席对讨论的协助》所载"一揽子方案"中，每个要点反映了部分问题且配有小标题。这是为了协助各代表团确定共同问题，以及针对某个特定要点提出想法。此外，为反映提出的一些建议，该文件还包括《主席对讨论的协助》中不曾出现的两节，即"体制安排"下题为"其他附属机构"的分节，以及题为"审查"的一节。

各国、政府间组织和非政府组织于 2019 年 3 月 25 日作了一般性发言。各代表团在一般性发言中指出，它们对主席的协助谈判文件感到满意。认为《主席对讨论的协助》有助于将实质性讨论的重点放在 2011 年商定的"一揽子方案"中的四大议题，并作为会议第二届会议谈判的基础。会议要求主席编写一份文件，作为会议第三届会议筹备工作的一部分，目的是使各代表团能够就未来协定的案文进行谈判。该文件的结构形式类似于一项条约，并包含条约用语。四大议题非正式工作组和交叉问题非正式工作组分别于 2019 年 4 月 5 日全体会议上做出了口头报告。第二届会议期间的谈判着眼于确定和缩小备选案文，以便能够提出一份文书预稿供第三届会议上谈判之用。

4. 第三届实质性会议

2019 年 8 月 19 日至 30 日，联合国大会在纽约召开拟定国际协定的政府间会议第三届会议。会议就大会第 72/249 号决议第 2 段所列 2011 年"一揽子方案"中四大议题和交叉议题进行了实质性讨论。会议主席在联合国法律事务厅海洋事务和海洋法司协助下编写了案文草案。尽管草案努力涵盖政府间会议前两届会议期间所得出的建议，但并非每个代表团所倾向的备选案文或措辞都可反映在案文中。为了在立场不同的情况下找到一条前进的道路，有时需要借鉴现有文书的条款，提出新的措辞。"争端解决""本协定的非缔约方"和"最后条款"项下的新条款草案列入本书件，供会议审议。

2019 年 8 月 19 日，各国、政府间组织和非政府组织作了一般性发言。各代表团在一般性发言中赞赏了协定案文草案，它们断言协定案文草案将成为处理 2011 年商定的"一揽子方案"中四大议题实质性事项的宝贵工具，并为谈判提供坚实的基础。会议要求主席编写一份涉及第三届会议讨论期间所做讨论的案文订正草案。在 2019 年 8 月 30 日全体会议上，四大议题非正式工作组和交叉问题非正式工作组分别做出了口头报告。根据大会第 72/249 号决议，政府间会议应在 2020 年第四届会议之前完成工作。①

5. 第四届实质性会议

受新冠病毒感染疫情影响，2020 年 3 月 11 日第九届大会全体会议通过第 74/543 号决定，推迟原计划于 2020 年 3 月 23 日至 4 月 3 日举行的政府间会议第四届会议。为了保持势头，大会主席与主席团协商决定举行闭会期间工作，以继续就四大议题进行对话。根据第 72/249 号决议，闭会期间的工作向联合国所有会员国、专门机构成员和《公约》缔约方开放。第 72/249 号决议确定的所有

---

① Statement by the President of the Conference at the closing of the third session https：// www. un. org/bbnj/content/third-substantive-session. 访问日期 2022 年 3 月 11 日。

其他实体或组织也可作为观察员参加闭会期间的工作。会议主席对拟订的协定案文草案进行修改，修改主要侧重于尽可能精简案文，包括取消某些备选案文，并且纳入了一些文本编辑方面的改动。在某些情况下还会吸纳代表团在政府间会议第三届会议上表达的意见和提出的案文建议，尽管采用的不是确切案文表述。拟定协定案文草案修改稿的目的是让各代表团能够进行盘点，并促进政府间会议第四届会议的谈判取得进一步进展。①

联合国大会第 74/543 号决议推迟第四届会议之后，第 75/570 号决议请秘书长与政府间会议主席协商，确定召开第四届会议的日期。主席在审查了举行会议的可行性之后，根据新冠状病毒流行事态发展情况，决定于 2022 年 3 月 7 日至 18 日在联合国总部召开第四届会议。根据第 72/249 号决议，会议将讨论 2011 年商定的"一揽子方案"中确定的四大议题。②

第三节　国家在 BBNJ 养护和可持续利用国际协定中的地位和作用

BBNJ 养护和可持续利用问题的本质是环境问题，也是资源问题。全球环境资源是一个相互联系的整体，环境的破坏与资源的殆尽不只影响某一个国家，很大可能会触及国际社会的整体利益，

---

① General Assembly decision 74/543 to postpone the fourth session of the Conference (provisionally available as A/74/L. 41) https：//www. un. org/bbnj/content/fourth-substantive-session. 访问日期 2022 年 3 月 11 日。

② Intergovernmental Conference on an international legally binding instrument under the United Nations Convention on the Law of the Sea on the conservation and sustainable use of marine biological diversity of areas beyond national jurisdiction Fourth session https：//www. un. org/bbnj/sites/www. un. org. bbnj/files/infoforparticipants_bbnjigc4_ 25feb2022_forweb. pdf. 访问日期 2022 年 3 月 11 日。

这种负面影响无法按照国家主权边界进行划分。传统国家主权理论认为，国家对领土范围内的环境与资源享有开发、使用、获益方面的绝对专属权利；国家有权制定自己领土范围内的环境和资源政策，不受其他外部力量的影响与干涉，但国家无法保证自己管辖范围内进行的活动不对全球环境资源产生负面影响，也无法阻止国家管辖范围外开展的活动对自身环境资源造成干扰与威胁。全球环境资源问题与传统的国家主权理论在内部逻辑上存在着尖锐的矛盾。

BBNJ 养护和可持续利用问题作为全球环境资源问题的一个分支，它对传统国家主权理论造成了一定的冲击：首先，BBNJ 养护和可持续利用问题超出了单个国家的能力范围，需要世界各国相互合作与协调；其次，许多政府间组织、非政府组织参与到关于 BBNJ 养护和可持续利用的具有法律约束力国际协定的拟定过程中，与主权国家共同构成了这一领域内的"全球公民社会"；最后，随着国际协定谈判进程不断推进，这一协定将会成为人类在国家管辖范围外海域的行动纲领。国家需要遵从其相关规定，不能对该领域的环境资源提出专属性要求，从反方向来看也是对国家主权的一种限制。尽管如此，国家在该国际协定塑造过程中仍然发挥着举足轻重的作用。国家是 BBNJ 养护和可持续利用国际协定最主要参与主体，主权让渡为 BBNJ 养护和可持续利用目标的实现提供可能，国家制度的外溢形成了 BBNJ 养护和可持续利用规制内容。

一、国家参与程度最高

全球海洋治理由主体、客体、目标、规制和效果五大要素构成。BBNJ 养护和可持续利用问题是全球海洋治理时期最具代表性的事件之一。因此，根据《公约》拟定的、关于 BBNJ 养护和可持续利用问题的、具有法律约束力的国际协定也应当体现全球海洋治

理的构成要素。从主体要素分析，在 BBNJ 养护和可持续利用问题规
则构建中的参与主体主要有国家、政府间组织、非政府组织等。

（一）参与主体数量分析

2015 年 6 月 19 日，联合国大会设立了筹备委员会。在召开政
府间会议之前，筹备委员会就协定草案文本内容向联合国大会提
出实质性建议。2016 年 3 月 28 日至 4 月 8 日，筹备委员会第一届
会议在纽约召开，来自 99 个联合国成员国、2 个非成员国、5 个收
到长期邀请以观察员身份参加大会各届会议和工作的组织、联合
国系统 4 个专门机构和有关组织、5 个联合国基金和计划署、机构
和办事处、8 个政府间组织以及 17 个非政府组织的代表出席了会
议。① 2016 年 8 月 26 日至 9 月 9 日，筹备委员会第二届会议在纽
约召开，来自 116 个联合国成员国、3 个非成员国、6 个联合国基
金和计划署、机构和办事处、联合国系统 5 个专门机构和有关组
织、9 个政府间组织和 22 个非政府组织的代表出席了会议。② 2017
年 3 月 27 日至 4 月 7 日，筹备委员会第三届会议在纽约召开，来
自 147 个联合国成员国、2 个非成员国、5 个联合国基金和计划署、
机构和办事处、联合国系统 4 个专门机构和有关组织、14 个政府

---

① Preparatory Committee established by General Assembly resolution 69/292: Development of an international legally binding instrument under the United Nations Convention on the Law of the Sea on the conservation and sustainable use of marine biological diversity of areas beyond national jurisdiction Chair's overview of the first session of the Preparatory Committee https://www.un.org/Depts/los/biodiversity/prepcom_files/PrepCom_1_Chair's_Overview.pdf. 访问日期 2022 年 3 月 11 日。

② Preparatory Committee established by General Assembly resolution 69/292: Development of an international legally binding instrument under the United Nations Convention on the Law of the Sea on the conservation and sustainable use of marine biological diversity of areas beyond national jurisdiction Chair's overview of the second session of the Preparatory Committee https://www.un.org/Depts/los/biodiversity/prepcom_files/Prep_Com_II_Chair_overview_to_MS.pdf. 访问日期 2022 年 3 月 11 日。

间组织和 19 个非政府组织的代表出席了会议。① 2017 年 7 月 10 日至 21 日，筹备委员会第四届会议在纽约召开，来自 131 个联合国成员国、2 个非成员国、4 个收到长期邀请以观察员身份参加大会各届会议和工作的组织、2 个联合国方案、基金和办事处、10 个政府间组织和 23 个非政府组织的代表出席了会议。② 筹备委员会第四届会议以协商一致的方式通过了向联合国大会提交的要素建议草案，各方实现了 BBNJ 养护和可持续利用问题国际协定"框架上的共识"。筹备委员会参与主体数量如表 2 和图 3 所示。

表 2   筹备委员会参与主体数量分析

会议名称	联合国成员国/个	联合国非成员国/个	联合国基金和计划署、机构和办事处/个	政府间组织/个	非政府组织/个
筹备委员会第一届会议	99	2	5	8	17
筹备委员会第二届会议	116	3	6	9	22
筹备委员会第三届会议	147	2	5	14	19
筹备委员会第四届会议	131	2	2	10	23

① Chair's non-paper on elements of a draft text of an international legally-binding instrument under the United Nations Convention on the Law of the Sea on the conservation and sustainable use of marine biological diversity of areas beyond national jurisdiction https：//www. un. org/Depts/los/biodiversity/prepcom_files/Chair_non_paper. pdf. 访问日期 2022 年 3 月 11 日。

② 大会关于根据《联合国海洋法公约》的规定就国家管辖范围以外区域海洋生物多样性养护和可持续利用问题拟订一份具有法律约束力的国际文书的第 69/292 号决议所设筹备委员会第四届会议 https：//www. un. org/ga/search/view_doc. asp? symbol = A/AC. 287/2017/PC. 4/2&referer =/english/&Lang = C. 访问日期 2022 年 3 月 11 日。

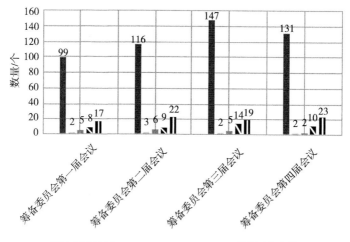

■联合国成员国　　　　　　　　　联合国非成员国
■联合国基金和计划署、机构和办事处　　政府间组织
ⅡⅠ非政府组织

图3　筹备委员会参与主体数量分析

2017 年 12 月 24 日第 72/249 号决议中，联合国大会决定在联合国的主持下召开一次政府间会议。审议 2015 年 6 月 19 日第 69/292 号决议设立的筹备委员会的建议，讨论 BBNJ 保护和可持续利用问题并拟定一项具有法律约束力的国际协定的案文。根据第 72/249 号决议，会议于 2018 年 4 月 16 日至 18 日在纽约举行了为期三天的组织会议。第一届实质性会议于 2018 年 9 月 4 日至 17 日在纽约举行，来自 127 个联合国成员国、2 个非成员国、1 个联合国专门机构的成员、6 个收到长期邀请以观察员身份参加大会各届会议和工作的组织、4 个专门机构和有关组织、4 个联合国基金和计划署、机构和办事处、6 个政府间组织和 47 个

非政府组织的代表出席了会议。① 第二届实质性会议于 2019 年 3 月 25 日至 4 月 5 日在纽约举行,来自 124 个联合国成员国、3 个非成员国、1 个联合国专门机构的成员、4 个收到长期邀请以观察员身份参加大会各届会议和工作的组织、5 个专门机构和有关组织、4 个联合国基金和计划署、机构和办事处、8 个政府间组织和 44 个非政府组织的代表出席了会议。② 第三届实质性会议于 2019 年 8 月 19 日至 30 日在纽约举行,来自 134 个联合国成员国、2 个非成员国、1 个联合国专门机构的成员、3 个收到长期邀请以观察员身份参加大会各届会议和工作的组织、4 个专门机构和有关组织、2 个联合国基金和计划署、机构和办事处、9 个政府间组织和 40 个非政府组织的代表出席了会议。③ 受新冠病毒疫情影响,2020 年 3 月 11 日第九届大会全体会议通过第 74/543 号决定推迟原计划于 2020 年 3 月 23 日至 4 月 3 日举行的政府间会议第四届会议。实质性会议参与主体数量如表 3 和图 4 所示。

通过对四次筹备委员会会议和三次实质性会议中参与主体数量进行量化分析,可以得出以下几个规律:第一,从数量上看,国家在所有参与主体中数量最多,所占比例最高,一直保持在 70% 左右;第二,政府间组织参与数量起伏不大,说明对该问题

① Intergovernmental conference on an international legally binding instrument under the United Nations Convention on the Law of the Sea on the conservation and sustainable use of marine biological diversity of areas beyond national jurisdiction First session https：// undocs. org/en/A/CONF. 232/2018/INF. 3. 访问日期 2022 年 3 月 11 日。

② Intergovernmental conference on an international legally binding instrument under the United Nations Convention on the Law of the Sea on the conservation and sustainable use of marine biological diversity of areas beyond national jurisdiction Second session https：//undocs. org/a/conf. 232/2019/inf. 3/rev. 2. 访问日期 2022 年 3 月 11 日。

③ Intergovernmental conference on an international legally binding instrument under the United Nations Convention on the Law of the Sea on the conservation and sustainable use of marine biological diversity of areas beyond national jurisdiction Third session https：// undocs. org/A/CONF. 232/2019/INF/5/Rev. 1. 访问日期 2022 年 3 月 11 日。

表3 实质性会议参与主体数量分析

会议名称	联合国成员国/个	联合国非成员国/个	联合国基金和计划署、机构和办事处/个	政府间组织/个	非政府组织/个
第一届实质性会议	127	2	4	6	47
第二届实质性会议	124	3	4	8	44
第三届实质性会议	134	2	2	9	40
第四届实质性会议	推迟举行				

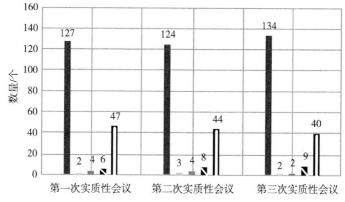

图4 实质性会议参与主体数量分析

感兴趣的政府间组织比较固定;第三,非政府组织参与数量涨幅最大,从筹备会议中的 13% 左右到实质性会议中的 21% 以上,说明有志于参与 BBNJ 养护和可持续利用问题的非政府组织正在发展壮大。但是我们应当注意的是,在拟定具有法律约束力的国际协定案文的过程中，一旦涉及投票表决，国家的优势地位还是非常明显的。所以，从主体要素分析，国家是 BBNJ 养护和可持续利用国际协定最主要的参与主体，在谈判进程中发挥了主导性作用。

（二）参与程度数量分析

在制定国际协定的四次筹备委员会上，国家、政府间组织、非政府组织等主要参与主体都曾向联合国大会提交过草案建议。

第一，向联合国大会提交过草案建议的主权国家有：哥斯达黎加、摩纳哥、密克罗尼西亚、卡塔尔、美国、澳大利亚、孟加拉国、加拿大、中国、斐济、冰岛、牙买加、新西兰、挪威、阿根廷、厄立特里亚、墨西哥、俄罗斯和塞内加尔等 20 个国家。其中哥斯达黎加、摩纳哥、密克罗尼西亚、美国、中国、牙买加等 7 个国家提交了两次。①

第二，以国家集团形式共同向联合国大会提交过草案建议的有：太平洋小岛屿发展中国家、小岛屿国家联盟（Alliance of Small Island States，AOSIS）②、加勒比共同体（Caribbean Community，CARICOM）③、77 国集团和欧洲联盟（European Union，EU）④。其

---

① Views on the elements of a draft text of an international legally binding instrument under the United Nations Convention on the Law of the Sea on the conservation and sustainable use of marine biological diversity of areas beyond national jurisdiction, submitted by delegations to the Chair of the Preparatory Committee established by General Assembly resolution 69/292 https：//www. un. org/Depts/los/biodiversity/prepcom_files/Prep_Com_webpage_views_submitted_by_delegations. pdf. 访问日期 2022 年 3 月 11 日。

② 小岛屿国家联盟共有来自全世界的 39 个成员及 4 个观察员，其中有 37 个联合国会员。

③ 加勒比共同体共有 15 个成员国家（地区），为安提瓜和巴布达、巴巴多斯、巴哈马、伯利兹、多米尼克、蒙特塞拉特（英属）、圣基茨与尼维斯、圣卢西亚、格林纳达、圣文森特与格林纳丁斯、海地、牙买加、苏里南、特立尼达和多巴哥、圭亚那。

④ 2020 年英国退出欧盟后，欧盟成员国变为 27 个。

中太平洋小岛屿发展中国家、小岛屿国家联盟、加勒比共同体、欧洲联盟及其成员国提交了两次及以上。

第三，向联合国大会提交过草案建议政府间组织有：联合国粮食及农业组织、国际海事组织、世界自然保护联盟和联合国环境规划署。其中世界自然保护联盟提交了两次。①

第四，向联合国大会提交过草案建议的非政府组织有：绿色和平组织、国际电缆保护委员会、自然资源保护委员会、海洋保护组织、皮尤慈善信托基金、世界自然基金会和日本财团。其中绿色和平组织、自然资源保护委员会、海洋保护组织、皮尤慈善信托基金、世界自然基金会提交了两次及以上。②

第五，国家与国家集团或联合国系统专门机构联合提交的有：比利时和小岛屿发展中国家，比利时、斐济和联合国教科文组织政府间海洋学委员会。

第六，联合国系统专门机构提交的有：联合国教科文组织政府间海洋学委员会和联合国环境规划署。③ 筹备委员会主体提交议

① Submissions received from delegations in response to the Chair's invitation made at the third session of the Preparatory Committee for the purpose of the preparation of the streamlined version of the Chair's non-paper https：//www. un. org/Depts/los/biodiversity/prepcom_files/rolling_comp/Submissions_StreamlinedNP. pdf. 访问日期 2022 年 3 月 11 日。

② Submissions received from delegations in response to the Chair's invitation made at the second session of the Preparatory Committee, as reflected in paragraph 11 of his overview of the second session of the Preparatory Committee, due by 5 December 2016, and thereafter https：//www. un. org/Depts/los/biodiversity/prepcom_files/rolling_comp/Prep_Com_webpage_submisions_by_delegations. pdf. 访问日期2022 年 3 月 11 日。

③ Other information submitted by delegations in the context of the Preparatory Committee established by resolution 69/292 https：//www. un. org/depts/los/biodiversity/prepcom_files/other_relevant_information_submitted_by_delegation. pdf. 访问日期2022 年 3 月 11 日。

案参与程度分析见图 5 和表 4 所示。

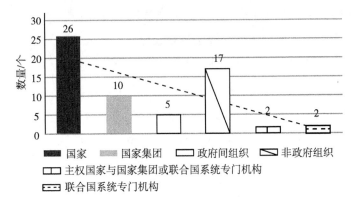

图 5 筹备委员会主体提交议案参与程度示意

表 4 筹备委员会主体提交议案参与程度分析

主体类型	国家	国家集团	政府间组织	非政府组织	主权国家与国家集团或联合国系统专门机构	联合国系统专门机构
具体主体	哥斯达黎加、摩纳哥、密克罗尼西亚、卡塔尔、美国、澳大利亚、孟加拉国、加拿大、中国、斐济	太平洋小岛屿发展中国家、小岛屿国家联盟、加勒比共同体、77国集团和欧洲联盟等5个国家集团	联合国粮食及农业组织、国际海事组织、世界自然保护联盟和联合国环境规划署等4个政府间组织	绿色和平组织、国际电缆保护委员会、自然资源保护委员会、海洋保护组织、皮尤慈善信托基金、世界自然	比利时和小岛屿发展中国家,比利时、斐济和联合国教科文组织政府间海洋学委员会等2个	联合国教科文组织政府间海洋学委员会和联合国环境规划署等2个

主体类型	国家	国家集团	政府间组织	非政府组织	主权国家与国家集团或联合国系统专门机构	联合国系统专门机构
具体主体	冰岛、牙买加、新西兰、挪威、阿根廷、厄立特里亚、墨西哥、俄罗斯和塞内加尔等 20 个国家			基金会和日本财团等 7 个非政府组织		
提案数量	26 个	10 个	5 个	17 个	2 个	2 个

通过对四次筹备委员会会议主体参与程度进行量化分析，可以得出以下几个规律：第一，从数量上看，国家和由国家组成的国家集团在所有主体中参与程度最高，所占比例达到 58%；第二，非政府组织参与程度较高，所占比例达到 28%，说明有志于参与 BBNJ 养护和可持续利用问题的非政府组织也在努力就该问题发出自己的声音。从参与程度角度进行分析，国家和由国家组成的国家集团在BBNJ 谈判进程中发挥的作用更胜一筹。

二、主权让渡促进分歧解决与目标达成

从宏观角度出发，构建 BBNJ 养护和可持续利用问题国际协定

是为了缓解海洋利益冲突、维持海洋秩序和实现集体目标，确保在不损害子孙后代利益的情况下满足当代人对海洋资源和环境的需求。从微观角度出发，BBNJ 养护和可持续利用问题的各个参与主体都有自己的政治立场和价值取舍。对于国家来讲，利益是不变的行为依据和准则，也是战略思维的出发点与落脚点。所以国家在参与 BBNJ 养护和可持续利用问题时，将政治立场和价值取舍代入了谈判之中，使得谈判过程变成了多方势力的角逐。从 2004 年联合国大会成立了不限成员名额的特设非正式工作组开始，这段历经 18 年的谈判进程实际是各国家、利益集团之间博弈与妥协的过程，也是各国家、利益集团通过谈判力争实现自己利益最大化的过程。

（一）环境影响评价目标中的分歧

作为 BBNJ 养护和可持续利用问题参与数量最多、参与程度最高的主体，国家在解决该问题方面占据着重要地位。但国家如果只以狭隘的国家利益作为判断标准，就会对环境与资源产生消极影响，在这种情况下形成的具有约束力的法律协定也有可能沦为某些国家维护自身利益的工具。欧盟、美俄和发展中国家之所以形成了三个泾渭分明的阵营，最主要的原因就是对国家切身利益的维护。环境影响评价作为 BBNJ 养护和可持续利用四大议题之一，其谈判过程鲜明地体现了这个特点。

目前关于环境影响评价问题，国际社会主要分为三个派系：第一派是以欧盟及其成员国为代表的环保派。它们拥有高超的科学技术和完善的立法体系，要求制定极为严格、规范的环境影响评价制度；第二派是以美国为代表的自由派。它们拥有强大的海上实力和悠久的海洋开发历史，坚定维护现有国际海洋秩序不变；第三派以发展中国家为代表。受自身国际地位及科学技术所限，话语权十分有限，它们致力于推动规则的构建是为了在前两派的斗争夹缝中更好地维护自身利益。

以欧盟及其成员国为代表的环保派之所以要求制定极为严格、规范的环境评价制度，归因于其强大的科技实力。科技实力越强，越可能形成普遍的、高度的环保意识，从领导层面到普通公民都更倾向于较为严格的环境政策。规则的构建能够延续发达国家向欠发达国家在环境保护方面施加压力的传统。高标准的环保制度一方面能保证发达国家的参与程度，另一方面也能提高欠发达国家参与的门槛，从而加强欧盟在该领域的经济竞争力。这种诉求在某种程度上损害欠发达国家利益，所以即使打着"环保至上"的旗号，其背后的国家因素也呼之欲出。

以美国为代表的自由派之所以要求维持现有宽松的法律环境，是因为在"法无明文规定即为自由"的前提下，BBNJ 问题只需遵循公海自由原则。该原则对这些国家的公海活动更加包容，哪怕这些活动有可能对公海环境造成污染、对海洋生物多样性造成减损。这种诉求实际上是以美国为代表的发达国家转嫁环境污染行为的延续。当它们意识到以破坏环境为发展经济的代价相对较小时，它们就会将污染转移到国家管辖范围以外。有可能转移到其他欠发达国家，也有可能转移到国家管辖范围外地区。正是主权的制度安排导致了这种短视的、不负责任的暂时性解决办法，① 所以以美国为代表的发达国家对公海自由的高度推崇也源于对国家利益的维护。

从 BBNJ 养护和可持续利用角度出发，制定具有约束力的国际协定能够避免发展中国家为优先发展经济而降低环保标准现象的发生。发展中国家主要以 77 国集团和小岛屿国家联盟为代表，这

---

① 任丙强. 全球化、国家主权与公共政策［M］. 北京：北京航空航天大学出版社，2007：143.

些国家的共同特点是：第一，经济基础相对薄弱。在经济全球化的背景下，它们的发展受国际环境和发达国家政策影响较大，获利机会也远远少于发达国家。如果不积极参与到环境政策的制定过程中，很可能陷入被动局面；第二，它们海洋资源开发能力有限，海洋环保意识也颇为欠缺。如果政策能够促进别国向它们进行海洋技术转让，就能大幅提升它们海洋资源开发能力。所以，即使发展中国家在 BBNJ 问题上话语权有限，但为了维护作为国家的相关利益，它们仍然坚持推动相关制度的构建。

无论以欧盟及其成员国为代表的环保派，以美国为代表的自由派还是以 77 国集团和小岛屿国家联盟为代表的发展中国家，在面对制定 BBNJ 国际协定的任务时，都无法摆脱长期以来形成的国家利益为上的观念。一方面，它们可以主权理论论证其政策选择的正当性，这种行为不受国际社会和外部力量的干涉；另一方面，环境污染的责任承担以国家为基本单位，国家承担的责任越大，具有的权威也就越大，因此该问题很大程度存在于国家主权的思维逻辑之下。

（二）海洋保护区目标中的分歧

2010 年联合国《生物多样性公约》缔约方大会第十次会议通过了"爱知生物多样性目标"（Aichi Biodiversity Targets），呼吁到 2020 年通过建立海洋保护区至少保护沿海和海洋区域面积的 10%。[①] 海洋保护区的设立与传统的公海自由原则在内在逻辑上存在着一定程度的冲突。有人认为海洋保护区的设立是一场新的"海洋圈地运动"[②]，它存在的目的不是保护海洋生物多样性，也不

① Convention on Biological Diversity, "Decision X/2: Strategic Plan for Biodiversity 2011 – 2020 and the Aichi Biodiversity Targets," UN Doc. UNEP/CBD/COP/DEC/X/2.
② 丘君. 悄然兴起的"新海洋圈地运动"[N]. 中国海洋报, 2012 – 03 – 02 (004).

是可持续利用资源，而是"通过限制其他国家在该海域开展活动，保护自身业已获得的利益"①，海洋保护区的设立被视为国家通过规则构建的手段进行利益博弈也无可厚非。

目前大多数海洋保护区实践是在区域性法律框架下由国际组织在其范围内设立的②，这些实践为该议题的谈判提供了宝贵的经验。在筹备委员会第三届会议上，主席为海洋保护区提出了三个备选方案：全球模式、混合模式和区域模式。全球模式是指创建一个由科学技术机构和利益攸关方基于协商机制形成的全球机构，将所有的决策，包括制定、管理和执行，置于一个单一的全球框架的权威之下。区域模式是指授予区域渔业组织发起和管理海洋保护区的权利，提供政策指导并促进协调与合作，这一制度能促进若干新的区域组织的建立。混合模式是指除了依赖区域组织的决策，还依赖科学技术机构提供帮助。

当前的公海渔业治理主要依靠区域渔业组织。挪威、冰岛、俄罗斯和加拿大是西北大西洋渔业组织的成员，挪威、冰岛和俄罗斯是东北大西洋渔业委员会的成员，澳大利亚和新西兰既是西太平洋和中太平洋渔业委员会成员，也是南太平洋区域渔业管理组织的成员。③ 因此，以上列举的澳大利亚、新西兰、挪威、冰岛、俄罗斯、加拿大等国都对全球模式持怀疑态度和负面看法，它们强烈支持现有的区域模式，主张区域组织在国家管辖范围外

---

① 刘明周，蓝翊嘉. 现实建构主义视角下的海洋保护区建设 [J]. 太平洋学报，2018，26（7）：79-87.
② 王金鹏. 论国家管辖范围以外区域海洋保护区的实践困境与国际立法要点 [J]. 太平洋学报，2020，28（9）：52-63.
③ 孟令浩. BBNJ谈判中海洋保护区议题的困境与出路：兼谈中国的应对 [J]. 南海法学，2019，3（2）：88-98.

海洋保护区的建立中发挥主导作用，减少或避免全球层面的过度干预。这些国家的渔业捕捞生产多发生于区域渔业组织范围内的海域，公海保护区的建立可能会对它们的捕捞活动产生限制。所以这些国家不希望建立海洋保护区或者至少不希望建立具有严格科学要求的海洋保护区。为此目的，这些国家对外强调区域渔业组织的作用，对内充分利用决策机制减少海洋保护区对其渔业利益的影响。如果建立海洋保护区的领导权以少数国家为代表的区域渔业组织控制，或者被某些国家所控制，在此条件下建立的海洋保护区就会成为它们攫取更多利益的工具。

以欧盟及其成员国为代表的环保派一直大力推进国家管辖范围外海洋保护区制度的构建。目前最具代表性两大类海洋保护区实践，南极海洋保护区和东北大西洋海洋保护区的设立，都离不开欧盟及其成员国的关键作用。在公海保护区谈判过程中，欧盟支持混合模式。该种模式既能顺应欧盟推崇的"科学至上"，也能保证欧盟在因此成立的机构中占据优势数量的地位。[①] 欧盟坚持认为公海保护区一旦建立则永久存在[②]。不能根据"全球公认的科学标准"去管理每一个海洋保护区，对于海洋保护区的管理方式应尽可能地因地制宜、灵活改变。[③] 但这并不影响海洋保护区管理标准的严格程度，严格的保护措施对于现有国际协定或机制不造成损害。[④] 欧盟

---

① 姜秀敏，陈坚. BBNJ 协定谈判的焦点与中国的路径选择 [J]. 中国海洋大学学报（社会科学版），2021（3）：1 - 12.

② 郑苗壮. 公海保护区如何参与全球海洋治理 [N]. 中国自然资源报，2021 - 01 - 22（005）.

③ 姜秀敏，陈坚. BBNJ 协定谈判的焦点与中国的路径选择 [J]. 中国海洋大学学报（社会科学版），2021（3）：1 - 12.

④ 杨雷，唐建业. 欧盟法院南极海洋保护区案评析——南极海洋保护区的属性之争 [J]. 武大国际法评论，2020，4（5）：19 - 43.

还认为建立后的海洋保护区应进行定期审查、检测与评估。① 欧盟希望在提案阶段澄清利益相关者范围，尤其是推进关于"土著人民和具有相关传统知识的地方社区、科学界和民间社会"作为非国家利益相关者的进一步讨论。对非国家利益相关者的规范之所以重要，是因为设立海洋保护区的提议者必须考虑非国家利益相关者做出的贡献。

根据可持续发展目标 14 的要求，小岛屿国家在海洋保护区规则构建这一新兴海洋议程中做出了独特贡献。它们以保护海洋生态环境为路径强化国家利益，通过支持设立国家管辖范围外海洋保护区来承担法律责任和道德责任，从而实践世界政治中出现的"绿化主权"说法。它们意识到自身海洋实力较弱，因此支持由全球机构监督海洋保护区的设立过程，从而保证它的公开与透明。意识到国家权威与实际能力之间的差距，小岛屿国家为了生存与繁荣采取了各种海洋环境策略。小岛屿国家在海洋保护区规则构建这一新兴海洋议程中面临最大的挑战正是如何维护国家的利益。

如何确定海洋保护区的位置与范围是设立海洋保护区的重要问题。部分地理有利国提出，在其专属经济区和大陆架以外的区域建立公海保护区时，它们拥有选划公海保护区的优先权、提案协商权和决策否决权，并由其对海洋保护区实施管理。② 这种行为实际上以建立公海保护区为名，将管控范围向国家管辖范围外海域拓展为实。以建立公海保护区为路径，增强地理有利国在国家管辖范围外海域的实质性存在。在这种情形下，在 BBNJ 协定草案

---

① 王金鹏. 国家管辖范围外海洋保护区国际造法原理与中国方案 [J]. 北京理工大学学报（社会科学版），2021，23（3）：105－115.
② 郑苗壮. 地缘政治视角下公海保护区的发展与演变 [J]. 世界知识，2021（1）：19－21.

中,"相邻沿海国"一词被用来限制义务,只有包括邻近沿海国家的当地社区和土著居民的使用需要在内。就该草案内容,美国建议删除"邻近沿海国",欧盟提议将"相邻沿海国"改为"受影响国",印度尼西亚提议只增加"群岛国",摩纳哥提议只留下"国家"一词。这些建议充分体现其他国家对地理有利国意图通过建立公海保护区扩大自身利益行为的抵制。

　　海洋保护区体现了国家借用海洋保护名义进行海洋扩张的事实,其实质是国家在无政府状态下利益竞争的新方式。① 对于海洋大国,它们建立海洋保护区的潜在目的是通过这一国际公认的法则和平台,维护其作为国家的海洋利益,是国家硬实力和软实力协同作用而又以软实力为着力点的体现。② 对于小岛屿国家,它们建立海洋保护区的潜在目的是,通过设置较高的准入门槛来保护其海洋资源不被其他强国以各种手段过度开发。③ 对于欧盟,它们为了从根本上保障其海洋利益,大力推进海洋保护区设立进程,用"欧盟方案"在全球层面引导海洋治理的发展,毫不掩饰地表达了其领导全球海洋治理的强烈政治意愿。④ 海洋保护区问题作为BBNJ养护与可持续利用问题谈判的四大议题之一,它的谈判进程注定存在诸多波折,最后能否达成一致取决于各方势力之间的妥协与让步。

---

① 刘明周,蓝翊嘉. 现实建构主义视角下的海洋保护区建设 [J]. 太平洋学报, 2018, 26 (7): 79-87.
② 罗自刚. 海洋公共管理中的政府行为:一种国际化视野 [J]. 中国软科学, 2012 (7): 1-17.
③ 郑苗壮,刘岩,丘君,李明杰. 美、英、法等国建立大型远岛海洋保护区的影响 [J]. 吉林大学社会科学学报, 2016, 56 (6): 44-50, 187-188.
④ 付玉. 欧盟公海保护区政策论析 [J]. 太平洋学报, 2021, 29 (2): 29-42.

（三） 海洋遗传资源获取和惠益分享目标中的分歧

谁掌握了基因的密码，谁就掌握了通往未来的钥匙。海洋作为一座遗传资源的宝库，是世界各国基因研究的必争之地。近年来，已经出现了一些将海洋遗传资源商业化的现实案例。欧盟、美俄和发展中国家在海洋遗传资源的法律地位、如何管制海洋遗传资源的获取、如何分享海洋资源带来的利益这三大问题上存在极大分歧，进而分成三大派系。这使得海洋遗传资源获取和惠益分享问题在谈判中矛盾最为突出①。

第一派是传统的海洋利用派国家。它们坚持奉行公海自由原则，凭借高超的科学技术抢占海洋遗传资源勘探开发的先机。冰岛在其提交给筹备委员会的文件中指出："人类共同继承财产原则适用于海床底土矿产资源，并不适用于国家管辖范围之外可再生的生物资源，《公约》第 87 条规定的公海自由原则似乎更适用于海洋遗传资源。"可以初步推论，只要海洋遗传资源位于公海，就受遵循公海自由原则。各国可以从事海洋地质遗迹的搜寻工作，也可以收集各种深海动物群和植物群的样本。但是，这种自由必须在适当考虑到"区域"制度的情况下行使。

第二派是发展中国家，它们呼吁将人类共同继承遗产原则拓展适用于海洋遗传资源。由于自身科技水平较为落后，所以害怕海洋遗传资源被海洋强国先行开发，使得本国陷入不利境地。77国集团和中国在其提交的文件中重申："人类共同继承遗产的原则必须作为国家管辖范围以外地区新制度的基础。鉴于它的交叉特性，这一原则应成为新文件的核心。人类共同继承遗产原则为建

---

① 胡学东，高岩，戴瑛. 生物多样性国际谈判的基础问题与解决途径［N］. 中国海洋报，2017 - 06 - 28（002）.

立一种公正和公平的制度来养护和可持续利用 BBNJ，获取和分享海洋生物资源带来的利益提供了法律基础。"中国在其提交给筹备委员会的意见中指出："国家管辖范围之外地区的海洋遗传资源对人类具有非常巨大的潜在价值。新的国际协定的制度安排应有助于促进科学研究，鼓励创新，促进公平分享和可持续利用从国家管辖范围之外地区海洋生物多样性中获得的利益，以促进人类的共同福祉。"这里"人类的共同福祉"运用了其他的术语代替"人类共同继承财产"。

第三派是欧盟及其成员国，它们在提交的文件中呼吁采取务实的方法，确定国家管辖范围以外地区海洋遗传资源的法律地位并不是处理海洋遗传资源利益分享先决条件。关于国家管辖范围以外地区海洋遗传资源法律地位的讨论很难达成一致，如果这些不同的意识形态阻碍了国际协定的缔结，那将是非常不幸的。挪威也主张对这个问题采取务实的态度，希望这一分歧不会阻碍各国在国家管辖范围外建立一个新的海洋遗传资源制度。因此，在海洋遗传资源问题上，欧盟及其成员国可以被称为"协调务实派"①。

传统的海洋利用派国家、发展中国家、欧盟及其成员国三派在海洋遗传资源的法律地位问题上的矛盾重重，如果因为这个原因搁置海洋遗传资源的开发与利用，有可能加剧"公地悲剧"的风险，还会导致公域资源的虚置②。这种局面是各参与主体均不愿看到的。于是随着谈判进程的日益深入，各方选择了淡化海洋遗

① 胡学东，高岩，戴瑛. 生物多样性国际谈判的基础问题与解决途径 [N]. 中国海洋报，2017 – 06 – 28 (002).
② 胡斌. 国家管辖范围以外区域海洋遗传资源开发的国际争议与消解——兼谈"南北对峙"中的中国角色 [J]. 太平洋学报，2020，28 (6)：59 – 71.

传资源的法律地位问题①，继续推进关于海洋遗传资源的获取与惠益分享制度的构建与讨论。谈判各方日益认识到，在设计一种适当的准入管理机制方面，未来的任务具有复杂性。但国家之间的利益分歧在具体问题上仍然有所体现，海洋遗传资源的获取与惠益分享也不例外。在这两个问题上，主要国家再次产生了激烈的冲突。

首先，发达国家对于海洋遗传资源的获取和惠益分享形成了一套观点。第一，关于海洋遗传资源的获取。美国指出："在国际法规定的公海制度中，没有任何国家或任何其他实体在国家管辖范围以外的地区对海洋遗传资源拥有主权权利。任何人都可以根据海洋自由接触该海洋遗传资源。我们无须讨论海洋遗传资源的所有权问题，我们可以自由分享意见，探讨惠益分享，如何能使我们最好地达成保育的整体目标，以及这种惠益分享安排如何运作。"② 挪威提支持宽松的准入制度，提出："惠益分享制度的建立不取决于准入要求。"澳大利亚等国家强调透明度，认为："海洋遗传资源获取的目标应是收集有用的信息，同时避免重复。建立一个关于海洋遗传资源的信息存储库可以作为一种机制来跟踪在国家管辖范围外中获取的海洋遗传资源的来源。"第二，关于海洋遗传资源的惠益分享。欧盟及其成员国采用了更为有限的惠益分享方式，即只关注非货币利益。它们认为："海洋遗传资源的特征是明显的，明显不同于矿物的特征。矿物在勘探阶段就已经具有货币价

---

① 李浩梅．国家管辖范围以外区域海洋遗传资源的国际治理——欧盟方案及其启示 [J]．太平洋学报，2020，28（6）：72－83.

② United States of America, Views expressed by the United States Delegation Related to Certain Key Issues Under Discussion at the Second Session of the Preparatory Committee on the Development of an International Legally Binding Instrument under the United Nations Convention on the Law of the Sea on the Conservation and Sustainable Use of Marine Biological Diversity, http：//www. un. org/depts/los/biodiversity/prepcom _ files/USA_Submission_of_Views_Expressed. pdf. 访问日期 2022 年 3 月 11 日。

值，而海洋遗传资源只有潜在价值。在实际产品上市之前，通常需要一个漫长的和昂贵的研发阶段。在绝大多数情况下，对海洋遗传资源的研究不会产生产品或任何经济利益。来自不同管辖范围内的各种遗传物质可以在同一产品中被使用。因此，并不总是可能将一种特定的遗传物质与一种特定的产品联系起来。基于这些原因，有关这一问题的讨论应主要集中在非货币性惠益上。非货币性惠益是最实际和最容易获得的选择。出于种种原因，货币性惠益可能永远不会实现。"① 令人遗憾的是，一些国家只希望将谈判的重点放在非金钱利益上，这种做法与国际社会根据《名古屋议定书》（the Nagoya Protocol）和《生物多样性公约》采取的做法不一致。尽管国家管辖范围外海洋遗传资源的商业利益的可能有限，许多国家，特别是发展中国家对于来自这些资源的获益仍然抱有相当的期待。

其次，发展中国家对于海洋遗传资源的获取和惠益分享形成了一套观点。第一，关于海洋遗传资源的获取条件，发展中国家要求获取行为既负责任又兼顾透明。墨西哥在其提交的文件中表述了这种复杂性和谈判将需要处理的各种问题："对海洋遗传资源的获取必须与以前《公约》的规定不同，因为国家管辖范围外海域禁止任何侵占。在国家管辖范围外海域的准入管理中，必须保持基本目标，即负责任的准入、透明度和利益分享。另一个需要考虑的重要问题是，海洋遗传资源不会停留在固定的海洋区域内，它们可以随着海流和其他因素移动。从这个意义上说，类似于国

---

① European Union, Development of an international legally-binding instrument under UNCLOS on the Conservation and Sustainable Use of Marine Biological Diversity of Areas Beyond National Jurisdiction (BBNJ Process). http: //www. un. org/depts/los/ biodiversity/prepcom_files/rolling_comp/EU_Written_Submission_on_Marine_Genetic_ Resources. pdf. 访问日期 2022 年 3 月 11 日。

际海底管理局的区域分配制度可能没有用。相反，特定物种、特定区域范围或其他方法可能更有用。需要考虑是否必须通过某种机制批准获取海洋遗传资源。还需要讨论此类资源获取的条件，以确保它们不妨碍海洋调查和科学研究。在这方面，必须注意改变用途的可能性，因为这可能对惠益分享和整个制度产生影响。此外，还有执行条款和管辖权问题，必须考虑船旗国或港口国、国籍国，以提供最有效的机制。"① 太平洋小岛屿国家承认溯源的重要性，呼吁："实施一个全球通用系统，以便能够查明用于产品开发的资源的来源。"② 牙买加支持仿照《名古屋议定书》中的共同商定条件来规范海洋遗传资源的获取③。小岛屿国家联盟的成员同样呼吁对准入进行非常详细的监管，包括对能力建设、技术转让和对准入和惠益分享基金的贡献规定义务。④ 第二，关于海洋遗

① Menternational legally binding instrument under the United Nations Convention on the Law of the Sea on the conservation and sustainable use of marine biological diversity of areas beyond national jurisdiction, http：//www. un. org/depts/los/biodiversity/prepcom_ files/streamlined/Mexico. pdf. 访问日期2022 年 3 月 11 日。

② Group of Pacific Island developing States（PSIDS）, PSIDS submission to the Second eeting of the Preparatory Committee for the development of an International legally binding instrument under the United Nations Convention on the Law of the Sea on the conservation and sustainable use of marine biological diversity of areas beyond national jurisdiction, http：//www. un. org/depts/los/biodiversity/prepcom ＿ files/streamlined/PSIDS ＿ Submission_aug_2016. pdf. 访问日期2022 年 3 月 11 日。

③ Jamaica, Submission of the Government of Jamaica on Access and Benefit Sharing for Marine Genetic Resources in Areas Beyond National Jurisdiction, http：//www. un. org/ depts/los/biodiversity/prepcom_files/rolling_comp/Jamaica － access_and_benefit_ sharing. pdf. 访问日期2022 年 3 月 11 日。

④ Alliance of Small Island States（AOSIS）, Alliance of Small Island States（AOSIS） submission at the end of the third session of the preparatory committee on the development of an international legally binding instrument under the United Nations Convention on the Law of the Sea on the Conservation and Sustainable Use of Marine Biological Diversity, http：//www. un. org/depts/los/biodiversity/prepcom_files/streamlined/AOSIS. pdf. 访问日期2022 年 3 月 11 日。

传资源的惠益分享，77 国集团、中国和墨西哥主张惠益分享应包括货币性惠益和非货币性惠益。77 国集团和中国在其提交的文件中呼吁对货币和非货币性惠益做出尽可能广泛的定义："非货币性惠益应包括获得各种形式的资源、数据和相关知识、技术和能力，以及海洋科学研究。海洋遗传资源会产生货币性惠益，77 国集团和中国讨论的不同形式的货币性惠益，可能包括，但不限于名古屋议定书提到货币性惠益。"①

关于如何监测国家管辖范围外海洋遗传资源使用情况的问题，尚未达成明确协议，如何解决这一问题在很大程度上将取决于就上述问题进行的谈判的结果，但有国家认为这可以同《名古屋议定书》所规定的信息交换所机制联系起来。墨西哥提出："国家知识产权主管部门可以作为检查点来监督海洋遗传资源的使用，确保惠益共享。可以在收到专利申请时进行，也可以要求完全公开所使用的海洋遗传资源的信息。类似地，可以在信息交换所内建立一种机制来跟踪海洋遗传资源的用户、与其相关的信息或任何其他相关数据。"② 像墨西哥这样的提议可能不太可能被当前谈判各方接受，因为它代表着对知识产权体系根本的改变。

---

① The Group of 77 and China, Development of an international legally binding instrument under the United Nations Convention on the Law of the Sea on the conservation and sustainable use of marine biological diversity of areas beyond national jurisdiction-Group of 77 and China's Written submission, http://www.un.org/depts/los/biodiversity/prepcom_files/rolling_comp/Group_of_77_and_China.pdf. 访问日期2022 年 3 月 11 日。

② Mexico, Development of an international legally binding instrument under the United Nations Convention on the Law of the Sea on the conservation and sustainable use of marine biological diversity of areas beyond national jurisdiction, http://www.un.org/depts/los/biodiversity/prepcom_files/streamlined/Mexico.pdf. 访问日期 2022 年 3 月 11 日。

（四）能力建设和海洋技术转让目标中的分歧

能力建设和海洋技术转让对于 BBNJ 养护和可持续利用至关重要。加强国家和区域在海洋科学和技术方面的联系，使发展中国家能够吸收和应用技术和科学知识、分享海洋科学进步的必要性早已得到承认。《公约》指出海洋科学研究和能力建设是技术转让制度的核心，但国家间实力的差距和现有规定的含糊不清削弱了这一框架作用。除非采取必要措施，否则发达国家和发展中国家之间的科学技术差距将进一步扩大。

在 BBNJ 养护和可持续利用问题筹备委员会上，能力建设和技术转让是各代表团之间的讨论热点。能力建设不仅限于技术发达国家对发展中国家的捐助，还应考虑如何获取和应用知识，技术发达国家也可以从改进的科学合作框架中获益。但目前的草案中关于能力建设和技术转让仍存在几个悬而未决的问题。能力建设和技术转让应该是一种义务还是一种愿望，这是一个值得讨论的话题，它是"自愿的"或是"强制性的"，是否应该"提供便利""促进"或"确保"能力建设和技术转让。能力建设和技术转让所面临的主要挑战是如何协调作为技术主要持有者的发达国家和暂时处于不利地位的发展中国家之间的矛盾。发达国家不接受超出自愿基础的任何东西，发展中国家坚持应该在强制的双边、区域、分区域和多边基础上提供能力建设和海洋技术转让。

能力建设和技术转让要对包括最不发达国家和小岛屿发展中国家在内的发展中国家有意义，必须能够帮助它们有意义的参与，同时也对这些国家的优先事项做出反应。因此能力建设和技术转让被认为是安稳的"公平组成部分"，对发展中国家的代际公平非常重要。发展中国家从事涉及 BBNJ 科学研究的能力有限，这对它们开展相关活动产生了阻碍，也减少从中受益的可能。能力建设和技术转让需要可持续的长期资金投入，可以说资金是能力建设的基础，同时也是发达国家和发展中国家之间最难克服的障碍。关于资金问题，一些发展中国家呼吁使用更强硬的措辞，密克罗尼西亚联邦认为："具有法律约束力国际协定应包括在国家管辖范围外获得与生物多样性有关的科学知识和海洋科学技术培训的措施。"77 国集团和中国也表示："具有法律约束力国际协定应促进科学知识、研究能力发展和海洋技术转让。"但许多发达国家呼吁采取自愿办法，比如处于科技领先地位的美国和以色列不接受提供资金，也不接受在强制性基础上转让技术。

从以上分析可以看出，在能力建设和技术转让问题上，发达国家和发展中国家之间的矛盾异常严峻。但凡涉及提供资源，无论是物质资源还是技术资源，出于国家对自身利益的维护，各国都据理力争、不愿妥协。这再次印证了，国家利益是国家不变的行为依据和准则，是国家战略思维不变的出发点与落脚点。

BBNJ 养护和可持续利用问题已经引起了世界各国的普遍关注。虽然各国均有自身的价值考量，谈判过程中充满了分歧与矛盾，但它们仍然在积极地讨论甚至互相妥协，并没有因为该机制的建立为日后开展国家管辖范围外海洋活动造成障碍就坚决反对。既然构建 BBNJ 养护和利用问题的制度是为了缓解海洋利益冲突、维持海洋秩序和实现集体目标，确保在不损害子孙后代利益的情况下满足当代人对海洋资源和环境的需求，那么各国家在谋求长远利益和共同利益的前提下，经过多番妥协和退让，很大可能形成彼此都能接受的案文内容。

（五）主权让渡为实现 BBNJ 养护和可持续利用目标提供可能

国家主权是多种形式的集合，包括政治主权、经济主权、军事主权、司法主权、文化主权等。既然国家主权是一个集合，那么为了达到更好的治理效果，不同功能的国家主权可以被让渡给其他参与主体。国家主权的可分性造就了主权权利的可让渡性。主权让渡是"由公认的国家政治当局与外部行为者，如另一个国家或一个区域或国际组织自愿达成的协议建立的"①。国家主权让渡要"遵循国家主权平等原则"②。国家的主权让渡并不影响其作为国际社会成员的地位③。基于主权让渡而产生的国际组织以承认成员国的主权地位为前提。在全球化席卷而来的时代背景下，世界各国紧密联系，相互依存、彼此影响。国家对其主权权利进行让渡是一件无法避免的事。

"主权让渡不涉及核心权力"④，很多情况下涉及的是以立法权、行政权和司法权等权力为代表的国家的"治权"⑤。主权让渡不是割让，"只要国家自愿加入并享有自由退出的权利，主权底线就不可能突破"⑥。如果主权让渡是国家出于对自身利益的理智考量而做出的自主选择⑦，那就意味着符合国家利益的主权让渡不会对国家的独立地位产生减损。通过主权让渡的方式参与国际组织并不意味着该国家对主权的放弃，而是选择一个出于共同目的、

---

① Arena M D. Shared sovereignty：Dealing with modern challenges to the sovereign state system ［D］. Georgetown University ，2009.

② 李慧英，黄桂琴. 论国家主权的让渡 ［J］. 河北法学，2004（7）：154 – 156.

③ 杨泽伟. 主权论：国际法上的主权问题及其发展趋势研究 ［M］. 北京：北京大学出版社，2006：204.

④ 任卫东. 全球化进程中的国家主权：原则、挑战及选择 ［J］. 国际关系学院学报，2005（6）：3 – 8.

⑤ 赵建文. 当代国际法与国家主权 ［J］. 郑州大学学报（哲学社会科学版），1999（5）：115 – 120.

⑥ 伍贻康，张海冰. 论主权的让渡——对"论主权的'不可分割性'"一文的论辩 ［J］. 欧洲研究，2003（6）：63 – 72，155.

⑦ 徐泉. 国家主权演进中的"新思潮"法律分析 ［J］. 西南民族大学学报（人文社科版），2004（6）：185 – 190.

受到广泛认同的机构统一行使该部分权利，从而实现求同存异、共同发展。① 当国际社会面对无法由一国单独解决的重大问题时，一些国家就会基于共同的目的赋予某一国际组织一定的权利，共同促进问题的解决。国际组织形成的过程就是国家实施主权让渡的过程。

国家将部分主权权利暂时让渡给国际组织将会造成受制于国际组织的局面，也就是说国际组织会使主权国家的优越权相对缩小。② 既然主权让渡会造成国家优越权相对缩小的后果，国家为何做出这种选择呢？这是因为做出让渡的同时，国家也会得到相应的回报。主权让渡一方面顺应时势发展，另一方面维护人类整体利益、保障各国家权益。③ 主动地、有条件地进行主权让渡，本身就是国家主权作用的结果④，是在发挥整体优势的前提下对自身主权的提升、而不是削减。适当的让渡部分主权权利，使自身更好地融入国际社会，才能实现互惠共赢，从而实现国家利益的更大化。

目前，主权的让渡分为两个方向：为了应对日益激烈的全球性问题，通过在国家间签订协议的方式向上让渡给国际组织；为了满足地方"走向世界"的需求，中央政府向地方部门下放权力，通过纵向权力秩序调整的方式让渡给地方政府和民间组织。在不同的国家、不同的领域中，主权让渡表现出极大的差异，主权让

---

① 高凛. 全球化进程中国家主权让渡的现实分析 [J]. 山西师大学报（社会科学版），2005（3）：58-61.
② 杨泽伟. 主权论：国际法上的主权问题及其发展趋势研究 [M]. 北京：北京大学出版社，2006：205.
③ Richardson J B. Sovereignty: EU Experience and EU Policy [J]. Chi. J. Int'l. L., 2000, 1: 323.
④ 杨泽伟. 主权论：国际法上的主权问题及其发展趋势研究 [M]. 北京：北京大学出版社，2006：203.

渡还可能与系统内已存在的其他规则发生矛盾与冲突。所以国家，尤其是综合国力较弱的发展中国家应当审慎对待主权让渡，轻易的让渡或者过多的让渡都会对国家主权造成负荷。再加上缺乏相应的制度保障，很可能会面临"赔了夫人又折兵"的局面①。

在构建 BBNJ 养护和可持续利用问题相关制度的过程中，国家在海洋遗传资源问题、海洋保护区问题、环境影响评价问题和能力建设和海洋技术转让问题这四大议题的讨论中已经表现出了极大的分歧。这种分歧的根源在于国家局限于自身的政治、经济、安全利益，有意识地回避了国际社会的共同价值。主权让渡为解决这些分歧提供了可能，通过主权让渡可以对各国的利益进行协调，从而缓解海洋利益冲突、维持海洋秩序和实现集体目标，确保在不损害子孙后代利益的情况下满足当代人对海洋资源和环境的需求。

1. 环境影响评价目标的实现

目前，环境影响评价方面需要进一步审议的问题有：进行环评的义务、指导原则和方法、需要进行环评的活动、环境影响评价过程、环境影响评价内容、跨界影响环评、战略环境影响评价、环评措施的兼容性、与有关法律文书和框架以及有关的全球、区域和部门机构进行的环评的关系、信息发布或交换机制、能力建设和海洋技术转让、监测和审查等。

其中"需要进行环评的活动"范围的确定是由"阈值"决定的。"阈值"是启动环境影响评价的门槛，它的标准设置直接决定了需要进行环境影响评价的国家管辖范围外海域活动的范围与数量。进行环评的义务是指环境影响评价活动具体由谁实施。环境

---

① 刘凯，陈志. 全球化时代制约国家主权让渡的困难和问题分析［J］. 湖北社会科学，2007（9）：5-10.

影响评价过程会对国家管辖范围外海域活动能否继续开展产生影响。监测和审查是指根据环境影响评价结果付诸行动后,对活动的后续影响的关注。

既然国家主权是可以分割的,那么环境影响评价决定权、环境影响评价执行权、拟议活动能否继续展开的决策权、环境影响评价后续活动的监测和审查权这四大权利[①]也属于可以让渡的范围。当事国是否愿意让渡这些权利,完全取决于让渡这些权利所能获得的对价,利益诉求不同的国家持有截然不同的观点。从现有可供参考的国家管辖范围外海域环评制度,如国际海底区域矿产资源开发环评制度和南极条约体系环评制度来看,国家掌握着以上四大权利,"国家主导"是现有制度的重要特征,也预示着 BBNJ 养护和可持续利用制度中的环境影响评价制度由国家主导的发展趋势。[②]

BBNJ 养护和可持续利用制度中的环境影响评价制度由国家主导趋势的具体表现为:第一,在环境影响评价决定权问题上,倾向于较为严格环境政策的欧盟环保派要求细化需要进行环境影响评价活动的范围,倾向于宽松海洋法律环境的美国自由派则有意识地回避该问题。造成这种情况的原因是:环境影响评价范围一旦过于细化,将会对某些海洋大国海洋实力的扩张造成实质性的限制。第二,在环境影响评价执行权问题上,绝大多数国家支持由活动发起者及其所属国具体执行。澳大利亚认为环境影响评价程序应由国家执行、监督并批准执行。[③] 第三,在拟议活动能否继

① 刘惠荣,胡小明. 主权要素在 BBNJ 环境影响评价制度形成中的作用 [J]. 太平洋学报, 2017, 25 (10): 1 – 11.

② 刘惠荣,胡小明. 主权要素在 BBNJ 环境影响评价制度形成中的作用 [J]. 太平洋学报, 2017, 25 (10): 1 – 11.

③ The Permanent Mission of Australia to the United States , https: //www. un. org/depts/los/biodiversity/prepcom_files/rolling_comp/Australia. pdf. 访问日期 2022 年 3 月 11 日。

续展开的决策权问题上，环保派与自由派再次站在了对立面。欧盟强调保护和保全海洋环境，环境影响评价的负面意见直接影响活动的后续开展。美国则认为环境影响评价只是程序，并不影响后续活动的继续展开。① 加拿大认为，拟议活动能否继续展开的决策权完全属于主权国家。② 第四，在环境影响评价后续活动的监测和审查权问题上，绝大多数国家认为该项监测和审查权属于国家，美国认为环境影响评价程序和国家对拟议活动能否继续展开的决策都不受任何第三方机构的监测和审查。③ 欧盟认为应成立第三方机构行使监测和审查权④，从而确保公开公正。

以上四大权利的行使与环境影响评价制度的构建息息相关，权属不清很可能导致谈判陷入僵持局面。为了实现 BBNJ 养护和可持续利用的长远目标，进而促进世界各国的长远利益与发展，就必须对眼前的较浅层次利益做出一定程度的"放弃"，在充分地考虑与权衡之后做出合理的让渡选择。过多的权利让渡可能会使国家行为受到国际组织的掣肘，过少的让渡或者不让渡则会导致制度构建的失败。如何在这两者中做出取舍，使得各国在环境影响评价问题上达成共识的基础上，迈向更长远、更符合全人类利益的新高度，才是问题的关键。总之，主权让渡为实现环境影响评

① 刘惠荣，胡小明．主权要素在 BBNJ 环境影响评价制度形成中的作用［J］．太平洋学报，2017，25（10）：1-11.

② Canada's views related to certain elements under discussion by the Preparatory Committee established by United Nations General Assembly Resolution 69/292，https：//www. un. org/depts/los/biodiversity/prepcom_files/rolling_comp/Canada. pdf. 访问日期 2022 年 3 月 11 日。

③ United States Mission to the United States，https：//www. un. org/depts/los/biodiversity/prepcom_files/rolling_comp/United_States_of_America. pdf. 访问日期 2021 年 6 月 27 日。

④ 刘惠荣，胡小明．主权要素在 BBNJ 环境影响评价制度形成中的作用［J］．太平洋学报，2017，25（10）：1-11.

价制度的目标提供了更大的可能性。

2. 海洋保护区目标的实现

目前，在海洋保护区方面需要进一步审议的问题有：海洋保护区的目标、指导原则和方法、建立海洋保护区的过程、实施及后续工作、与业已存在或根据有关法律文书和框架以及有关的全球、区域和部门机构设立措施的关系、能力建设和海洋技术转让、监测和审查等。其中"建立海洋保护区的过程、实施及后续工作""与业已存在或根据有关法律文书和框架以及有关的全球、区域和部门机构设立措施的关系"是两项重要问题。前者与海洋保护区的合法性息息相关，包括申请、咨询、审查、决策、管理、监测和监督等具体程序。后者则涉及海洋保护区制度与业已存在的法律文书或国际机构之间的合作与协调。海洋保护区制度的构建以《公约》中的"公海自由""人类共同继承财产""海洋环境的保护与保全""适当顾及"等原则为出发点，与较早在国家管辖范围外区域进行海洋保护区实践的南极海洋生物资源养护委员会（Commission for the Conservation of Antarctic Marine Living Resources，CCAMLR）和东北大西洋海洋环境保护委员会（OSPAR Commission）等区域组织所采取的措施相协调。以上问题可以概括为建立海洋保护区的四个阶段，即确定需要保护或管理的海洋区域，制定管理规范，管理具体活动，对海洋保护区进行评估。进而概括出建立海洋保护区的四大权利，即海洋保护区提案权、海洋保护区的决策权、海洋保护区的执行权及海洋保护区的评估权。

海洋保护区建立在科学的选择标准上，通过科学标准来评估生物多样性的水平，从而确定该区域是否需要被保护。采用何种科学选择标准对于确定保护区的位置和范围至关重要，但目前仍缺乏统一的标准，有待进一步讨论。海洋保护区的申请主体是另外一个争议话题，一些国家认为缔约国、其他组织、科学技术机构均享有此项权利。也有国家认为海洋保护区应由缔约国单独或共同设置，但未提及国际组织是否享有提交提案的权利。欧盟强调设定海洋保护区的提案应由缔约国单独或集体提出。日本、阿根廷和瑞典的立场与欧盟大体相同，但它们强调在提案前与利益相关者充分沟通。① 美国则认为提案主体范围尚不清晰。② 海洋保护区的监测和审查主体也是一个争议话题，77 国集团和中国希望由科学和技术机构监督、通知和报告。③ 欧盟建议由各方提出报告，由科学和技术机构评估报告并确保后续行动。④ 墨西哥进一步建议在不遵守情况下使用制裁。⑤

　　在以上问题的基础上，构建具有法律约束力的国际协定中的海洋保护区管理机制是否需要一个独立的全球机构成了讨论的重点。如果需要，该机构的形式、功能和作用又是怎样的呢？关于这个问题，各参与方给出了三个选择，全球模式、区域模式及混

① Chandra M S, I Kamrul, H M Mosharraf. State of research on carbon sequestration in Bangladesh: a comprehensive review [J]. Geology Ecology & Landscapes, 2018: 1 – 8.
② Duarte F, Doherty G, Nakazawa P. Redrawing the boundaries: planning and governance of a marine protected area—the case of the Exuma Cays Land and Sea Park [J]. Journal of Coastal Conservation, 2017, 21 (2): 265 –271.
③ IISD reporting services, Summary of the Second Session of the Intergovernmental Conference on an International Legally Binding Instrument under the UN Convention on the Law of the Sea on the Conservation and Sustainable Use of Marine Biodiversity of Areas Beyond National Jurisdiction.
④ IISD reporting services, Summary of the First Session of the Intergovernmental Conference on an International Legally Binding Instrument under the UN Convention on the Law of the Sea on the Conservation and Sustainable Use of Marine Biodiversity of Areas Beyond National Jurisdiction.
⑤ IISD reporting services, Summary of the First Session of the Intergovernmental Conference on an International Legally Binding Instrument under the UN Convention on the Law of the Sea on the Conservation and Sustainable Use of Marine Biodiversity of Areas Beyond National Jurisdiction.

合模式。全球模式是指创建一个由科学或技术机构和利益攸关方基于协商机制形成的全球机构，将所有的决策，包括指定、管理和执行，置于一个单一的全球框架的权威之下。只有与科学或技术机构合作，并通过使用利益攸关方协商的内在机制，才能行使这种权威。该模式通过缔约方会议（Conference of the Parties，COP）作出决定，并进一步监测和审查提案的执行与遵守情况。已经建立的海洋保护区可以通过申请进入全球模式的"保护伞"。区域模式是指缔约国授权区域管理组织发起和管理公海海洋保护区。区域组织在海洋保护区的设立中发挥主导作用，减少或避免全球层面的过度干预。混合模式是指在保留目前区域组织的基础上，辅以全球范围内的指导，对区域组织的决策和执行职能提供国际监督。三种模式之间的差异对"公海自由"原则也有很大的影响。全球模式对公海自由深度的影响较深。区域模式、混合模式规模相对较小，限制较低。无论全球模式、区域模式还是混合模式，都是基于所有缔约国的意愿、通过主权让渡形成的。

区域模式、全球模式及混合模式具有不同的优点。如果选择区域模式，最大的优点在于对已经存在的海洋保护区影响不大。由区域组织执行相关规定，虽然可能需要对管理程序做轻微的调整以符合新的规定，但绝大多数现有的组织将继续使用。如果采用全球模式，将所有的决策，包括指定、管理和执行，置于一个单一的全球框架的权威之下，可以创建一个强有力的全球法律制度，海洋保护区制度更能有效地被遵守。如果选择混合模式，它对当前海洋保护区的影响比区域模式略大，比全球模式略小。在该模式下，区域组织负责方案的制定和执行，全球机构负责决策。该模式既能提供适用于所有缔约方的总体指导，又能利用已经存在的区域组织来治理海洋保护区。选择全球模式或混合模式的优势还在于可以减少海洋保护区法律框架的碎片化。

区域模式、混合模式及全球模式也具有不同的弊端。首先，区域组织的决策机制对成员意愿具有明显的依赖性。当缔约国持有不同或相反的立场时，区域组织无法有效地作出决定并予以执行。因此，如果具有法律约束力的国际协定授权区域组织设立保护区的自主权，就相当于给予这些区域组织的少数缔约方设立保护区的权利。海洋保护区的建立不可避免地对渔业活动施加限制，所以渔业生产高度依赖区域组织的国家不希望区域组织通过建立海洋保护区的决定。从区域组织的内部关系来看，这些国家将充分利用决策机制，以期最大限度地减少海洋保护区对其渔业利益的影响。根据《维也纳条约法公约》第34条，在区域模式下的海洋保护区不能直接限制非缔约国，导致保护区管理措施不能普遍遵守，因此区域模式在国际法一般原则上存在缺陷。区域模式不能为建立海洋保护区提供国际法基础，在此模式下建立的海洋保护区合法性也会受到质疑。区域模式无法在全球范围内采取统一行动，每个区域机构原则上都可以独立运作，可能会进一步加剧海洋生物多样性保护的分散化，很难覆盖公海的每一个部分，使不同区域或部门之间的合作和协调更加困难。通过以上分析，区域模式的弊端显露无遗。其次，混合模式也需要确定一个全球性的框架，以确保所有指定的海洋保护区彼此一致。它像区域模式一样对海洋保护区进行指定和执行。混合模式的主要目的是为区域组织提供指导和法律依据，并不能避免区域模式的缺陷。此外，作为一种妥协，混合模式的有效性难以保证，全球框架和区域组织之间的关系也不容易得到解决。最后，全球模式对现有海洋保护区影响严重。因为成立一个新的全球机构意味着海洋保护区的权利将从现有的区域组织转移到这个新的全球机构，并且现有的海洋保护区都需要经过重新指定，所有的管理计划都需要在这个新方法中重新开始，这个过程将会相当漫长。

鉴于"一揽子方案"的各种要素与现有机构的权限交叉①，无论未来选择何种机构模式，它与现有机构和海洋保护区之间相互关系都是需要处理的问题。根据目前的 BBNJ 养护与可持续利用协议草案，区域模式已被几近放弃。但区域组织可以为全球治理提供信息与经验，它们的能力无法被忽视和省略。推动这些机构进行必要的改革，在法律文书和现有机构之间进行纵向整合，在机构之间进行横向整合，对这些相互关系的处理有所助益。

任何有关公海的制度安排都应依赖并充分利用与某一特定区域相关的科学专业知识、利益攸关方之间的关系以及被遵守的有效监管框架。无论最后决定采取哪种海洋保护区模式，相关的全球、区域、国家和其他利益攸关方之间角色的划分都是必要的。从现有可供参考的国家管辖范围外海洋保护区制度，如南极海洋保护区制度和东北大西洋海洋环境保护区制度来看，海洋保护区提案权、海洋保护区的决策权、海洋保护区的执行权及海洋保护区的评估权这四大权利仍然掌握在国家或国家集团手里。这样的国家或国家集团以欧盟为典型代表，它们是相关议题设置的倡导者与推动者。② 国家或国家集团在面对实现公海生物多样性保护与可持续利用的宏大目标时，需要考虑是否让渡相关权利以及让渡

① Friedman A. Beyond "not undermining": possibilities for global cooperation to improve environmental protection in areas beyond national jurisdiction [J]. ICES Journal of Marine Science, 2019, 76 (2): 452 –456.
② 王金鹏. 国家管辖范围外海洋保护区国际造法原理与中国方案 [J]. 北京理工大学学报（社会科学版）, 2021, 23 (3): 105 –115.

到何种程度。

国家或国家集团关于采取哪种海洋保护区模式存在重大分歧是必然之事，关键在于能否以共同的长远利益为出发点和落脚点，在充分地考虑与权衡之后做出合理的让渡选择。我们必须承认，单纯依赖一个国家或多个国家组成的区域组织达到理想中的保护和可持续利用目的是非常困难的。如果有更多的国家或国家集团能够做出让渡相关权利的决定，既能加强海洋保护区合法性，也能缩小非缔约方的范围，使得海洋保护区的管理措施得到更加充分的落实。因此，适当的主权让渡是促进海洋保护区模式早日确定、海洋保护区目标早日实现的必由之路，主权让渡为实现海洋保护区的目标提供了更大的可能性。

三、国家制度的参考作用与外溢

纵观全球海洋治理规则演变的历史进程，无不是在"自由和限制之间徘徊"。传统的公海自由明显已经落后于时代，将人类共同继承财产原则直接扩大应用至公海范围也不太现实。鉴于海洋面临威胁的严重性和紧迫性不断升级，BBNJ 养护和可持续利用国际协定表达了一种新的治理范式的替代愿景。我们不能依赖于对现状的微小改进，必须抓住这个千载难逢的机会，建立一个更强大、更综合的海洋治理框架。BBNJ 养护和可持续利用问题是全球海洋治理时期最具代表性的事件之一。规制是全球海洋治理的核心要素，直接影响着全球海洋治理的实施效果。[①] 因此关于四大议题的规制构建是谈判的重中之重。目前可供参考的很多规制都依托国内制度，形成了国家相应制度的外溢，显示了国家主导的发

---

① 王琪，崔野. 将全球治理引入海洋领域——论全球海洋治理的基本问题与我国的应对策略［J］. 太平洋学报，2015，23（6）：17-27.

展趋势。[1]

（一）谈判进程中的"主权共识"

在 BBNJ 养护和可持续利用问题长达 18 年的谈判进程中，无论是大会案文还是各国提案，都反复出现关于"主权"的说法。2016 年 2 月，筹备委员会第一届会议提出：在海洋遗传资源惠益分享问题上，有必要尊重沿海国大陆架主权权利；在以海洋保护区问题上，应尊重沿海国对其大陆架的权利，包括 200 海里以外的权利。2016 年 8 月，筹备委员会第二届会议提出：在海洋遗传资源问题上，沿海国对大陆架的权利应得到尊重；在海洋保护区问题上，应尊重沿海国对其大陆架的权利；在环境影响评价问题上，应当注意到不损害国家主权的必要性，各国的领土完整、主权及主权权利必须得到尊重。2017 年 3 月，在筹备委员会第三届会议上，77 国集团、牙买加、密克罗尼亚联邦等国家或国家集团在提交的建议中强调了主权和主权权利的不可侵犯。[2] 可以说，在关于 BBNJ 养护和可持续利用问题的长达 18 年的谈判进程中，对于国家主权、主权权利的尊重与保障已经成了一项共识。

（二）国家环境影响评价制度的外溢

目前，可供参考的国家管辖范围外海域环境影响评价制度主要有南极条约体系环境影响评价制度和国际海底区域矿产资源开发环境影响评价制度，它们或多或少都体现了国家环境影响评价制度外溢的特点。

南极条约体系环境影响评价制度主要指《关于环境保护的南

---

① 刘惠荣，胡小明. 主权要素在 BBNJ 环境影响评价制度形成中的作用 [J]. 太平洋学报，2017, 25 (10): 1-11.

② 刘惠荣，胡小明. 主权要素在 BBNJ 环境影响评价制度形成中的作用 [J]. 太平洋学报，2017, 25 (10): 1-11.

极条约议定书》及其附件一对环境影响评价的规定。《关于环境保护的南极条约议定书》第 8 条专门针对环境影响评价，议定书附件一又对环境影响评价程序进一步细化："对议定书第八条提及的拟议活动的环境的影响评价，应在活动开始之前按照有关的国内程序加以考虑。应将关于国内程序的说明信息分送给各缔约国，递交委员会并予以公开。"从以上文本我们可以看出，南极条约地区一切活动的环境影响评价主体是各缔约国本身，而缔约国开展的环境影响评价程序参照的是本国的国内程序。所以南极条约体系环境影响评价制度体现了国家环境影响评价制度外溢的特点。

国际海底区域矿产资源开发环境影响评价制度主要指具有法律约束力的《"区域"内矿物资源开发规章草案》及其附件四和软法性文件《关于指导承包者评估"区域"内海洋矿物勘探可能产生的环境影响的建议》。国际海底管理局从 2014 年开始着手制定该区域矿产资源开发的法规。该过程从专家研讨会开始，经过多番讨论，最终制定了法律和技术委员会、理事会审议的法规草案。在整个过程中与利益相关者进行了公开的协商。2019 年 7 月 15 日至 19 日，国际海底管理局第 25 届第 2 期会议期间，国际海底管理局理事会审议了法律和技术委员会编写的《"区域"内矿物资源开发规章草案订正案》以及法律和技术委员会提供的说明，其中概述了对规章案文进行微调的主要事项，并突出阐述需要进一步开展的工作。《"区域"内矿物资源开发规章草案》第四部分"保护和保全海洋环境"和其附件四《环境影响报告》里对环境影响评价进行了宏观规定，给出了通用标准。第四部分总共包括 5 节 13 条，分别是与海洋环境有关的义务、编制环境影响报告和环境管理监测计划、污染控制和废物管理、遵守环境管理监测计划和执行情况评估以及环境补偿基金。在第 1 节中与海洋环境有关的义务包括 3 条，分别是一般义务、制定环境标准和环境管理系统。其中确定了海洋环境有关的义务主体是海管局、担保国和承包者，并且这些主体应采取预防性办法、最佳可得技术和最佳环保做法，促进问责制并提高透明度。环境标准应包括环境质量目标、监测程序和缓解措施。承包者有义务构建一个符合相关准则的环境管理系统。在第 2 节中编制环境影响报告和环境管理监测计划包括 2 条，分别是环境影响报告和环境管理监测计划。环境影响报告中规定"申请者或承包者（视情况而定）应根据本条编写环境影响报告"，其确定了报告主体是申请者或承包者，并且根据本规章附件四规定的格式提交环境影响报告，申请者或承包者也是制定环境管理监测计划的主体。在第 3 节中污染控制和废物管理包括 2 条，分别是污染控制和限制采矿排放物，这两项的义务主体仍然是承包者。在第 4 节中遵守环境管理监测计划和执行情况评估包括 3 条，分别是遵守环境管理监测计划、环境管理监测计划执行情况评估和应急计划。环境管理监测计划是独立于环境影响报告的一项单独报告，承包者应"按照最佳可得技术和最佳环保做法并考虑到相关准则，在其开发合同期限内保持环境管理监测计划的实时性和适足性"。在第 5 节中环境补偿基金包括 3 条，分别是设立环境补偿基金、基金的宗旨和供资。① 总体来说《"区域"内矿物资源开发规章草案》第四部分"保护和保全海洋环境"对区域中活动主体，尤其是承包者的义务进行了宏观的规定，而附件四《环境影响报告》则是对内容进一步的细化。附件四《环境影响报告》包括 2 条，即编写一份环境影响报告和环境影响报告模板。但环境影响报告"不具有规范性，而是就环境影响报告的格式和

---

① "区域"内矿物资源开发规章草案 https：//isa. org. jm/files/files/documents/isba_ 25_c_wp1 - c_0. pdf. 访问日期 2022 年 3 月 11 日。

总体内容提供指导。它没有详细说明针对具体资源和具体矿区的方法或阈值"。① 它并没有规定制订方法和阈值的主体是谁。与规章草案内容相联系，可以推断为进行环境影响评价的主体，也就是申请者或承包者。而 2019 年 3 月 4 日至 15 日国际海底管理局第25 届会议第 1 期会议上法律和技术委员会颁布的《指导承包者评估"区域"内海洋矿物勘探活动可能对环境造成的影响的建议》是一部软法性质的建议，它分为导言、范围、环境基线研究、数据收集报告和归档程序、合作研究和填补知识空白的建议、勘探期间环境影响评价六个部分和三个附件。其内容十分丰富，尤其是第六部分"勘探期间的环境影响评价"采用了列举拟议活动正负面环境影响的办法，主要内容有：A 部分为"勘探期间不需要环境影响评价的活动"；B 部分为"需要在勘探期间进行环境影响评价的活动"；C 部分为"在勘探期间开展一种必须进行环境影响评价的活动所应提供的资料和测量"；D 部分为"在勘探期间开展一种必须进行环境影响评价的活动之后应作出的观测和测量"。②

　　通过对《"区域"内矿物资源开发规章草案》及其附件四和《关于指导承包者评估"区域"内海洋矿物勘探可能产生的环境影响的建议》的内容进行分析，可以发现，国际海底区域矿产资源开发环境影响评价制度符合"通用标准＋典型活动正负面清单"的阈值设置模式。③ 由于《公约》第 153 条第 4 款规定"缔约国应

① "区域"内矿物资源开发规章草案 https：//isa. org. jm/files/files/documents/isba_ 25_c_wp1－c_0. pdf. 访问日期 2022 年 3 月 11 日。
② 指导承包者评估"区域"内海洋矿物勘探活动可能对环境造成的影响的建议 https：//isa. org. jm/files/files/documents/26ltc-6-rev1-ch_0. pdf. 访问日期 2022 年 3 月 11 日。
③ 刘惠荣，胡小明. 主权要素在 BBNJ 环境影响评价制度形成中的作用 [J]. 太平洋学报，2017，25（10）：1－11.

按照第 139 条采取一切必要措施，协助管理局确保这些规定得到遵守"，《公约》附件三第 4 条第 4 款规定"担保国应按照第 139 条，负责在其法律制度范围内，确保所担保的承包者应依据合同条款及其在本公约下的义务进行区域内活动。但如该担保国已制定法律和规章并采取行政措施，而这些法律和规章及行政措施在其法律制度范围内可以合理地认为足以使在其管辖下的人遵守时，则该国对其所担保的承包者因不履行义务而造成的损害，应无赔偿责任"。2011 年国际海底管理局第 17 届会议期间，国际海底管理局理事会进一步要求提案国和其他成员酌情向国际海底管理局秘书处提供有关国家法律、法规和行政措施的信息或文本。既然国家将国际海底区域矿产资源开发环境影响评价制度进行国内法转化后可以免除其担保的承包者不履行义务的赔偿责任，那么大多数缔约国都非常乐意对此议题进行相应的国内立法。目前共有比利时、巴西、中国、库克群岛、古巴等 35 个国家、国家集团或地区向国际海底管理局提供了国内立法的参考文本。这些国内法具体适用也体现了国家环境影响评价制度外溢的特点。

（三）国家海洋保护区制度的外溢

在过去的很长一段时间内，BBNJ 缺乏全面的治理机制，这使得一些曾经丰富的海洋生态系统遭受污染、退化和过度开发。1992 年《生物多样性公约》缔约方设想，通过设立海洋保护区，到 2020 年保护 10% 的海洋空间。截至 2020 年 8 月，海洋保护区覆盖了 5.3% 的海洋空间。对于国家管辖范围外海域来说，只有 1.2% 面积受到了保护。[1]

---

[1] Gardiner N B. Marine protected areas in the Southern Ocean: Is the Antarctic Treaty System ready to co-exist with a new United Nations instrument for areas beyond national jurisdiction? [J]. Marine Policy, 2020, 122: 1-9.

　　南大洋是世界上一个独特的地区，它占世界海洋总面积的近10%。大部分地区超出国家管辖范围，拥有多达10000种已知海洋物种。所以这是一个高度复杂且具有挑战性的水域。与其他受《公约》管辖的国家管辖范围外海域不同，南大洋由另一套法律机制即南极条约体系治理。与聚焦于单一目标物种的典型公海治理方式不同，《南极海洋生物资源养护公约》在其时代是革命性的，其首要目标是保护南极海洋生物资源。在2005年的南极海洋生物资源养护研讨会上，与会者一致认为"海洋保护区在生态系统保护、栖息地保护和物种保护等应用领域，具有促进南极海洋生物资源养护目标实现的巨大潜力"①。2009年南奥克尼群岛南部大陆架海洋保护区作为第一个南极海洋保护区被指定，禁止9.4万平方千米范围内的所有渔业活动，对许可的研究活动做出规定，禁止航运中的倾倒和排放。2011年，南极海洋生物资源养护委员会通过了《保护措施91-04》②，该措施制定了建立海洋保护区的总体框架，规定了海洋保护区的主要指导原则，填补了海洋保护区法律框架的监管空白。2017年12月，罗斯海海洋保护区依据《保护措施91-05》建立，它覆盖155万平方千米海域，是国家管辖范围外最大的海洋保护区。《南极条约环境保护议定书》第2条将南极洲指定为"致力于和平与科学的自然保护区"。附件6第2条概述了保护和保全南极环境，包括海洋空间的程序和标准"任何区域，包括任何海洋区域，被指定为南极特别保护区或南极特别管理区。

① Report of the CCAMLR Workshop On Marine Protected Areas. Silver Spring, USA, 2005. https：//www.ccamlr.org/en/system/files/e-sc-xxiv-a7.pdf. 访问日期2022年3月12日。
② Conservation Measure 91-04：General Framework for the Establishment of CCAMLR Marine Protected Areas, 2011. https：//www.ccamlr.org/en/measure-91-04-2011. 访问日期2022年3月12日。

应根据本附件规定的管理计划禁止、限制或管理这些区域内的活动"。南极条约体系规定了在南大洋建立海洋保护区的任务，在南极条约体系的帮助下，南大洋被誉为世界上治理最全面的国家管辖范围外海域。

利益相关者的参与是海洋保护区在生态上成功的最重要因素①。在关于南极海洋保护区争论的背后，是复杂的地缘政治因素、经济利益、权力斗争和其他的外交问题。在"谁先提出海洋保护区建设理念，谁就有资格建立海洋保护区"的惯例下，绝大多数情况海洋保护区概念都首先由强国提出，再由它们后续建设。② 南奥克尼群岛南部大陆架海洋保护区由英国主导建立，罗斯海海洋保护区由美国和新西兰主导建立。英国和新西兰作为主权声索国，美国作为保留主权声索权的国家，对南极海洋保护区持支持态度。相反的，与美国同为保留主权声索权国却具有利益争夺关系的俄罗斯和其他国家对南极海洋保护区持反对态度。因为这些国家认为海洋保护区的建立为争夺南极主权而提供了理据，海洋保护区的建立在一定程度上增强了主权声索国和保留主权声索权国在南极地区的实质性存在。较强的实质性存在一方面可以帮助国家发挥事实上管理者的作用，另一方面可以排斥其他国家的利用或管理。③ 虽然《南极条约》冻结了各国对南极地区的领土要求，并禁止提出新的领土要求。但对 1959 年之前已提出的主权

---

① Sylvester Z T, Brooks C M. Protecting Antarctica through Co-production of actionable science: Lessons from the CCAMLR marine protected area process [J]. Marine policy, 2020, 111: 1–13.

② 刘明周, 蓝翊嘉. 现实建构主义视角下的海洋保护区建设 [J]. 太平洋学报, 2018, 26 (7): 79–87.

③ 郑苗壮. 地缘政治视角下公海保护区的发展与演变 [J]. 世界知识, 2021 (1): 19–21.

要求持"既不承认、也不否定"的态度，使得英国、新西兰、澳大利亚、法国、挪威、智利、阿根廷 7 个南极主权声索国，俄罗斯、美国 2 个保留主权声索国继续在南极地区开展以科学考察活动为主的政府活动和以旅游活动为主的非政府活动，通过扩大活动范围和增加活动种类为日后南极主权解冻积蓄力量。建立南极海洋保护区如果能成为南极主权声索国和保留主权声索国增强南极地区实质性存在的一项崭新途径，那么相关国家会竭尽所能把自己的利益需求植入海洋保护区制度之中。所以南极海洋保护区制度不可避免地体现出主权国家海洋保护区制度外溢的特点。

另一个典型的公海保护区是东北大西洋海洋保护区。它是由东北大西洋海洋环境保护委员会这个区域组织建立的，缔约方是比利时、丹麦、芬兰、法国、德国、冰岛、爱尔兰、卢森堡、荷兰、挪威、葡萄牙、西班牙、瑞典、瑞士和英国以及欧盟 16 个国家（集团）。在 16 个缔约方中，欧盟及其成员国占据了其中 12 席，欧盟及其成员国将东北大西洋海洋环境保护委员会作为其在东北大西洋区域实施欧盟《海洋战略框架指令》的主要平台。[1]《海洋战略框架指令》是欧盟内部通过的一部具有法律约束力的法规，主要目的在于保护海洋环境和海洋生物多样性。在此基础上欧盟制定了一系列具体关于公海保护区建设的文件，如《欧盟综合海洋政策》《欧盟综合海洋政策的国际拓展》《国际海洋治理：我们的海洋未来议程》和《欧盟 2030 生物多样性战略》等。[2] 欧盟向来重视海洋环境保护，一直强调建立高标准、严要求的海洋保护区。在东北大西洋海洋环境保护委员会这个优质平台上，可以通过自己占据四分之三席位的天然优势，将内部需求转化为外

---

[1]　付玉. 欧盟公海保护区政策论析［J］. 太平洋学报，2021，29（2）：29-42.
[2]　付玉. 欧盟公海保护区政策论析［J］. 太平洋学报，2021，29（2）：29-42.

部政策。所以东北大西洋海洋保护区制度不可避免地体现出国家（集团）海洋保护区制度外溢的特点。

在 BBNJ 养护和可持续利用谈判过程中，对于海洋保护区的讨论存在较大的争议与分歧。但有一点是可以预料的，如果具有法律约束力的国际协定得以形成，在已形成的公海保护区中占据有利地位的海洋强国会继续凭借自己的区位优势、科研能力和丰富资料在公海保护区的选址与规划上采取主动。在这个过程中，国家（集团）海洋保护区制度有很大可能将会外溢，从而以合法化方式达到对公海和国际海底区域的实际管理效果。①

第四节　本章小结

如果说本书第二章是从历史的视域出发，分析国家在前全球海洋治理时期海洋规则中的地位与作用。那么第三章就是从浩瀚的历史长河返回现实，聚焦于目前全球海洋治理最具代表性的事件——BBNJ 养护和可持续利用问题国际协定的谈判过程。分析国家在 BBNJ 养护与可持续利用问题国际协定的三大构成要素，即参与主体、目标实现和规制内容中发挥的作用和所处的地位。进而得出"国家在该时期海洋规则塑造与实施中发挥了怎样的作用、处于怎样的地位"问题的结论。

马克思辩证唯物主义贯穿于全球海洋治理规则演变的历史。人类社会延续至今时今日，科学技术的日新月异不仅使海洋活动的范围得以扩大，也使得海洋活动对海洋环境造成的负面影响呈现出了全球性的趋势。鉴于海洋的流动性与国际性，某一海域产

---

① 郑苗壮. 地缘政治视角下公海保护区的发展与演变 [J]. 世界知识，2021 (1)：19－21.

生的海洋污染会扩散到其他海域，这种扩散不受人为设定的区域管理办法的限制。人类在海洋领域从事的实践活动是人类对海洋认识的来源与发展动力，实践活动的变化使得人类对海洋的认识也发生了相应的转变。为了缓解海洋利益冲突、维持海洋秩序和实现集体目标，确保在不损害子孙后代利益的情况下满足当代人对海洋资源和环境的需求，人类必须在实践的基础上不断推进认识的发展，从不知到知、从知之不多到知之较多、从知之不深到知之较深。

海洋规则作为人类认识和改造客观海洋世界的工具，它的演变过程是随着客观海洋环境的改变而改变的辩证过程。海洋权力争霸时期，受社会生产力发展水平所限，人类海洋活动的种类和范围都比较狭小，对海洋环境和资源造成的负面影响较小。最广义的海洋自由是人类对这种现实情况的意识反应，可以说完成了对海洋认识"不知到知"的飞跃。经过两次世界大战，武力战争从法律上得到了禁止，人类不能再凭借武装实力在海洋领域争霸，从此进入了海洋权利争夺时期。人类社会生产力和科学技术水平的提高使得人类对海洋环境和资源的需求越来越大。《公约》的形成过程是人类对这种现实情况的意识反应，国家海洋管辖权不断扩张，海洋自由范围有所缩减，形成了对海洋认识"知之不多到知之较多"的突破。虽然《公约》对于国家在领海、毗连区、专属经济区和大陆架等范围内的权利义务有所分配，但它对公海的规制仍不够详尽、存有空白。在全球性海洋问题数量日益增多、影响逐渐深入的客观背景下，任何一个国家都不具备独立解决这个问题的能力，并且这个问题造成的负面影响事关全人类的共同利益。在这种情况下，绝对的海洋自由显然已经不合时宜，必须通过建立"相互胁迫，相互同意"的规则来达到"为最多数人谋最大利益"的目标，时代的特征由海洋权利争夺转变为海洋责任承担。在全球海洋治理时期，人类对海洋的认识从"知之不深"向"知之较深"发展。

联合国正在进行的关于 BBNJ 养护和可持续利用问题国际协定的谈判是目前全球海洋治理最具代表性的事件，国际社会希望通过这一谈判对全球海洋治理形成一个具有普遍约束力的国际海洋规则框架。那么国家在关于 BBNJ 养护和可持续利用海洋规则塑造与实施中发挥了怎样的作用、处于怎样的地位呢？

全球海洋治理由主体、客体、目标、规制和效果五大要素构成，关于 BBNJ 养护和可持续利用问题的具有法律约束力的国际协定也体现全球海洋治理的构成要素。从主体要素出发，国家在所有参与四次筹备委员会会议和三次实质性会议中的主体中数量最多，所占比例最高，一直保持在 70% 左右。国家和由国家组成的国家集团在四次筹备委员会提交草案建议的数量也最多，所占比例达到 58%。从这两点来看，国家是 BBNJ 养护和可持续利用国际协定塑造过程中最主要的参与主体。

从目标要素出发，BBNJ 养护和可持续利用问题国际协定的总体目标是缓解海洋利益冲突、维持海洋秩序和实现集体目标，确保在不损害子孙后代利益的情况下满足当代人对海洋资源和环境的需求。但具体到各个参与主体而言，每个主体都有自己的政治立场和价值取舍，使得谈判过程充满了矛盾与分歧。这些矛盾与分歧的根源在于国家局限于自身的政治、经济、安全利益，有意识地回避了国际社会的共同价值。主权让渡为解决这些分歧提供了可能，通过主权让渡可以对各国的利益进行协调。主权让渡不涉及核心权利①，而是国家出于对自身利益的理智考量而做出的自

---

① 任卫东. 全球化进程中的国家主权：原则、挑战及选择 [J]. 国际关系学院学报，2005（6）：3 - 8.

主选择①。做出让渡的同时，国家也会得到相应的回报。在环境影响评价制度的构建过程中，国家可以让渡的权利包括环境影响评价决定权、环境影响评价执行权、拟议活动能否继续展开的决策权和环境影响评价后续活动的监测和审查权。为了实现环境影响评价制度的目标，就需要各国对眼前的较浅层次利益做出一定程度的限制甚至牺牲。在充分地考虑与权衡之后做出合理的让渡选择，促进各国在该问题上达成共识。在海洋保护区制度的构建过程中，国家可以让渡的权利包括海洋保护区提案权、海洋保护区的决策权、海洋保护区的执行权及海洋保护区的评估权。海洋保护区管理机制面临三个选择：全球模式、区域模式及混合模式。无论哪种模式，都是基于所有缔约国的意愿、通过主权让渡形成的。因此，主权让渡为 BBNJ 养护和可持续利用目标的实现提供可能。

从规制要素出发，目前可供参考的很多国家管辖范围外涉海规制都依托国内制度，形成了国家相应制度的外溢，显示了国家主导的发展趋势。可供参考的环境影响评价制度主要有南极条约体系环境影响评价制度和国际海底区域矿产资源开发环境影响评价制度。南极条约地区一切活动的环境影响评价主体是各缔约国本身，而缔约国开展的环境影响评价程序参照的是本国的国内程序。国际海底区域矿产资源开发环境影响评价制度符合"通用标准＋典型活动正负面清单"的阈值设置模式。②《公约》附件三第4条第4款规定了担保国担保责任免除的情形，即"担保国已制定

① 徐泉. 国家主权演进中的"新思潮"法律分析［J］. 西南民族大学学报（人文社科版），2004（6）：185－190.
② 刘惠荣，胡小明. 主权要素在 BBNJ 环境影响评价制度形成中的作用［J］. 太平洋学报，2017，25（10）：1－11.

法律和规章并采取行政措施，而这些法律和规章及行政措施在其法律制度范围内可以合理地认为足以使在其管辖下的人遵守"。目前共有比利时、巴西、中国、库克群岛、古巴等 35 个国家、国家集团或地区向国际海底管理局提供了国内立法的参考文本。这些国内法具体适用也体现了国家环境影响评价制度外溢的特点。可供参考的海洋保护区制度的实践主要有南极海洋保护区和东北大西洋海洋保护区。绝大多数情况海洋保护区概念都首先由强国提出，再由它们后续建设。① 南奥克尼群岛南部大陆架海洋保护区由英国主导建立，罗斯海海洋保护区由美国和新西兰主导建立。海洋保护区的建立在一定程度上增强了倡导国在南极地区的实质性存在。较强的实质性存在一方面可以帮助国家发挥事实上管理者的作用，另一方面可以排斥其他国家的利用或管理。② 东北大西洋海洋保护区由东北大西洋海洋环境保护委员会建立，其 16 个缔约方中，欧盟及其成员国占据了其中 12 席。在东北大西洋海洋环境保护委员会这个平台上，欧盟及其成员国通过自己占据四分之三席位的天然优势，将内部需求转化为外部政策。因此，国家制度的外溢形成了 BBNJ 养护和可持续利用规制内容。

国家一方面为全球海洋治理正常运转提供所需资源，另一方面通过国内政策外溢影响全球海洋治理规则的形成；一方面执行全球海洋治理的具体规则，另一方面承担影响治理成效及他国利益的相应责任。基于以上分析，可以确定国家是 BBNJ 养护和可持续利用问题国际协定塑造与实施中最核心的治理主体。

---

① 刘明周，蓝翊嘉. 现实建构主义视角下的海洋保护区建设［J］. 太平洋学报，2018，26（7）：79 – 87.
② 郑苗壮. 地缘政治视角下公海保护区的发展与演变［J］. 世界知识，2021（1）：19 – 21.

第四章 演变中的全球海洋治理规则、国家地位作用及其对中国的启示

　　全球治理体系呈现相互影响、相互制约的特点。所谓相互影响，指的是种类越来越多、范围越来越大、影响越来越深的全球性问题超越了国家的管控能力，并且这些问题暴露了人类自私利己的本性。所谓的相互制约，指的是国际社会为了治理这些问题而形成的各种层级的组织与制度。相互制约因相互影响而产生，是人类大脑意识对客观环境的能动反应。但相互制约实际上也是推动全球治理体系向前发展的动力之一。

　　具体到全球海洋治理领域，诸如海洋环境污染、生物多样性遭到破坏等全球性海洋问题超出了国家的界限，表现出相互影响的趋势。各参与主体为了解决这些问题而进行合作，共同制定相应规则。越来越多的涉海政府间组织、非政府组织参与到了全球海洋治理规则塑造过程中，并发挥了一定的作用。因此，相互制约的范围超越了国家的藩篱。国家在全球海洋治理规则塑造过程中的作用与地位受到限

制,甚至可以说被分享给其他主体。

但这并不意味着国家在全球海洋治理的众多主体中不再重要。相反地,国家或国家集团就某些问题进行的议题讨论与谈判、让步与妥协才形成了规制的内容,在这个过程中某些国家可能出于利益考量选择自始不参与或者先参与后退出,其他参与者对它们的这种行为不能予以阻挠和处罚。这就说明了国家或国家集团在全球海洋治理体系中的地位,只有国家具有足够的权威、政治合法性和领土控制能力来影响短时的环境恶化制造者,全球海洋治理可能会以新的方式强化国家主权的合法性。①

在目前的全球海洋治理格局下,国家如何参与全球海洋治理,如何创设对自己有利的制度性权利,如何拓展海洋权益,是值得思考的问题。国家在全球海洋治理规则演变中地位作用的变化,对于中国如何参与全球海洋治理也提供了一定程度上的借鉴与启示。本章在第二、三章历史分析和实证分析的基础上进行理论升华,对国家主权理论的发展进行总结和展望,并且将理论引入实际,思考国家主权理论的发展对中国参与全球海洋治理的启示。

第一节　全球海洋治理规则演变的困境

在全球海洋治理领域,一方面传统国家主权理论对全球性海洋问题的治理造成了阻碍,另一方面全球性海洋问题的治理又依赖于国家及主要由国家构成的国际社会体系。这种对立统一的关系需要依靠一种能够被各参与主体接受、遵守并执行的规则,也就是所谓的全球海洋治理规则予以调整。

全球海洋治理规则演变是一个从无到有的过程。通过对全球

---

① 任丙强. 全球化、国家主权与公共政策 [M]. 北京:北京航空航天大学出版社,2007:173.

海洋治理规则演变的历史进行梳理，可以看出：海洋权力争霸时期的海洋规则以海洋自由为核心。格劳秀斯推崇的海洋自由是最广义的自由，也是对所有国家的自由。海洋权力争霸时期海洋自由规则塑造的根本目的是保障国家权力的无限扩张，国家在该时期海洋规则的形成与落实中发挥唯一的最重要作用、占据最重要地位。海洋权利争夺时期的海洋规则以《公约》形成过程为线索。《公约》最后将全球海洋划分为九大海域，海洋具有开采价值的资源，以及其他有意义的经济活动，大部分归属于沿海国，沿海国的主权得到充分的尊重。① 在海洋规则动态演变的过程中，国家也在不断自我完善与发展。从对权力扩张的无限追求发展到自我克制与相互约束，甚至通过主权让渡使得某些政府间国际组织也获得了独立的法律人格并且参与相关造法活动之中。虽然国家在海洋权利争夺时期海洋规则塑造与实施中不再是唯一的主体，但它们仍然发挥着重要作用、占据着重要地位。随着时代的发展，人类的经济与社会活动引起诸如海洋环境污染、海洋生物多样性减损等全球性海洋问题，全球海洋治理呈现海洋责任承担的时代特征。活跃在这个时期的参与主体呈现多元化、多层次化的特点，涉海政府间组织、非政府组织和其他主体对国家的地位和作用造成了一定的冲击。

一、全球海洋治理规则的新态势与局限性

（一）全球海洋治理规则的新态势

前文已经提到，在全球性海洋问题数量日益增多、影响逐渐深入的客观背景下，任何一个国家都不具备独立解决这个问题的

---

① 焦传凯. 论海洋法基础规范的历史流变与启示 [J]. 南洋问题研究，2019 (3)：51－60.

能力,并且这个问题造成的负面影响事关全人类的共同利益。这种客观环境要求国际社会其他成员做出意识上的转变。从最初对权力扩张的无限追求,发展到之后的自我克制与相互约束,再转变到现在的彼此合作、承担责任。为了实现海洋资源可持续利用以及世界范围内人与海洋和谐共处的目标,时代的特征由海洋权利争夺转变为海洋责任承担,而具有这种时代特征的时期也就是当下所谓的全球海洋治理时期。从国际法角度出发,国际规则是全球治理核心要素之一,全球海洋规则是全球海洋治理的核心要素之一。在以海洋责任承担为时代特征的全球海洋治理时期,与其相关的海洋规则也呈现与海洋权力争霸时期海洋规则、海洋权利争夺时期海洋规则不同的特征。

首先,与先前的海洋规则相比,目前的全球海洋治理规则体现出更深的相互依赖性。产生这种相互依赖是因为全球性海洋问题不再局限于某个国家或国家集团之中,全球范围内许多国家或国家集团都面临这个问题。意识是客观环境在人脑中的反应,规则是人类针对具体问题提出的解决办法。目前全球性海洋问题比之前时期的海洋问题范围更大、程度更深、影响更广,需要制定与客观环境更为适应的规则,包括全球层面上的规则、区域层面上的规则及一系列的双边、多边规则。这些规则所针对的全球性海洋问题相互影响,规则之间因为这些相互影响而产生了相互依赖。在规则的塑造过程中,由于参与主体种类的增多,国际涉海政府间组织致力于提出讨论议题,国际涉海非政府组织利用舆论对国家或国家集团施加压力,使规则之间的相互影响与日俱增。到了执行规则的步骤时,国际涉海组织的支持与配合也是不可缺少的。如果国际涉海非政府组织,包括一些原住民组织认为该规则与它们的利益或观念不符,可能会采取游行示威等方式对其予以抵制，这些行为也对规则的执行效果产生了负面影响。

其次，从权力安排来看，目前全球海洋治理规则制定权力与之前相比略有分散。海洋权力争霸时期海洋自由规则塑造的根本目的是保障国家权力的无限扩张，国家在该时期海洋规则的形成与落实中发挥唯一的最重要作用、占据最重要地位。海洋权利争夺时期的主权不断自我完善与发展，表现出自我克制与相互约束的特点，甚至通过主权让渡使得某些政府间国际组织也获得了独立的法律人格并且参与相关造法活动之中。全球海洋治理呈现出海洋责任承担的时代特征，活跃在这个时期的参与主体呈现更加多元化、多层次化的特点，全球海洋治理规则制定权呈现出向外转移和重新分配的趋势，但最根本的制定权仍然属于国家，只能说这种制定权不再像从前那样绝对和至上而已。

最后，从规则内容来看，一方面，目前全球海洋治理规则内容或多或少受国家制度外溢的影响。从传统意义上来讲，国家国内法的影响力在大多数情况下发生在该国范围之内，对其他国家产生的影响微乎其微。但在正在进行的关于 BBNJ 养护和可持续利用国际协定塑造过程中，很多可供参考的规则都依托国内制度，形成了国家相应制度的外溢，对除本国以外的其他国际社会参与主体产生直接影响。国家国内制度本来是内部利益再分配的方式①，鉴于全球性海洋问题"相互影响"和"超越主权"双方面的特征，制度外溢扩大了利益相关者的范围。另一方面，目前全球海洋治理规则内容还对传统的公海自由原则造成了前所未有的冲击。《公约》规定的公海自由是指航行自由、飞越自由、铺设海底电缆和管道的自由、建设人工岛屿和其他设施的自由、捕鱼自

---

① 任丙强. 全球化、国家主权与公共政策 [M]. 北京：北京航空航天大学出版社，
2007：226.

由和科学研究自由。正在进行的 BBNJ 养护和可持续发展谈判将对其中的捕鱼自由造成一定程度的限制，甚至改变公海生物资源的物权属性①。

（二）全球海洋治理规则的局限性

首先，不论全球层面抑或区域层面产生的软性或硬性法律，其决策中心始终是国家。国家管辖范围外海域属于"全球公域"，对其不合理的开发利用有可能造成"公地悲剧"，对其不全面的治理也可能引起"搭便车"现象。为了避免"公地悲剧"和"搭便车"的发生，也为了追求人类共同利益，越来越多的国家选择了合作。但国家在国际社会上都是独立且平等的，不存在凌驾于国家地位之上的机构。在这样的社会现实下，要求国际社会各国家完全统一行事并不现实，因为它们在统一行事的过程中很容易跌入集体行动的困境。

人类一方面承受着来自全球海洋环境问题的巨大压力，另一方面意识到自身利益与全人类利益具有高度的相关性和重合性，于是开始进行各种类型的合作。但这种合作因为全球海洋治理规则收益的不平等变得异常艰难。全球海洋治理领域的国际谈判通常需要经过持续多年的多轮磋商才能得到成功，金钱成本和时间成本都非常之高。并且这种谈判主要体现的是发达国家的利益和意志，发展中国家在谈判中经常处于不利地位，因此造成"南北对峙"的局面。经过屡次三番的讨价还价与妥协退让，最终形成的规则很大程度是建立在各国家的国家利益基础上的，其内容效力很可能大打折扣，甚至违背初衷。

其次，法律的生命力在于遵守。对全球海洋治理规则的塑造

---

① 何志鹏，王艺璇. BBNJ 国际立法的困境与中国定位 [J]. 哈尔滨工业大学学报（社会科学版），2021，23（1）：10-16.

是一回事，对全球海洋治理规则的实施又是另外一件事。没有完善的监督和惩罚机制，任何规则想要得到良好的遵守都非常困难。在全球海洋治理规则演变的进程中，发达国家不愿意付出高昂成本去履行义务，发展中国家也并没有充足的实力去履行义务，所以无论是发达国家还是发展中国家对于相关政策的执行与落实都不到位。这一点在 BBNJ 养护和可持续利用问题中的海洋遗传资源获取和惠益分享议题，以及能力建设和海洋技术转让议题中体现得淋漓尽致。在海洋遗传资源获取和惠益分享议题中，发达国家认为海洋遗传资源的惠益分享应只关注非货币利益，而发展中国家要求海洋遗传资源的惠益分享既包括货币性惠益，也包括非货币性惠益。在能力建设和海洋技术转让议题上，发达国家认为能力建设和技术转让是自愿的，不接受超出自愿基础的任何东西，发展中国家则认为能力建设和技术转让是一种义务。可以说全球海洋治理规则在实施层面上并没有打破传统国家主权理论的屏障。

最后，全球海洋治理规则的形成过程是高度分散和相互作用的，并不是直线发生的，特别是随着区域协议的激增，存在差异和矛盾是一个普遍的问题。首先，我们当前的全球海洋治理规则体系是碎片化的、效率低下的。它是由相互重叠和相互冲突的法律、法规和规定组成的，它们与外部其他国际制度也充满矛盾。这种现状的负面影响体现在运营成本的提高、磋商时间的拖长、治理效果不够充分等。其次，全球海洋治理多元参与主体为了在规则制定中掌握话语权和主导权，努力创设与自身利益相符的双边、多边海洋规则，这种做法加深了全球海洋治理规则体系碎片化的程度。最后，全球海洋治理规则的分散性将会进一步加剧其在适用过程中的困难程度，甚至产生一个国家所遵守的两种，甚至多种规则相互背离的情况，在这种情况下国际冲突在所难免。

由此可见，全球海洋治理规则存在一定的局限性，它需要不断地丰富与发展。

二、全球海洋治理规则塑造中的冲突矛盾

在全球海洋治理规则的塑造与实施之中，要求多元参与主体就各种问题达成共识具有一定难度。国家是主要的决策者与参与者。同时国家也是"理性的人"，国家利益是它们作出决定的出发点和落脚点。所以它们在为了制定彼此都能接受规则的轮番谈判中发生了激烈的冲突。发达国家与发展中国家之间的"南北矛盾"最为尖锐，但这不意味着发达国家之间的利益就是一致的，发达国家之间也存在着派别之争。BBNJ 养护和可持续利用问题是目前国际社会最为关注的全球性海洋问题之一，为了构建一项具有法律约束力的国际协定，国际社会各参与主体进行了长达 18 年的谈判。在谈判过程中，各主要国家（集团）围绕这一问题分成了不同的派系。

"南北矛盾"广泛地出现在国际社会的各个领域。具体到全球海洋治理领域，发达国家志在主导 BBNJ 养护和可持续发展谈判进程并且一力塑造相关规则，无论这种规则是"自由派"提出的最大限度保持现有秩序不变，还是"环保派"提出的高标准、高门槛。而发展中国家社会生产力远远低于发达国家，无论在客观上的经济基础、科技水平，抑或在主观上的环保意识、谈判能力都有所欠缺，在全球海洋治理规则塑造中常常落于下风。各种涉海组织在向发展中国家提供资金或技术帮助时也会借此机会向发展中国家施加压力，影响它们对海洋治理规则的判断。所以在这个过程中，发展中国家更容易受到制约甚至裹挟。

发达国家之间的派别之争集中表现为"自由派"和"环保派"

之间的矛盾。"自由派"的代表是传统的海洋大国——美国，它只关注本国利益，并不在意来自国际社会其他参与主体的舆论压力。但从另一个角度来看，美国的这种行为也可以理解为致力于维护国家主权传统的独立性和至上性，竭尽全力保护国家主权不受外界限制。"环保派"的代表是欧盟，它一直在海洋环境保护领域追求高标准和高门槛，凭借强烈的环保意识和积极的态度在 BBNJ 养护和可持续发展谈判中发挥着领导和推动的作用。欧盟各成员国通过主权让渡的方式将本来属于自己的决策权转移给了整个欧盟。在拟定全球海洋治理规则的谈判中，欧盟代表了所有成员国的整体利益。欧盟作为一个整体，其具备的实力和影响力比任何一个单独成员国都更强大，在 BBNJ 养护和可持续发展谈判中与传统的海洋大国——美国相抗衡。但从另外一个角度来看，欧盟的强大实力和影响力来源于其成员国对主权自愿的让渡和限制。欧盟模式对传统主权理论基础上形成的国家自主决策权产生了突破，欧盟支持的全球海洋治理规则在一定程度上对其成员国内部的海洋治理规则造成了约束。假如在欧盟层面上的全球海洋治理规则与其成员国内部的海洋治理规则发生冲突，欧盟层面规则优先于成员国内部规则。即使欧盟层面规则属于软法性质，也对成员国规则制定产生影响。欧盟对全球海洋治理规则的塑造与实施，为国际社会克服主权局限性、共同解决跨越主权的海洋环境问题树立了榜样。欧盟的海洋环境保护，走过了从各成员国自行负责，到形成共同的法律和行动的过程。[①]

　　具体到 BBNJ 养护和可持续利用问题谈判过程中产生的冲突矛盾，有以下几个方面。首先，在环境影响评价议题中，各国或国

---

① 陈光伟，李来来. 欧盟的环境与资源保护——法律、政策和行动 [J]. 自然资源学报，1999（3）：97－101.

家集团的矛盾焦点在于如何设置环评的阈值。以欧盟及其成员国为代表的环保派要求制定极为严格、规范的环境评价制度。以美俄为代表的自由派倾向于在宽松的法律环境下继续肆意扩张自身实力。其次，在公海保护区议题中，各国或国家集团的矛盾是如何在全球模式、混合模式和区域模式中做出选择。欧盟及其成员国支持混合模式，从而在顺应"科学至上"的基础上保证欧盟在机构中占据数量优势。美俄支持区域模式，因为该模式对业已存在的海洋利益的影响相对较小，受到外界干预也较小。发展中国家支持全球模式，希望将所有决策的制定、管理和执行都置于一个单一的全球框架的权威之下，从而创建一个强有力的全球法律制度。再次，在海洋遗传资源获取和惠益分享议题上，各国或国家集团的矛盾在于资源获取的条件和惠益分享的范围。发达国家认为海洋遗传资源的获取不能对海洋自由的现状做出任何改变，海洋遗传资源的惠益分享应只关注非货币利益。发展中国家要求海洋遗传资源的获取行为既负责任又兼顾透明，海洋遗传资源的惠益分享应包括货币性惠益和非货币性惠益。最后，在能力建设和海洋技术转让议题上，各国或国家集团的矛盾在于能力建设和技术转让的性质问题。发达国家认为能力建设和技术转让是自愿的，不接受超出自愿基础的任何东西，而发展中国家认为能力建设和技术转让是一种义务。

　　BBNJ 养护和可持续发展谈判进程中产生的冲突与矛盾反映出各参与主体之间的激烈博弈，也反映出国家对于规则塑造起到的作用：首先，规则塑造的参与主体不只有国家，还包括涉海政府间组织、涉海非政府组织。涉海政府间组织通过充当国家与国际社会之间的纽带，推动各参与主体的合作与协调。涉海非政府组织通过宣传自己的观点对国家决策能力施以影响。规则的塑造不仅仅围绕国家进行，但对于实力特别强、传统主权观念特别顽固的美国来说，其他主体的影响相对较弱。其次，规则最终能否获得确定仍然需要各参与主体进行谈判，并且由具有投票表决权的国家批准。一旦进入投票环节，如果国家间分歧过大，谈判很可能面临崩溃，规则也会随之付诸东流。再次，谈判中产生的冲突与矛盾需要各参与主体通过协商去解决。规则最终的产生得益于彼此之间的让步与妥协。能做出这种决定的主体只有国家，国家的利益取向最终决定了规则的走向。最后，在全球海洋治理中，国家仍然是核心的治理主体。但传统的国家主权绝对观念明显已经不合时宜，需要进行适当的调整与改变，以适应时代的发展与变化。

第二节　全球海洋治理规则中国家地位作用的"变"与"不变"

国家主权理论并不是一成不变的，它的内容和地位随着历史发展而不断变化。对于国家地位与作用的思考必须结合具体的历史事件进行分析，才能更准确地把握其内在的逻辑和本质的规律。但国家主权理论也有自己固有的、不能动摇的内容。这种固有的、不能动摇的内容为国家的主权身份。主权身份是一个实体国家必备的、被国际社会和其他国家知悉并认可的核心特征，只有具备主权身份才能维持对外的独立平等和对内的服从与被服从。主权身份是唯一的、绝对的、不可分割的，全球治理与全球海洋治理不会对国家的主权身份造成冲击。受到冲击的是国家主权理论除了主权身份以外的内容，包括主权的权威和能力。① 主权的权威又

---

① 任丙强．全球化、国家主权与公共政策 [M]．北京：北京航空航天大学出版社，2007：207．

被称为主权的功能性权威,它可以被分割和让渡。主权的能力指的是国家选择和实施政策的自由,发展程度不同的国家,主权能力也有所差距。①

一、国家主权在规则演变中受限渐深

(一) 全球海洋环境问题对国家主权的限制

传统主权理论赋予国家在其管辖范围内自主制定符合其意愿政策的权利,并由该国家负责政策的实施。虽然国家并不一定能够妥善地解决这些问题,但它们的独立性确实受到认可,并且为国家的工具属性提供了合法性的来源。然而,全球海洋环境问题频频发生对传统主权的理论与实践造成了双重打击。可以说,全球海洋环境问题对传统主权造成了一定程度的限制。

第一,全球海洋环境问题具有 "相互影响" 和 "超越主权" 双方面的特征。海洋问题最初出现时危害程度并不算十分严重,它们的影响范围大多停留在国家和地方层面。这种程度的问题尚不足以使人类完全觉醒。但随着海洋问题在 "超越主权" 基础上扩大到区域层面、国际层面甚至全球层面,人类才意识到海洋环境问题 "相互影响" 的特征是多么的残酷。在全球海洋环境问题面前,传统主权理论对国家边界的划分显得格外苍白渺小。国家边界既无法从地理空间上对全球海洋环境问题进行分割,也无法人为控制这些问题带来的负面影响。"相互影响" 和 "超越主权" 的全球海洋环境问题对传统国家主权理论产生了冲击。

第二,因为全球性海洋问题的影响范围与依据主权理论对国

---

① 任丙强. 全球化、国家主权与公共政策 [M]. 北京:北京航空航天大学出版社,2007:67-69.

家边界做出的划分不可能完全重合，所以"相互影响"且"超越主权"的全球海洋问题无法由一个国家单独解决。只有各国家出于共同的目标、采取共同的行动才有可能实现海洋环境保护与可持续发展。传统主权赋予国家在管辖范围内的绝对权力受到了冲击。全球海洋环境问题的愈演愈烈反映出一个问题：国家无法避免、也无法单独面对全球海洋环境问题的发展。国家的传统工具属性，在这种全球性问题面前受到局限是一种必然。

（二）国际涉海组织与国家

全球海洋问题数量的增多、范围的扩大使该问题成为全人类所面临的共同问题。由于人们意识到任何一个国家都无法凭借一己之力很好地解决全球海洋问题，所以迫切需要多种主体与方式的合作。在这种背景之下，各种国际涉海组织逐渐走上了历史舞台，成为全球海洋治理体系中对主权造成冲击的一股力量。所谓国际组织，可以根据其涉及的范围分为世界性组织和区域性组织，也可以根据其成员的属性分为政府间组织和非政府组织。联合国和世界贸易组织（WTO）是最典型的世界性政府间组织，欧盟是最典型的区域性政府间组织。具有代表性的涉海非政府组织有绿色和平组织、国际电缆保护委员会、自然资源保护委员会、皮尤慈善信托基金、世界自然基金会等。

1. 涉海政府间组织与国家

涉海政府间组织是国家之间协商一致、基于自愿做出主权让渡的产物。它们积极参与全球海洋性事务，协调解决各种涉海纠纷。它们所发表的宣言、制定的公约或条约都对全球海洋治理规则的演变产生了一定程度的影响。第一，涉海政府间组织的服务对象和工作范围是由其法定职能决定的。它们必须按照其组织章程的规定进行活动，否则将会超出成员国自愿让渡的范围，对成员国主权造成损害。第二,在解决全球性海洋问题的过程中,涉海政府间组织的主要活动有组织会议、建立机构、制定规章等。参与这些活动的主体不只包括涉海政府间组织的成员国,也包括一些非政府组织和跨国公司。涉海政府间组织逐渐在全球、区域等不同层面上组织、协调和管理全球海洋问题,事实上承担了国际社会的政府性行政职能。① 第三,涉海政府间组织都是由国家或集团组成的,它们以尊重成员国主权为成立前提。国家决定参与某组织相当于对某部分主权进行让渡,如果它们认为这种让渡会伤害国家的根本利益,它可以选择不加入该组织或者对某些条款持保留意见。由于大多数政府间组织建立在主权国家相互妥协的基础上,所以它们代表了成员国的共同利益,因此它们发表的宣言、制定的公约或条约能够被较好地实施和遵守。相反地,如果有国家不实施或遵守这些规则,就可能会遭到该组织成员国的一致抵抗。第四,有人甚至认为,由于缺乏凌驾于所有国家之上的世界议会或世界政府,也缺乏对所有国家都具有管辖权的司法机构,国际组织实际上承担着全球性法律原则、规则和制度的创造者、实施者和维护者的角色。② 因此,涉海政府间组织在全球性海洋事务中具有较高的权威和地位。

鉴于涉海政府间组织在全球性海洋事务中具有较高的权威和地位,那么涉海政府间组织到底是国家的竞争者,还是国家实现目标的工具呢?如果将涉海政府间组织视为国际社会参与主体,具有独立的法律人格和特定的目标与利益,那么涉海政府间组织就是国家的竞争者。如果涉海政府间组织只是为了帮助国家解决

---

① 俞可平. 全球化与国家主权 [M]. 北京:社会科学文献出版社,2004:231.
② 饶戈平,黄瑶. 论全球化进程与国际组织的互动关系 [J]. 法学评论,2002
　　(2):3-13.

全球性海洋问题而存在，那么它们就是国家实现特定目标的工具。涉海政府间组织虽然受主权国家限制，但并非受国家控制。在全球海洋治理背景下，涉海政府间组织的发展方向应当是为国家间的竞争提供一个公平的法律环境，并且通过这个法律环境调节个体、国家、全球公民社会之间的关系。① 一句话概括涉海政府间组织与主权之间的关系：涉海政府间组织的活动离不开国家的支持。涉海政府间组织通过充当国家与国际社会之间的纽带，推动各参与主体的合作与协调，才能更好地满足全球海洋治理的需求。

2. 涉海非政府组织与国家

非政府组织是指不经由政府间协议创立的国际组织，也包括接受由政府当局指定成员的组织，但是被指定成员不能影响该组织的自主思想。非政府组织包括国内非政府组织和国际非政府组织。本书讨论的涉海非政府组织均为国际非政府组织。

首先，涉海非政府组织有积极的作用。《联合国宪章》第71条规定了联合国经济及社会理事会向非政府组织进行咨询的条件。该条款一方面帮助联合国经济及社会理事会获取一个获取民间信息的渠道，另一方面为非政府组织参与国际交流提供更多的机会。从而帮助主权国家、国际政府间组织、非政府组织等主体构建多元参与机制，解决各种棘手的全球性问题。1996年联合国经济及社会理事会向联合国大会提请审议非政府组织全面参与联合国各项工作。从此之后，非政府组织获得了联合国合法咨商地位。虽然它们在联合国举办的各项会议上并不享有投票权和表决权，但它们可以间接影响其他具有投票权和表决权的主体的思想。

近年来，涉海非政府组织无论在数量上，还是在活动范围上，

---

① 俞可平. 全球化与国家主权 [M]. 北京：社会科学文献出版社，2004：241.

都有了非常明显的发展。但它们在国际法规则形成过程中仍然不具有完全意义上的主体资格。虽然涉海非政府组织大多具有专业性、非官方和非营利的特征。但不排除也有非政府组织依赖官方政府资助和指导，也有非政府组织从事营利活动、提供有偿服务。所以非政府组织真正值得标榜的是它们的专业性，它们是为解决某种特定问题而结成的团体，具有坚定的初衷与持续动力。正是由于它们的专业，它们对全球海洋环境问题的认识更加权威、时效、可靠，也更容易得到社会各阶层的认可与接受。

许多涉海非政府组织致力于推动海洋环境保护议题的设置、扩散和制定。涉海非政府组织用于促进国际规则发展的多种策略包括直接参与国际论坛和会议，提供信息和专业知识，通过联盟直接或间接地游说，以及利用媒体来动员公众舆论。所有这些策略都有可能对国际规则谈判的方向和内容做出贡献[①]。涉海非政府组织参与全球海洋治理的积极作用在于：监督政府行动，增加透明度；反映公众关切度；提出政府不能提出的问题；促进讨论，弥合分歧，推动进展；监测或收集数据，提供科学和技术帮助。在海洋保护区问题上，涉海非政府组织能够并已经影响了国家行为。这种影响有些是以科学和技术建议的形式出现，有些以宣传的形式出现。在讨论和建立海洋保护区时，涉海非政府组织应该继续发挥其作为倡导者、教育者和促进者的作用。涉海非政府组织对一项事业的关注和对国家采取的行动，对那些并不总能得到所需关注的领域至关重要。涉海非政府组织提供的科学建议和对决策者的教育有助于确保决策者了解情况。促进谈判对话和提出

---

① Blasiak R, Durussel C, Pittman J, et al. The role of NGOs in negotiating the use of biodiversity in marine areas beyond national jurisdiction [J]. Marine Policy, 2017, 81: 1 - 8.

国家无法或不愿提出的棘手问题是涉海非政府组织的另一个作用。在建立海洋保护区后，涉海非政府组织可以通过其研究和监测能力向国家提供帮助，也可以继续发挥其增加规则透明度，迫使国家采取行动和对国家问责的重要作用。虽然国家是签署条约、签订协议并负责国家管辖范围外海洋生物多样性治理的最主要主体，但涉海非政府组织可以与国家合作，二者一起发挥作用，确保重要的海洋区域得到有效保护。①

涉海非政府组织越过国家直接参与全球海洋治理是一个不争的事实。一方面，涉海非政府组织的参与能起到对国家行为不足之处的补充作用。它们提供的信息和搭建的对话平台试图打破国际关系中主权国家垄断的藩篱；另一方面，涉海非政府组织获得的发言机会越多，国家在做出决策时需要考虑的额外因素就越多，决策自主性就越低，受到的影响乃至压力就越大。

其次，涉海非政府组织也具有一定的局限性。涉海非政府组织拥有的资金与技术很大程度来自国家和个人捐赠，既然接受了他人的捐赠，就无法避免受其意志影响，很难保证完全的公平、公正。几乎所有具备经济实力的涉海非政府组织都来自世界"北方"，世界"南方"很少得到充分的代表，这也给涉海非政府组织的公平公正打上了大大的问号。涉海非政府组织可能为了既得利益，提出不科学的意见或转移讨论话题。事实上，涉海非政府组织确实缺乏民主、透明度和问责，这些因素可能导致国家对涉海非政府组织的参与反应不佳。

虽然涉海非政府组织可以提出国家不能提出的尖锐问题，并

---

① Wales E. Areas beyond national jurisdiction: a study on capacity, effectiveness of marine protected areas, and the role of non-governmental organizations [D]. University of Delaware, 2020.

能以国家不能做到的方式推动这一进程，但有时达成协议最终还是要靠外交手段。比如涉海非政府组织推动各国就建立罗斯海海洋保护区达成协议，但中国和俄罗斯坚持不同意，各国通过外交手段才使它们加入进来。虽然涉海非政府组织在推动这一进程方面可以发挥重要作用，但国家外交也发挥着关键作用，国家之间的关系也不能被忽视。

发展中国家的涉海非政府组织缺乏足够的经济支持，使它们不能充分发表自己的看法。在一些重要的、敏感的问题上，发达国家不能容忍涉海非政府组织的权力过分壮大。所以涉海非政府组织即使出现在某些会议上，它们的身份很可能是非正式的、不具有表决权的。对于涉海非政府组织提出的意见，也仅仅具有参考价值，国家拥有自由决定是否采纳的权利。由此可见，涉海非政府组织对国家主权的限制作用具有很大的局限性。

最后，在这些特定的作用之外，涉海非政府组织难以担当国际法主体角色，在国家管辖范围外区域海洋保护区治理中的作用有限。国家管辖范围外区域海洋生物多样性养护和可持续利用的治理最终是国家的责任。涉海非政府组织参与全球海洋治理的消极作用在于：持有与国家不同的观点，导致问题转移或进程延长；使用不良的技术或信息；造成平等参与上的错觉。

（三）国家主权的自我限制有所加强

传统的主权理论认为主权是国家的根本属性，主权至上、主权绝对、主权不可分割、主权不得转让。主权在威斯特伐利亚主权体系中占据支配地位，逐渐成为国际政治经济秩序的基石。全球治理现象的出现对传统国家主权理论和实践产生了影响。在全球治理理论体系中，关于"国家主权究竟处于何种地位"的讨论主要分为三个流派：一是国家主权支持流派。这个流派认为虽然国家主权受到国际规则和其他非国家行为体的限制，但国家仍然是国际社会最主要的参与主体；二是国家主权否定流派。其主张主权理论已经过时甚至终结了；三是国家主权中立流派。这个流派认为全球治理与国家主权的关系并不是非此即彼的，不能简单地认为前者对后者的作用是增强或削弱。国家主权在不同种类的全球性问题中表现出不同的发展态势，也不能将所有的发展态势都笼统概括为保持不变或被削弱或走向消亡这样单一的趋势，应当坚持具体问题具体分析的马克思主义基本原理。

全球治理是对全球性问题的处理和对全球公共产品的提供，其基本价值是超越单一国家利益的全人类共同利益，必然与由国家界定的国家利益存在矛盾。① 就全球海洋治理这一具体领域而言，国家塑造和执行全球海洋治理规则的能力确实受到了一定程度的削弱。在拟定全球海洋治理规则的过程中，国家通过主权让渡将某些权利转移给涉海政府间组织，越来越多的涉海非政府组织在相关问题上发表看法影响其他参与主体的决策，全球海洋治理规则不是由某个国家或国家集团单独决定的，国家或国家集团之间的协商与妥协是大势所趋。在执行全球海洋治理规则的过程中，国际涉海组织的支持与配合是不可缺少的。如果国际涉海非政府组织，包括一些原住民组织认为该规则与它们的利益或观念不符，可能会采取游行示威等方式对其予以抵制，这些行为对规则的执行效果也产生了负面影响。

全球海洋环境问题"相互影响"和"超越国家主权"两方面的特征对传统国家主权造成了一定程度的限制。涉海政府间组织通过充当国家与国际社会之间的纽带，推动各参与主体的合作与

---

① 刘衡. 国际法之治：从国际法治到全球治理 [D]. 武汉：武汉大学，2011.

协调。涉海非政府组织一方面对国家行为不足之处进行补充，另一方面通过宣传自己的观点对国家决策能力施以影响。但国家并非被动地承受着这些影响，它们也对这种受限的、日益加深的情况采取了应对措施。这种状况引发了关于国家主权理论演变规律的思考：究竟国家应当凭借自身实力凌驾于全球海洋治理之上，还是主动对自身的权力进行限制去适应全球海洋治理的发展呢？从全球海洋治理的发展趋势来看，似乎第二种做法更加合适。这种做法在全球海洋治理规则的演变历史中也得到了印证。

全球海洋治理规则数量的增长和内容的丰富说明国家对于海洋环境保护和可持续发展国际责任的接受程度有所提高。全球海洋治理规则在一定程度上限制了国家的环境权力，国家不仅不能为所欲为、危害其他国家或国家管辖范围外海洋环境，而且还需要在不损害子孙后代利益的情况下满足当代人对海洋的需求，在海洋环境与经济发展之间寻求平衡。由于国家越来越多、越来越深地参与全球海洋治理规则的塑造与实施之中，且国家主权的工具属性不再是传统意义上的至高且绝对，做出决定时需要考虑的因素也不仅仅是自身的利益。所以传统的国家主权理论对"相互影响""超越主权"的全球性海洋问题的解决能力明显不足。但这并不意味着国家在全球海洋治理规则的塑造与实施中失去了重要性，也不意味着国家的地位作用受到了严重侵蚀。

二、国家的核心地位

国家并不是单方面承受着全球海洋治理体系中其他涉海国际组织的冲击，而是与其他涉海国际组织进行着博弈。国际法主体必须能独立参与国际活动，在国际法上享有权利、履行义务、承担责任、独立求偿。具备以上能力的主体一般为国家，在特定条

件下可能是政府间组织和正在争取独立的民族，涉海非政府组织
不在此列。① 涉海非政府组织，即使参与甚至制定了一些有国际
影响力的文件，也不足以享有权利、履行义务、承担责任、独立
求偿。目前看来，只要全球海洋治理规则存在着因为国家的联合
抵制而落空的可能性，或者国家可以自由地选择加入或者退出相
关规则，它们的国家主权就并没有从根本上受到剧烈的冲击。

　　总之，虽然国家主权在全球海洋治理规则塑造和实施过程中
受到了一定的冲击，但这种冲击没有动摇或者改变国家主权最根
本的特征，国家主权没有过时，也不会终结。国家是国际规则和
国际组织产生的前提，而国际社会则是国际规则和国际组织存在
的社会基础。没有国家，不可能有国际规则和国际组织。只有一
个或多个各自孤立的国家，也不可能有国际规则和国际组织。国
家通过合作形成国际规则、实践国际规则、遵守国际规则。国家
在全球海洋治理规则演变中占据最重要的地位，是该问题中最核
心的治理主体。

　　（一）国家是 BBNJ 养护和可持续利用问题最重要的参与
主体

　　联合国进行的关于 BBNJ 养护和可持续利用问题国际协定的谈
判是目前全球海洋治理最具代表性的事件。从参与谈判的主体出
发，国家在所有参与四次筹备委员会会议和三次实质性会议中的
主体中数量最多，所占比例最高，一直保持在 70% 左右。国家和
由国家组成的国家集团在四次筹备委员会提交草案建议的数量也
最多，所占比例达到 58% 。从这两点来看，国家是 BBNJ 养护和可
持续利用国际协定塑造过程中最主要的参与主体。从谈判的目标

---

① 葛永平. 国际组织法 ［M］. 北京：知识产权出版社，2019：188.

出发，BBNJ 养护和可持续利用问题国际协定的总体目标是缓解海洋利益冲突、维持海洋秩序和实现集体目标，确保在不损害子孙后代利益的情况下满足当代人对海洋资源和环境的需求。但具体到各个参与主体而言，每个主体都有自己的政治立场和价值取舍，使谈判过程充满了矛盾与分歧。这些矛盾与分歧的根源在于国家局限于自身的政治、经济、安全利益，有意识地回避了国际社会的共同价值。主权让渡为解决这些分歧提供了可能，通过主权让渡可以对各国的利益进行协调。主权让渡不涉及核心权利①，而是国家出于对自身利益的理智考量而做出的自主选择②。做出让渡的同时，国家也会得到相应的回报。从规制内容出发，目前可供参考的很多国家管辖范围外涉海规制都依托国内制度，形成了国家相应制度的外溢，显示了国家主导的发展趋势。

关于 BBNJ 养护和可持续利用问题的谈判过程体现了国家在全球海洋治理规则演变过程中的作用。首先，如果关于 BBNJ 养护和可持续利用问题的具有法律约束力的国际协定能够形成，那一定是由于主权国家的妥协和批准，这说明国家具备限制海洋制度形成的能力。其次，虽然诸如涉海政府组织、涉海非政府组织的其他参与主体在海洋环境保护议题的设置和扩散过程中发挥了一定的作用，但它们的看法如果与某些传统海洋强国利益严重相悖，也会遭到抵制。因为在传统海洋强国眼中，国家利益是国家不变的行为依据和准则，是国家战略思维不变的出发点与归宿点。归根结底，国家仍旧是全球海洋治理体系最重要的参与主体，全球

---

① 任卫东. 全球化进程中的国家主权：原则、挑战及选择 [J]. 国际关系学院学报，2005（6）：3 – 8.

② 徐泉. 国家主权演进中的"新思潮"法律分析 [J]. 西南民族大学学报（人文社科版），2004（6）：185 – 190.

海洋治理体系的走向取决于国家之间的角逐与较量，全球海洋治理规则演变可能会从另一个角度强化国家主权的权威性和合法性。

（二）发展中国家集体行动

最初，与一般海洋国家相比，海洋强国对海洋规则的塑造与实施具有更大的影响力①。海洋权力争霸时期以海洋自由为核心的海洋规则之所以能够得到确认并形成共识，一方面是由于格劳秀斯、塞尔登、威尔伍德等人持续多年的论战，使得海洋自由为人们广泛所知；另一方面是因为拥有强大海军实力的荷兰和英国在它们大范围的海洋活动中对海洋自由持续有力的实践。也就是说，以荷兰和英国为代表的早期海洋强国在海洋自由的塑造与实施中起到了至关重要的作用。

进入海洋权利争夺时期后，海洋强国发挥影响力最典型的代表是，美国为了控制大陆架海床和底土自然资源而颁布的"杜鲁门声明"。"杜鲁门声明"的成功说明法律学说可以被人为塑造，成为服务于提出它的国家的根本政治利益的工具。但第二次世界大战结束后，许多殖民地、半殖民地国家赢得了民族独立，成立了主权国家。第三世界国家国际社会地位的提高使得它们开始思考如何与传统的海洋强国进行斗争，捍卫自己的海洋权益。1967 年联合国大会上，马耳他常驻联合国代表阿维德·帕多博士发表的"帕多提案"，是第三世界国家对海洋霸权主义的有力冲击。② 联合国第三次海洋法会议上，广大第三世界国家同海洋大国之间的斗争仍在继续。《公约》的制定过程也是主要海

---

① 房旭. 国际海洋规则制定能力的角色定位与提升路径研究 [J]. 中国海洋大学学报（社会科学版），2021（6）：51–60.
② 周子亚. 海洋法与第三世界 [J]. 吉林大学社会科学学报，1983（1）：71–76.

洋大国与发展中国家、群岛国和内陆国几大利益集团之间相互协调的结果①，《公约》最终的订立说明反海洋霸权力量获得了初步胜利②。也就是说，第三世界国家是《公约》形成过程中举足轻重的参与主体。在第三次联合国海洋法大会接近尾声、《公约》即将达成之际，美国意识到《公约》与其一直主张的极为广泛的海洋自由相悖，于是拒绝加入。美国作为当时绝对的海洋大国，能够完全不顾国际社会舆论做出这种行为，可见《公约》与其预期利益相去甚远。与海洋权力争霸时期海洋强国对规则塑造的绝对作用相比，海洋权利争夺时期海洋强国对规则塑造的作用有所减弱，造成这种情况的原因是第三世界国家的崛起和斗争。

进入以海洋责任承担为时代特征的全球海洋治理时期后，全球海洋资源与利益面临着一次重新分配。如果不能制定一个相对公平的分配规则的话，很可能造成各参与主体分配不均的结果，有人盆满钵满，有人两手空空。为了维护自身利益，发达国家也好，发展中国家也罢，都必须采取行动，争取规则制定的主导权和发言权。如果说以《公约》形成过程为线索的海洋权利争夺时期，海洋强国对规则塑造的作用因第三世界国家的崛起和斗争而有所减弱。那么在以海洋责任承担为时代特征的全球海洋治理规则塑造过程中，发达国家与发展中国家的矛盾更加尖锐、斗争更为激烈。发展中国家为了在关于 BBNJ 养护和可持续利用问题国际协定的谈判中争取更多的话语权，汲取了第三世界国家在联合国第三次海洋法会议上获得胜利的经验，更加紧密地团结彼此。具

---

① 白佳玉，隋佳欣. 人类命运共同体理念视域中的国际海洋法治演进与发展 [J]. 广西大学学报（哲学社会科学版），2019，41（4）：82-95.

② 周子亚. 海洋法与第三世界 [J]. 吉林大学社会科学学报，1983（1）：71-76.

有相似利益诉求的发展中国家组成了太平洋小岛屿发展中国家、小岛屿国家联盟、加勒比共同体和 77 国集团等国家集团，它们以国家集团的形式向大会提出草案建议。虽然单个发展中国家的实力和影响力相当有限，但当它们团结起来时，局势就发生了转变。它们在谈判中发表的意见引起了一定程度的关注，避免了因为经济实力差距而被发达国家边缘化的命运。如果发展中国家不能将主权作为维护自身利益的最有力工具，发达国家就会通过 BBNJ 养护和可持续利用问题国际协定实现它们利益的更大化，从而更加严重地影响发展中国家的海洋权益。所以，在 BBNJ 养护和可持续利用问题国际协定谈判过程中，发展中国家必须在维护国家主权的前提下作出决定，努力将全球海洋秩序引领向更加公平公正的方向。

（三）某些传统国家主权理论对全球海洋治理规则造成障碍

趋利避害是人性的本能。国家利益是国家参与一切活动的出发点和落脚点。如果国家为了追名逐利，片面地理解主权不受干涉原则，在全球海洋问题面前消极懈怠，则有可能对全球海洋环境乃至全球海洋治理规则的形成造成障碍。

第一，绝大多数全球海洋活动以国家为组织者和执行者。随着人类社会生产力水平的提高，科学技术日益发达，国家对国家管辖范围外海域的开发与破坏能力都大大增强。这种开发与破坏都远远超出了海洋环境承载能力，由此引发一系列新型的全球性海洋问题。这种问题的根源在于人类本性的自私逐利，以牺牲环境为代价盲目追求高速发展。

第二，传统国家主权理论认为主权至上、主权绝对。在这个前提下，国家认为自己具有不受国际社会其他主体干涉、独立制定海洋政策的权力。它们在制定海洋政策时可以理所当然地忽视造成全球性海洋问题的可能性。我们应当意识到，在这种情形下做出的决定很大程度上会对其他国家产生影响，因为"相互影响"是全球海洋治理的特征。但在现实生活中，甚至有国家以主权为"挡箭牌""护身符"，故意规避全球海洋规则的适用及遵守。其中最典型的例子莫过于美国与《公约》的关系，美国之所以如此我行我素，一方面是以强大的经济实力作为后盾，另一方面是出于它们对主权绝对的偏执坚持，它们认为出于维护国家利益目的做出的任何决定都是正当的，不受国际社会干涉的。

第三，国家有可能加速海洋环境污染的跨境转移。当国家意识到在其管辖范围内进行某些海洋活动可能会对自身利益造成不良影响后，它很可能会做出将不良影响转移至其他国家或国家管辖范围外海域的决定。这种情况最典型的代表就是在公海中非法、不报告和不管制捕鱼造成对海洋生物多样性的破坏，以及公海倾废对海洋环境的破坏。可以说，是国家主权的狭隘制度安排导致这些自私的、不负责任现象的产生。

第四，当前全球海洋治理规则对海洋环境责任的认定仍然倾向于以国家作为基本单位。这使国家与海洋环境之间的关系更加紧密。然而这种紧密更多地存在于国家管辖范围内的海洋环境问题，对于国家管辖范围外区域的海洋问题来说，责任的承担能否突破主权观念的限制也是一个巨大的考验。

虽然主权有可能对全球海洋环境造成负面影响，但二者之间的关系其实是对立统一的。国家既是环境的破坏者，也是环境的恢复者、改善者和保护者。[①] 全球海洋环境问题的解决很大程度还

---

① 王曦. 主权与环境 [J]. 武汉大学学报（社会科学版），2001（1）：5–11.

要依靠国家或国家集团在塑造海洋规则方面的合作与执行。

第三节　国家主权的未来走向及其对中国的启示

一、国家主权在全球海洋治理规则中的未来走向

国家主权是一个不断变化的历史概念，其内涵在不同的历史时期有着不完全相同的价值取向。处于动态发展的国际社会中的现代国家，适应性是其实质，国家必须通过适当改变自身观念和实践活动来适应时代的变化，妄自尊大、故步自封都是不现实的。对于大多数国家来讲，对主权地位的认识会影响到国家战略、政策的选择。全球海洋治理是一个开放的过程，国家参与全球海洋治理的动力在于分享海洋政策带来的红利，也在于从全球海洋治理进程中获得更多的机会和更大的空间。面对全球海洋治理其他参与主体对国家造成的冲击，国家应当在思想观念上做出适当的准备。

在思想观念上做出适当的准备，指的是国家在面对来自全球海洋问题和其他参与主体双重外界压力的情况下，如何正确地看待国家主权受到限制的现象。面对这种现象，是采取积极态度予以应对，谨慎做出主权让渡的决定，促进多元主体之间的合作，还是坚持传统的国家主权理论，认为主权绝对、主权至上、主权不可分割，无论如何都不能以"牺牲"主权作为代价？国家的思想观念，决定了在全球海洋治理规则中主权的未来走向。

全球海洋治理规则为多元参与主体的行为提供指引，但它也被参与主体的思想观念所影响。国家主权的未来走向，影响着全球海洋治理规则的发展。主权与全球海洋治理规则二者之间的关

系相互影响、相互依赖。

（一）国家主权的"离开"与"回归"

纵观全球海洋治理规则一脉相承的演变历史：海洋权力争霸时期海洋自由规则塑造的根本目的是保障国家权力的无限扩张，国家在该时期海洋规则的形成与落实中发挥最重要作用、占据最重要地位。海洋权利争夺时期《公约》形成过程中，国家从上一时期对权力扩张的无限追求发展到自我克制与相互约束。它们在权力与利益、自律与他律之间做出的选择，使国家作用有所减损、地位有所动摇，国家在该时期海洋规则塑造与实施中不再是唯一的主体。随着时代的发展，人类的经济与社会活动引起诸如海洋环境污染、海洋生物多样性减损等全球性海洋问题，全球海洋治理步入了责任维度阶段，相关海洋规则制定的过程不再局限于传统的国家利益视角。从规则的塑造到规则的实施都离不开主权国家以外其他参与主体的作用，多元主体的合作与协调已经成了不可避免的选择。随着全球海洋治理规则数量的增长和内容的丰富，国家在其中受到限制的程度也日益加深。"离开"是国家主权的行动轨迹，国家主权的"离开"是一种集体行为，有助于全球海洋治理规则的发展。①

前文已讨论过，与一般海洋国家相比，海洋强国对海洋规则的塑造与实施具有更大的影响力。② 海洋大国在主导海洋规则形成的过程中，很可能凭借其优势地位对发展中国家造成某种程度的危害，发展中国家主权的"离开"将会产生消极后果。在这种情

---

① 蔡从燕. 国家的"离开""回归"与国际法的未来 [J]. 国际法研究, 2018 (4)：3-15.
② 房旭. 国际海洋规则制定能力的角色定位与提升路径研究 [J]. 中国海洋大学学报（社会科学版）, 2021 (6)：51-60.

况下，是否应该考虑加强对国家主权的维护，使"离开"的主权再次"回归"呢？

确实，国家主权在某些领域显示出了"回归"的趋势。目前最具代表性的"回归"现象有美国退出《巴黎协定》，英国退出欧盟，俄罗斯、南非等多国退出《国际刑事法院规约》等。① 这种形式的"回归"也被称为"逆全球化"，"逆全球化"出现的根本原因在于国家对主权受限程度越来越不满，也在于对国家主权"离开"产生于己不利后果的觉察。虽然这些以"退约""退群"为表现形式的国家主权"回归"，并没有实质性违背条约的退出机制，但这其实是带有消极色彩的。因为这从本质上是对国际法基本价值的违背②，是出于对国家利益的极致追求而逃避承担国际义务。这种类型的国家主权"回归"体现了狭隘的国家利益导向和淡薄的国际责任意识③，这种做法最终危害的是全人类的共同利益。

目前全球海洋治理最具代表性的事件即在 BBNJ 养护和可持续利用问题国际协定的谈判中尚不存在这种现象。因为人们普遍认识到，针对海洋环境问题进行的补救办法必须是全球性和多层面的，需要全人类的共同努力和应对。如果各国仍沉浸在对海洋权利的争夺之中，造成的负面影响很大，可能会触及自身利益，甚至国际社会的整体利益。为了缓解海洋利益冲突、维持海洋秩序和实现集体目标，确保在不损害子孙后代利益的情况下满足当代人对海洋资源和环境的需求，构建一个被大多数参与主体认可并

①　蔡从燕. 国家的"离开""回归"与国际法的未来［J］. 国际法研究，2018（4）：3－15.
②　江河，胡梦达. 全球海洋治理与 BBNJ 协定：现实困境、法理建构与中国路径［J］. 中国地质大学学报（社会科学版），2020，20（3）：47－60.
③　江河，胡梦达. 全球海洋治理与 BBNJ 协定：现实困境、法理建构与中国路径［J］. 中国地质大学学报（社会科学版），2020，20（3）：47－60.

遵守的国际协定势在必行。但不排除某些国家意识到国际协定一旦达成将与其主张相悖，然后拒绝加入的情况。如果发生这种情况，很大可能是因为该国家为了保全自身利益而逃避承担国际责任。

从另外一个角度审视国家主权的"回归"，可以发现这种现象也体现在对国内法重视程度的提高，国际法的适用更多地受到国内法的制约，国家更加倾向于以转化方式实施条约。① 一方面，在目前全球海洋治理最具代表性的事件即在 BBNJ 养护和可持续利用问题国际协定的谈判中，可供参考的很多国家管辖范围外涉海规制都依托国内制度，形成了国家相应制度的外溢，显示出了国家主导的发展趋势。国家制度的外溢使得国际法更多地受到国内法的影响与制约。另一方面，《公约》附件三第 4 条第 4 款规定了担保国担保责任免除的情形，即"担保国已制定法律和规章并采取行政措施，而这些法律和规章及行政措施在其法律制度范围内可以合理地认为足以使在其管辖下的人遵守，则该国对其所担保的承包者因不履行义务而造成的损害，应无赔偿责任"。目前共有比利时、巴西、中国、库克群岛、古巴等 35 个国家、国家集团或地区向国际海底管理局提供了国内立法的参考文本，这些国家通过国际法的国内转化实施了《公约》的相关内容。所以，在 BBNJ 养护和可持续利用问题中国家相应制度的外溢和国家国际法的国内转化是国家主权"回归"的一种表现。

以上所述反映出全球海洋治理规则演变与国家主权之间矛盾的局面，国家主权究竟何去何从？是以一种积极的态度看待国家在规则之中受限程度日益加深的现象，还是更加谨慎地看待规则

---

① 蔡从燕. 国家的"离开""回归"与国际法的未来 [J]. 国际法研究，2018（4）：3-15.

的塑造与执行，加强对国家主权的维护呢？笔者认为，全球海洋治理规则的塑造与执行需要经过各参与主体之间极端激烈的政治斗争，这预示着相关规则建立过程中的曲折与艰难。国家在这个过程中发挥着最重要的作用、占据着最重要的地位。虽然遭受多元主体的冲击，但国家主权不会过时，也不会终结，而是随着时代的发展产生一系列的变化。一方面，国家在全球海洋治理规则面前，需要做出一定的牺牲和让步以换取相应的对价。另一方面，国家，尤其是发展中国家，要时刻警惕，不能沦为发达国家攫取利益的工具。虽然主权绝对、主权至上的观念已经不合时宜，但坚定不移地维护国家主权是每个发展中国家必须牢记的选择。

在这样的时代背景之下，主权让渡造成的"离开"和主权维护引起的"回归"都具有其高度的合理性。但也应当辩证地审视国家主权"回归"的不同表现形式，因为高度追求国家利益而弃国际责任于不顾的"逆全球化"国家主义并不可取，甚至应当被反对。但如果国家主权"回归"表现为国家制度的外溢和国际法的国内转化，那就值得被推崇和鼓励，因为这种国家主权"回归"有助于促进国内法与国际法的协同前进。对于广大的发展中国家来讲，只有清醒地认识主权理论变动的趋势，才能更加科学、更加有效地制定自身的方针政策，才能在全球海洋治理中找准自身的位置。

（二）国家主权与未来全球海洋治理规则的制定

随着全球海洋治理规则的不断演进，越来越多的新规则被制定出来，这些新的规则目的在于保证主权国家或集团之间权利的享有与义务的履行。在全球海洋治理体系中规则制定可以采取的途径无非两种：一是国内法的国际转化；二是国际法的国内转化。在全球海洋治理体系中，国家或国家集团做到了法律的对外输出，实际上就是国家地位的强有力体现。但现实情况是，很多国家忽略了法律的向内引入，并没有切实履行国际法的国内转化义务，而这恰恰是作为条约缔约国应当承担的义务。

涉海政府间组织作为全球海洋治理体系中重要的参与主体，它们的形成与发展有赖于国家做出相应的权利让渡。虽说国家是否做出让渡、在何种程度上做出让渡取决于让渡的对价，但国家本身对"绝对主权"观念的执着也会对主权让渡造成负面影响，在全球海洋治理这样巨大的问题面前，"自上而下"的传统国家主权力所不逮，需要进行必要的补充才能适应新的需要。在未来的全球海洋治理进程中，真正决定国家主权地位与前景的，是国家的观念与态度。

对于涉海非政府组织蓬勃发展这个现象，应对其予以高度重视。如果对其熟视无睹，就可能在规则演变过程中丧失一部分话语权，甚至损害国家利益。所以，国家应在观念上认同涉海非政府组织的正面价值，为涉海非政府组织的发展壮大创造良好的社会环境。并且鼓励国内发展相对成熟的涉海非政府组织开展国际交流与合作，积极参与相关规则的制定，扩大国际话语权。①

全球海洋治理规则制定的过程之所以如此艰难，很大原因在于有关事务主体责任感缺失造成的本体构成困境。② 全球性海洋问题是全人类共同面临的问题，该问题不能由任何一个国际社会参与主体单独解决，也不只影响任何一个参与主体的单独利益。国家是国际法最重要的主体，想要建立凌驾于国家之上的"世界政

---

① 聂洪涛. 国际法发展视域下非政府组织的价值问题研究 [M]. 北京：法律出版社，2015：164.
② 江河，胡梦达. 全球海洋治理与 BBNJ 协定：现实困境、法理建构与中国路径 [J]. 中国地质大学学报（社会科学版），2020，20（3）：47–60.

府"去约束国家不合理的谋利行为是不现实的，也是不可能的。意欲达成被广大参与主体所接受并遵守的、尽可能公平的全球海洋治理规则，必须依靠国家的主观能动和价值认同。只有当国家适当放弃主权绝对、主权至上、主权不可分割的传统观点，不再坚持零和博弈的思维模式，在考虑本国利益的同时兼顾他国利益，在考虑本代人利益的同时兼顾后代人的利益，才能更好地采取集体行动，而不是把有限的精力和资源消耗在无休无止的内部竞争上。在这种情况下，国际社会各参与主体，尤其是国家才能有力量构建一套以全人类利益最大化为目标的全球海洋治理规则。

二、中国在全球海洋治理规则中的定位与启示

任何事物都具有两面性，就国家主权在全球海洋治理规则演变中的地位和作用问题来讲，一方面，国家主权确实在全球海洋治理规则演变中受到了冲击；另一方面，国家仍然在全球海洋治理规则演变中占据最重要的地位。国家主权涉及国家的根本利益，任何一个国家都不能对其遭受的冲击无动于衷，如何应对在全球海洋治理规则演变中其他主体对国家的挑战是一个值得考虑的问题。但是每个国家的基本国情不同，在全球海洋治理中扮演的角色也有不同，所以应对策略也各不相同。一个国家，尤其是发展中国家，如果不重视对国家主权的维护，草率地做出不合理的主权让渡决定，很可能会陷入发达国家的陷阱，成为它们通过规则塑造谋利的牺牲品，最终导致自身国家主权被进一步削弱。如果过分保护自身国家主权和利益，不肯做出任何让步，那么全球海洋治理规则就会化为泡影。鉴于这种矛盾的现实情况，主权国家必须高度重视全球海洋治理规则塑造与实践"尺度"的把控。

（一）中国在全球海洋治理规则塑造中的定位

中国作为快速崛起的发展中国家，在全球海洋治理规则塑造过程中发挥的影响力越来越大，加深了西方国家对自身"优势地位"消解的焦虑与不安。[①] 西方国家的敌意使得中国在全球海洋治理规则塑造过程中遭遇了困境。为了打破眼前的困境，中国以实际行动证明自身有意愿，也有能力为国际社会提供更多的海洋公共产品。"一带一路"倡议和"蓝色伙伴关系"的建设说明中国愿意帮助其他国家，尤其是发展中国家进行海洋建设。在追求本国海洋利益时，中国兼顾其他国家的海洋合理关切。在谋求自身海洋建设能力发展时，中国促进世界各国海洋能力建设共同发展。

从国际环境来看，我们必须承认当前的全球海洋治理体系仍然无法摆脱强权政治和利己主义的枷锁，第三世界发展中国家时常遭遇不公正、不合理的待遇。随着全球海洋治理规则数量的增加和内容的丰富，国家在其中受到限制的程度也日益加深。某些国家出于对其主权受限程度加深的不满，以及对主权让渡产生不利于己后果的觉察，做出了逃避承担义务的行为，也就是上文讨论过某些领域国家主权的"回归"趋势。虽然目前全球海洋治理最具代表性的事件，即在 BBNJ 养护和可持续利用问题国际协定的谈判中尚不存在这种现象，但不排除某些国家意识到国际协定一旦达成将与其主张相悖，然后拒绝加入的情况。这种狭隘的国家利益导向和淡薄的承担责任意识甚至会成为构建全球海洋治理规则体系的阻碍。出于对这种情况的预判，中国应在对眼前利益和

---

① 朱锋. 从"人类命运共同体"到"海洋命运共同体"——推进全球海洋治理与合作的理念和路径 [J]. 亚太安全与海洋研究, 2021 (4)：1 – 19, 133.

长远利益平衡的基础之上，更加积极地显示出一个负责任的大国姿态。

对于中国而言，在参与全球海洋治理的同时，还要兼顾可持续发展和提高综合国力。在国际社会参与主体彼此高度依赖的今天，中国在与其他国家、政府间组织、非政府组织进行良性互动的过程中寻求自身利益的实现，而这种利益的实现往往伴随着主权让渡的代价。主权让渡必须以平等、自愿为基础，它的底线是不对国家利益产生危害，它的目的是更好地发展综合国力。具体到全球海洋治理领域，中国应理智清醒地认识某些方面主权让渡的必要性，及时做出合理选择。

全球海洋治理规则的演变导致了海洋资源的重新分配，这就势必会引起一系列的利益冲突，每个参与主体在其中获得的利益差异非常明显。在寻被大多数参与主体都接受的相对公平的治理规则的过程中，国家主权是每个国家维护自身利益的最有力工具。在全球海洋治理规则的演变中，维护国家主权就是维护自身利益，也是保证规则更加公正的最佳选择。正视并顺应国际形势的变化，积极参与各项国际议题的设置工作，努力从规则的被动接受者转变为规则的主动制定者，确保与我国实力地位相匹配的发言权和投票权。

具体到 BBNJ 养护和可持续利用问题国际协定的谈判，中国应当清醒地看待该国际协定可能带来的惠益与弊端。所谓惠益，指的是通过参与谈判提升中国在全球海洋治理领域的话语权，既促进现阶段海洋权益的实现，又保证长远利益的发展。所谓弊端，指的是在中国的公海活动能力和科技实力都逊色于发达国家的情况下，加入新的规则体系就相当于为自己未来可能进行的公海活动设置了限制。因此，在谈判过程中中国所表达的立场与态度必须建立在对眼前利益和长远利益的平衡之上，在维护国家主权的前提下，做出符合中国国情的主权让渡决定。

（二）遵守以《公约》为基础的全球海洋规则

全球海洋治理的发展建立在规则和秩序的基础上，发达国家和发展中国家在诸多问题上存在着分歧和矛盾，通过谈判、达成共识、维持秩序是处理这些问题的最优解。在关于 BBNJ 养护和可持续利用问题的谈判过程中，多次出现了"不损害现有法律文书、框架与机构，与现有国际规则相协调"的要求，这说明如果一个国家想要参与到新兴的国际造法活动中，就应当遵守以《公约》为基础的全球海洋规则，避免产生新的矛盾与冲突，在此基础上向前推进。

在全球海洋治理规则演变的漫长历史进程中，无论是权力争霸时期，还是权利争夺时期，中国长期处于被动接受地位。随着中国综合国力的不断提升，国际地位的逐渐提高，中国对海洋权益愈发重视。在当前以责任承担为特征的全球海洋治理规则塑造时期，这为中国提供了千载难逢的机遇。中国享有《公约》赋予的权利、履行《公约》规定的义务是参与全球海洋治理的前提。维护《公约》的原则与精神，既能显示出中国作为负责任海洋大国的气度与风范，也能为之后的国家角色转型奠定良好的基础。中国在全球海洋治理规则中所扮演的角色是遵守者与制定者，维护者与引导者，实施者与监督者，承受者与供给者。[1]

---

① 许忠明，李政一. 海洋治理体系与海洋治理效能的双向互动机制探讨 [J]. 中国海洋大学学报（社会科学版），2021（2）：56-63.

（三）传播"海洋命运共同体"理念

参与全球海洋治理需要传播中国智慧，加强理念输出。在全球海洋治理规则演变的责任维度时期存在着几组尖锐的矛盾，如发达国家与发展中国家之间的矛盾、海洋强国与其他沿海国之间的矛盾、沿海国家与非沿海国家之间的矛盾等。在此背景下，想要改进旧秩序、建立新秩序就必须引进一种全新的治理理念。①"人类命运共同体"理念、"海洋命运共同体"理念恰恰就符合这种要求："人类命运共同体"与国家管辖范围以外区域海洋生物多样性养护和可持续利用问题的核心价值不谋而合②，"海洋命运共同体"理念为国家管辖外海域遗传资源分配提供一个新思路③。"人类命运共同体"理念、"海洋命运共同体"理念是对人类社会整体利益的阐释，它们蕴含着新的利益观、价值观和责任观，从而为海洋全球公域治理提供另一种方案④。另外，中国提出的"构建蓝色伙伴关系"倡议是参与全球海洋治理的重要抓手⑤，它与全球海洋治理主体多元化的要求一致。在该倡议的指引下，中国应努力与更多的国家和组织建立蓝色伙伴关系，在更多的领域进行深入的合作。这不仅有助于增强中国的话语权和影响力，更有助于推进全球海洋治理深入发展，早日实现全球海洋的保护与可持

① 胡斌. 国家管辖范围以外区域海洋遗传资源开发的国际争议与消解——兼谈"南北对峙"中的中国角色 [J]. 太平洋学报，2020，28（6）：59–71.
② 姜秀敏，陈坚. 论海洋伙伴关系视野下三条蓝色经济通道建设 [J]. 中国海洋大学学报（社会科学版），2019，167（3）：43–50.
③ 姚莹. "海洋命运共同体"的国际法意涵：理念创新与制度构建 [J]. 当代法学，2019，33（5）：138–147.
④ 胡斌. 国家管辖范围以外区域海洋遗传资源开发的国际争议与消解——兼谈"南北对峙"中的中国角色 [J]. 太平洋学报，2020，28（6）：59–71.
⑤ 崔野，王琪. 关于中国参与全球海洋治理若干问题的思考 [J]. 中国海洋大学学报（社会科学版），2018（1）：12–17.

续利用。

2019 年 4 月 23 日，习近平主席在青岛首次提出"海洋命运共同体"理念。"海洋命运共同体"倡导树立共同、综合、合作、可持续的海洋安全理念，促进海上互联互通和务实合作、共同保护海洋生态文明的可持续发展理念，坚持平等协商的争议解决理念。[①] "海洋命运共同体"是中国参与全球海洋治理的基本立场与方案，它涉及海洋安全保障、海洋生态治理、海洋主权维护和海洋经济发展四个维度。[②] 如何将"海洋命运共同体"融入全球海洋治理规则体系是一个亟待解决的重大问题。[③]

全球海洋治理规则需要与之相匹配的理念。海洋规则作为人类认识和改造客观海洋世界的工具，它的演变过程是随着客观海洋环境的改变而改变的辩证过程。在全球性海洋问题数量日益增多、影响逐渐深入的客观背景下，任何一个国家都不具备独立解决这个问题的能力，并且这个问题造成的负面影响事关全人类的共同利益。这种客观环境要求国际社会其他成员做出意识上的转变。从最初对权力扩张的无限追求，发展到之后的自我克制与相互约束，再转变到现在的彼此合作、承担责任。海洋权力争霸时期、海洋权利争夺时期的海洋规则建立在"重利轻义"的西方理论之上，对物质利益的疯狂攫取使资本驱动的海洋治理体系难以为继。[④] 如果不能进行突破与创新，那么全球海洋治理也存在着退

① 姚莹."海洋命运共同体"的国际法意涵：理念创新与制度构建 [J]. 当代法学，2019，33（5）：138 – 147.

② 卢芳华. 海洋命运共同体：全球海洋治理的中国方案 [J]. 思想政治课教学，2020（11）：44 – 47.

③ 唐刚. 人类命运共同体理念融入全球海洋治理体系变革的思考 [J]. 南海学刊，2021，7（1）：59 – 67.

④ 刘长明，周明珠. 海洋命运共同体何以可能——基于马克思主义视角的研究 [J]. 中国海洋大学学报（社会科学版），2021（2）：48 – 55.

潮风险。① 所以全球海洋治理规则迫切需要一种能与其时代特征相匹配的理念，"海洋命运共同体"理念当之无愧。第一，"海洋命运共同体"理念的出现是对传统价值观中过分"自我"进行的反思，也是对西方海洋霸权论的超越。② 第二，"海洋命运共同体"理念督促多元主体共同面对全球性海洋问题，在各种涉海领域展开广泛的合作。第三，"海洋命运共同体"理念不仅将海洋环境问题当作目前亟须解决的问题，更将它视为关系到子孙后代生存繁衍的重大问题。"海洋命运共同体"理念致力于促进多元主体在实现海洋资源可持续利用以及世界范围内人与海洋和谐共处的目标上达成共识。基于以上三点，"海洋命运共同体"理念与全球海洋治理规则的塑造相当匹配。

全球海洋治理规则需要尽可能平衡绝大多数国家的利益。纵观全球海洋治理规则演变的历史，海洋强国对海洋规则的塑造与实施具有更大的影响力③。海洋权力争霸时期以海洋自由为核心的海洋规则之所以能够得到确认并形成共识，以葡萄牙、西班牙、荷兰和英国为代表的早期海洋强国起到了至关重要的作用，此时期国际海洋秩序体现了"强权即真理"④。进入海洋权利争夺时期后，美国凭借雄厚的综合实力打造了一套以自己为绝对中心的国际海洋秩序，最具代表性的事件是美国为了控制大陆架海床和底

① 傅梦孜，陈旸．大变局下的全球海洋治理与中国［J］．现代国际关系，2021（4）：1－9，60.

② 唐刚．人类命运共同体理念融入全球海洋治理体系变革的思考［J］．南海学刊，2021，7（1）：59－67.

③ 房旭．国际海洋规则制定能力的角色定位与提升路径研究［J］．中国海洋大学学报（社会科学版），2021（6）：51－60.

④ 吕健，关惠文．海洋命运共同体视域下提升中国海洋话语权研究［J］．延边教育学院学报，2021，35（2）：94－96.

土自然资源而颁布的"杜鲁门声明"。"杜鲁门声明"的成功说明法律学说可以被人为塑造，成为服务于提出它的国家的根本政治利益的工具。在这种背景下，第三世界发展中国家的利益遭到了很大程度的忽视和损害。当历史的脚步走入以海洋责任承担为特点的全球海洋治理时期，传统的海洋权力争霸、海洋权利争夺无法与全球海洋客观环境相适应，零和博弈的思维模式也与时代特征格格不入。当我们面对着"相互影响""超越主权"的全球海洋环境问题时，没有一个国家能够单枪匹马地解决问题，也没有一个国家可以逃避影响、独善其身。只有各国出于共同的目标、采取共同的行动，才有可能实现海洋环境保护与可持续发展。因此，全球海洋治理规则需要从西方中心主义向全球各国共同参与转变①，逐渐摒弃传统的强权和对抗模式。在追求本国利益时，兼顾其他国家的合理关切；在谋求自身发展时，促进世界各国共同发展。"海洋命运共同体"理念有助于平衡绝大多数国家的利益，中国愿意与其他国家携手前进，使全球海洋治理规则体系向更加公平、公正、科学、合理的方向发展。

具体到 BBNJ 养护和可持续利用问题国际协定的谈判，中国可以在谈判过程中大力宣传并推广"海洋命运共同体"理念。2017年3月23日，"人类命运共同体"理念被载入联合国人权理事会第34次会议决议。我们是否可以通过努力将"海洋命运共同体"理念载入全球海洋治理规则之中呢？这种愿景是美好的，道路也注定是崎岖的。想要达成这种效果，就要得到尽可能多的国家，乃至涉海政府间组织和涉海非政府组织的接受与认可。这就涉及

① 朱锋. 从"人类命运共同体"到"海洋命运共同体"——推进全球海洋治理与合作的理念和路径 [J]. 亚太安全与海洋研究，2021（4）：1-19，133.

如何对"海洋命运共同体"理念进行解读与宣传，从而使其成为全球海洋治理的共识。①

　　但摆在我们眼前的事实是很残酷的，某些发达国家对于"海洋命运共同体"理念尚未完全认可，甚至持反对态度。它们认为"海洋命运共同体"理念是中国为了在海洋领域与它们竞争而打造的"幌子"，短时间内消除它们的误解和抵触是不太可能的。因此我们应当把关注的重点放在第三世界发展中国家的身上，尽最大可能争取它们的认可与支持，②增进与它们的人才培养与交流，加强海洋科学领域的合作，开展各种层面的海洋生物多样性保护活动等。我们应始终保持高度的道路自信、理论自信、制度自信、文化自信，以实际行动证明自身有意愿，也有能力为国际社会提供更多的海洋公共产品，用最大程度的耐心去等待更多国家的理解与认同。

　　另外，虽然发达国家对于"海洋命运共同体"理念尚未完全认可，甚至持反对态度，但我们也应尽可能与它们求同存异，在共同利益上争取更大的一致。传统的"南北鸿沟"或"两个世界"的二分法已经无法适应当前的国际形势③，中国的立场与主张不能单纯基于意识形态的考量④。在认清中国国家利益所在的前提下，不能放弃争取任何可能被团结的力量，虽然这个过程可能会非常艰难。

①　唐刚. 人类命运共同体理念融入全球海洋治理体系变革的思考 [J]. 南海学刊, 2021, 7 (1): 59 – 67.
②　冯梁. 构建海洋命运共同体的时代背景、理论价值与实践行动 [J]. 学海, 2020 (5): 12 – 20.
③　杨泽伟. 新时代中国深度参与全球海洋治理体系的变革：理念与路径 [J]. 法律科学 (西北政法大学学报), 2019, 37 (6): 178 – 188.
④　杨泽伟. 新时代中国深度参与全球海洋治理体系的变革：理念与路径 [J]. 法律科学 (西北政法大学学报), 2019, 37 (6): 178 – 188.

(四) 完善国内立法, 加强制度输出

全球海洋治理需要贡献中国方案, 加强制度输出。从我国现实情况出发, 习近平总书记强调"要坚持统筹推进国内法治和涉外法治"①。首先, 目前国内涉海法律尚不完善, 甚至稍显滞后, 需要进一步丰富与发展。一方面, 作为我国根本法的《宪法》中并未涉及与"海洋"相关的规定, 专门的"海洋基本法"也尚未出台, 这些领域的空白反映出之前我国对海洋问题重视程度不够。另一方面, 虽然我国已经制定了《中华人民共和国领海及毗邻区法》《中华人民共和国专属经济区和大陆架法》《中华人民共和国海岛保护法》《中华人民共和国海洋环境保护法》《中华人民共和国深海海底区域资源勘探开发法》等涉海法律, 但它们也存在过于笼统和模糊的缺点②。还有一点值得注意的是, 对于在全球海洋治理规则上的空白领域, 中国也可以率先垂范, 为将来可能形成的国内制度外溢做充分的准备。

其次, 涉外法治进程也亟须大力推进。当前全球海洋治理体系处于重构与完善阶段, 积极参与议题设置和制度设计能够提高我国在该领域的国际地位。以 BBNJ 养护和可持续利用问题为例, 在环境影响评价问题上, 中国认为环境影响评价的主体应是计划从事海洋活动的国家, 建议采取"定性阈值 + 典型活动正负面清单"的模式去细化阈值③; 在海洋保护区问题上, 中国强调兼顾养

① 习近平主持中央政治局第三十五次集体学习并发表重要讲话 [N/OL]. https://www.gov.cn/xinwen/2021-12/07/content_5659109.htm. 访问日期2022年2月9日。
② 杨泽伟. 新时代中国深度参与全球海洋治理体系的变革: 理念与路径 [J]. 法律科学 (西北政法大学学报), 2019, 37 (6): 178-188.
③ 刘惠荣, 胡小明. 主权要素在 BBNJ 环境影响评价制度形成中的作用 [J]. 太平洋学报, 2017, 25 (10): 1-11.

护与可持续利用①；在海洋遗传资源问题上，中国希望公平地分享海洋遗传资源带来的惠益，以增进人类共同福祉，对探讨建立货币惠益共享机制持开放态度；在能力建设和海洋技术转让问题上，中国希望通过教育、技术培训、联合研究等方式，切实提高发展中国家保护和可持续利用 BBNJ 方面的内生能力。

最后，应当高度重视软法在 BBNJ 多样性养护和可持续利用问题中发挥的作用。软法在实践层面上不仅能吸引参与方，而且能得到它们高度的遵守②。在 BBNJ 养护和可持续利用问题上存在着许多矛盾，短期内很难使各国达成一致，但客观环境要求我们尽快达成基本共识并采取行动，贸然形成硬法，试错成本过高，先形成原则性框架，再制定软法性规范是具有可操作性的步骤，BBNJ 治理的柔化是大势所趋③。在这一点上我们不妨向欧盟学习，因为欧盟提案为了尽可能地扩大共识范围采取了许多软性规定④。

国家是国际社会的主要行为主体，既参与制定规则，同时是规则的执行者和维护者。在理想状态下，世界各国无论贫穷或富有、强大或弱小、发达与落后，都应平等享有参与全球海洋治理规则制定的机会。习近平总书记也指出："规则应该由国际社会共同制定，而不是谁的胳膊粗、气力大谁就说了算，更不能搞实用

① 王金鹏．国家管辖范围外海洋保护区国际造法原理与中国方案［J］．北京理工大学学报（社会科学版），2021，23（3）：105－115.
② 崔野，王琪．全球公共产品视角下的全球海洋治理困境：表现、成因与应对［J］．太平洋学报，2019（1）：60－71.
③ 张磊．论国家管辖范围以外区域海洋生物多样性治理的柔化——以融入软法因素的必然性为视角［J］．复旦学报（社会科学版），2018（2）：169－180.
④ 李浩梅．国家管辖范围以外区域海洋遗传资源的国际治理——欧盟方案及其启示［J］．太平洋学报，2020，28（6）：72－83.

主义、双重标准，合则用、不合则弃。"① 但实际上，全球海洋治理规则演进明显体现了国家的利益博弈，利益涉及最大的国家和组织更加积极推动局势的发展，并且主导着规则的制定。② 这就需要第三世界发展中国家以更加团结的姿态参与到全球海洋治理规则的制定中，对抗那些在海洋领域提倡霸权主义的利己主义国家，努力为全球海洋治理规则创造公平、公正、公开的磋商环境。

身处世界百年未有之大变局中，机遇往往与挑战并存。人类既承受着来自海洋环境的空前压力，也面临着国际海洋秩序深度调整，国际海洋力量"东升西降"的历史形势。③ 全球海洋治理是海洋秩序的重要内容，也处于秩序的动荡与调整之中④。中国作为最大的发展中国家，应在全球海洋治理规则制定过程中找准自身定位：第一，以实际行动证明自身有意愿，也有能力为国际社会提供更多的海洋公共产品。第二，在对眼前利益和长远利益平衡基础之上，理智清醒地认识到，在某些方面做出主权让渡的必要性，及时做出合理选择，显示出一个负责任大国的姿态。第三，中国在全球海洋治理规则中所扮演的角色是遵守者与制定者，维护者与引导者，实施者与监督者，承受者与供给者。⑤ "海洋命运共同体"是中国参与全球海洋治理的基本立场与方案，如何将

---

① 习近平. 坚持可持续发展共建亚太命运共同体 [N/OL]. 人民日报，(2021 - 11 - 12) [2021 - 12 - 8]. http://politics.people.com.cn/n1/2021/1112/c1024 - 32.
② 任丙强. 全球化、国家主权与公共政策 [M]. 北京：北京航空航天大学出版社，2007：226.
③ 刘巍. 海洋命运共同体：新时代全球海洋治理的中国方案 [J]. 亚太安全与海洋研究，2021 (4)：32 - 45，2 - 3.
④ 吴士存. 全球海洋治理的未来及中国的选择 [J]. 亚太安全与海洋研究，2020 (5)：1 - 22，133.
⑤ 许忠明，李政一. 海洋治理体系与海洋治理效能的双向互动机制探讨 [J]. 中国海洋大学学报（社会科学版），2021 (2)：56 - 63.

"海洋命运共同体"融入全球海洋治理规则体系是一个亟待解决的重大问题。① 第四，在进一步丰富与发展国内涉海法律的基础上，大力推进涉外法治进程。在 BBNJ 养护和可持续利用问题谈判中，积极参与议题设置和制度设计，高度重视软法在 BBNJ 养护和可持续利用问题中发挥的作用。在遵守以《公约》为基础的全球海洋规则前提下，积极推进国内制度的外溢，从而在百年未有之大变局中立于不败之地。

---

① 唐刚. 人类命运共同体理念融入全球海洋治理体系变革的思考［J］. 南海学刊，2021，7（1）：59－67.

结　语

　　国家主权作为特定的概念和制度起源于西方，它与政治学、法理学和国际法学都有紧密的联系。国家主权理论并不是一成不变的，它的内容和地位随着历史发展而不断变化。对于国家主权地位与作用的思考必须结合具体的历史事件进行分析，才能更准确地把握其内在的逻辑和本质的规律。

　　中外学者对"全球治理""全球海洋治理"与"国家主权"之间关系的研究尚不充分，尤其对作为全球海洋治理核心要素之一的全球海洋治理规则与国家主权之间的关系研究尚有空白。为了填补以上空白，本书纵向梳理全球海洋治理规则从无到有的发展脉络，横向分析国家在各个历史时期的地位与作用。分析国家在前全球海洋治理时期海洋规则中的地位与作用，是对历史的回顾与反思。聚焦国家在目前全球海洋治理最具代表性事件中的地位与作用，是对现实的尊重与考量。

　　目前的全球海洋治理规则呈现出与海洋权力争霸时期、海洋权利争夺时期的海洋规则不同的特征。与先前的海洋规则相比，目前的全球海洋治理规则体现出更深的相互依赖性。从权力安排来看，目前全球海洋治理规则制定权力与之前相比略有分散。从规则内容来看，目前全球海洋治理规则内容或多或少受国家制度外溢的影响，还对传统的公海自由原则造成了前所未有的冲击。

当前全球海洋治理规则也具有一定的局限性：经过讨价还价与妥协退让形成的规则很大程度建立在各国的国家利益之上，其内容效力可能大打折扣。全球海洋治理规则的形成过程是高度分散和相互作用的，并不是直线发生的。随着区域协议的激增，存在差异和矛盾是一个普遍的问题。

在全球海洋治理规则演变的现实困境中，国家固有的身份属性不会动摇，受到冲击的是国家主权可以被让渡的权威和自主做出决策的能力。国家的作用与地位有发生变化的一面：一方面，国家的作用与地位受到来自全球海洋环境问题和国际涉海组织等外界因素的限制；另一方面，国家在制定规则的协商与妥协中自我限制程度进一步加深。传统的国家主权观念随着国际环境的改变而做出改变，使自己不再过于绝对，并且更加灵活。

国家的作用与地位也有保持不变的一面，因为它仍处于核心地位。第一，关于 BBNJ 养护和可持续利用问题的谈判过程体现了国家在全球海洋治理规则演变过程中的作用。第二，发展中国家为了在关于 BBNJ 养护和可持续利用问题国际协定的谈判中争取更多的话语权，吸取了第三世界国家在联合国第三次海洋法会议上获得胜利的经验，更加紧密地团结彼此。第三，国家与全球海洋环境之间的关系是对立统一的。虽然国家是环境的破坏者，但它们也是环境的恢复者、改善者和保护者。全球海洋环境问题的解决在很大程度上还要依靠国家或国家集团在塑造海洋规则方面的合作与执行。

　　随着全球海洋治理规则数量的增加和内容的丰富，国家主权在其中受到限制的程度也日益加深，这种受限加深的过程是国家主权"离开"的过程。随着国际秩序深度调整，国际力量对比发生变化，国家主权在某些领域显示出了"回归"的趋势。以"退约""退群"为表现形式的国家主权"回归"也被称为"逆全球化"。这种行为带有一定的消极色彩，是对既定国际规则的轻视和挑衅，也是出于对国家利益的极致追求而逃避国际责任的承担。国家主权的"回归"也体现在对国内法重视程度的提高上。在BBNJ养护和可持续利用问题国际协定的谈判中，很多可供参考的国家管辖范围外涉海规制都依托国内制度，形成了国家相应制度的外溢。比利时、巴西、中国、古巴等35个国家、国家集团或地区通过国际法的国内转化，向国际海底管理局提供了关于《公约》附件三第4条第4款国内立法的参考文本。国家制度的外溢使得国际法更多地受到国内法的影响与制约，国际法的国内法转化使得国内法与国际法联系更加紧密，这种国家主权"回归"的形式有助于国内法与国际法的协同前进。

　　中国作为最大的发展中国家，在全球海洋治理规则制定过程中应找准自身定位，理智清醒地认识在某些方面做出主权让渡的必要性，及时做出合理选择，显示出一个负责任大国的姿态。"海洋命运共同体"是中国参与全球海洋治理的基本立场与方案，将"海洋命运共同体"融入全球海洋治理规则体系是一个重大考验。在BBNJ养护和可持续利用问题谈判中，积极参与议题设置和制度设计，高度重视软法在BBNJ养护和可持续利用问题中发挥的作用。在遵守以《公约》为基础的全球海洋规则的前提下，积极推进国内制度的外溢，从而在百年未有之大变局中立于不败之地。

参考文献

一、中文期刊论文

［1］白佳玉，隋佳欣. 人类命运共同体理念视域中的国际海洋法治演进与发展［J］. 广西大学学报（哲学社会科学版），2019，41（4）：82-95.

［2］蔡拓. 全球治理的中国视角与实践［J］. 中国社会科学，2004（1）：94-106，207.

［3］陈德恭，高之国. 国际海洋法的新发展［J］. 海洋开发与管理，1985（1）：42-49.

［4］陈力. 南极海洋保护区的国际法依据辨析［J］. 复旦学报（社会科学版），2016，58（2）：152-164.

［5］陈光伟，李来来. 欧盟的环境与资源保护——法律、政策和行动［J］. 自然资源学报，1999（3）：97-101.

［6］程时辉. 当代国际海洋法律秩序的变革与中国方案——基于"海洋命运共同体"理念的思考［J］. 湖北大学学报（哲学社会科学版），2020，47（2）：136-147.

［7］褚晓琳. 人类命运共同体视域下南海渔业

资源养护管理合作研究［J］. 亚太安全与海洋研究, 2020 (1): 4, 87 - 99.

［8］蔡从燕. 国家的"离开""回归"与国际法的未来［J］. 国际法研究, 2018 (4): 3 - 15.

［9］崔野, 王琪. 全球公共产品视角下的全球海洋治理困境: 表现、成因与应对［J］. 太平洋学报, 2019 (1): 60 - 71.

［10］崔野, 王琪. 关于中国参与全球海洋治理若干问题的思考［J］. 中国海洋大学学报 (社会科学版), 2018 (1): 12 - 17.

［11］崔野, 王琪. 中国参与全球海洋治理研究［J］. 中国高校社会科学, 2019 (5): 70 - 77, 158.

［12］房旭. 国际海洋规则制定能力的角色定位与提升路径研究［J］. 中国海洋大学学报 (社会科学版), 2021 (6): 51 - 60.

［13］冯梁. 构建海洋命运共同体的时代背景、理论价值与实践行动［J］. 学海, 2020 (5): 12 - 20.

［14］傅梦孜, 陈旸. 大变局下的全球海洋治理与中国［J］. 现代国际关系, 2021 (4): 1 - 9, 60.

［15］付玉. 欧盟公海保护区政策论析［J］. 太平洋学报, 2021, 29 (2): 29 - 42.

［16］高潮. 国际关系的权利转向与国际法［J］. 河北法学, 2016, 34 (11): 173 - 181.

［17］高凛. 全球化进程中国家主权让渡的现实分析［J］. 山西师大学报 (社会科学版), 2005 (3): 58 - 61.

［18］高轩, 神克洋. 埃莉诺·奥斯特罗姆自主治理理论述评［J］. 中国矿业大学学报 (社会科学版), 2009, 11 (2): 74 - 79.

［19］格里·斯托克, 华夏风. 作为理论的治理: 五个论点［J］. 国际社会科学杂志 (中文版), 2019, 36 (3): 23 - 32.

［20］何志鹏，都青. 从自由到治理：海洋法对国际网络规则的启示［J］. 厦门大学学报（哲学社会科学版），2018（1）：12‐21.

［21］何志鹏. 海洋法自由理论的发展、困境与路径选择［J］. 社会科学刊，2018（5）：112‐119.

［22］何志鹏，王艺曌. BBNJ 国际立法的困境与中国定位［J］. 哈尔滨工业大学学报（社会科学版），2021，23（1）：10‐16.

［23］贺鉴，王雪. 全球海洋治理进程中的联合国：作用、困境与出路［J］. 国际问题研究，2020（3）：92‐106.

［24］胡斌. 国家管辖范围以外区域海洋遗传资源开发的国际争议与消解——兼谈"南北对峙"中的中国角色［J］. 太平洋学报，2020，28（6）：59‐71.

［25］胡波. 国际海洋政治发展趋势与中国的战略抉择［J］. 国际问题研究，2017（2）：85‐101.

［26］胡键. 从全球治理到全球海洋治理［J］. 党政论坛，2018（2）：32‐34.

［27］黄任望. 全球海洋治理问题初探［J］. 海洋开发与管理，2014，31（3）：48‐56.

［28］黄正柏. 权力的让渡和主权的坚持：略析欧洲一体化中的"主权让渡"［J］. 史学集刊，2009（2）：51‐58.

［29］计秋枫. 格劳秀斯《海洋自由论》与 17 世纪初关于海洋法律地位的争论［J］. 史学月刊，2013（10）：96‐106.

［30］加勒特·哈丁，顾江. 公地的悲剧［J］. 城市与区域规划研究，2016，8（1）：199‐210.

［31］江河. 国家主权的双重属性以及大国海权的强化［J］. 政法论坛，2017（1）：130.

［32］江河, 胡梦达. 全球海洋治理与BBNJ协定: 现实困境、法理建构与中国路径［J］. 中国地质大学学报（社会科学版）, 2020, 20（3）: 47-60.

［33］姜秀敏, 陈坚. 论海洋伙伴关系视野下三条蓝色经济通道建设［J］. 中国海洋大学学报（社会科学版）, 2019, 167（3）: 43-50.

［34］姜秀敏, 陈坚. BBNJ协定谈判的焦点与中国的路径选择［J］. 中国海洋大学学报（社会科学版）, 2021（3）: 1-12.

［35］金应忠. 国家主权的最高权威不容动摇——评《浅议国际法上的国家主权问题——对欧共体（欧盟）特例的探究》［J］. 国际观察, 2000（5）: 34-37, 48.

［36］金永明. 国际海底资源开发制度研究［J］. 社会科学, 2006（3）: 112-120.

［37］金永明. 论海洋资源开发法律制度［J］. 海洋开发与管理, 2005（6）: 54-58.

［38］孔令杰. 大国崛起视角下海洋法的形成与发展［J］. 武汉大学学报（哲学社会科学版）, 2010, 63（1）: 44-48.

［39］李浩梅. 国家管辖范围以外区域海洋遗传资源的国际治理——欧盟方案及其启示［J］. 太平洋学报, 2020, 28（6）: 72-83.

［40］李慧英, 黄桂琴. 论国家主权的让渡［J］. 河北法学, 2004（7）: 154-156.

［41］李义中. 全球治理理论的基本取向问题析探［J］. 安庆师范学院学报（社会科学版）, 2005（2）: 19-22.

［42］梁甲瑞, 曲升. 全球海洋治理视域下的南太平洋地区海洋治理［J］. 太平洋学报, 2018, 26（4）: 48-64.

［43］琳达·韦斯. 全球化与国家无能的神话［J］. 马克思主义与现实, 1998（3）: 74 – 77.

［44］刘长明, 周明珠. 海洋命运共同体何以可能——基于马克思主义视角的研究［J］. 中国海洋大学学报（社会科学版）, 2021（2）: 48 – 55.

［45］刘惠荣, 胡小明. 主权要素在 BBNJ 环境影响评价制度形成中的作用［J］. 太平洋学报, 2017, 25（10）: 1 – 11.

［46］刘凯, 陈志. 全球化时代制约国家主权让渡的困难和问题分析［J］. 湖北社会科学, 2007（9）: 5 – 10.

［47］刘明周, 蓝翊嘉. 现实建构主义视角下的海洋保护区建设［J］. 太平洋学报, 2018, 26（7）: 79 – 87.

［48］刘巍. 海洋命运共同体: 新时代全球海洋治理的中国方案［J］. 亚太安全与海洋研究, 2021（4）: 2 – 3, 32 – 45.

［49］刘振环. 《公约》评述（上）［J］. 国防, 1996（10）: 16 – 18.

［50］刘志云. 论全球治理与国际法［J］. 厦门大学学报（哲学社会科学版）, 2013（5）: 87 – 94.

［51］刘中民. 《公约》生效的负面效应分析［J］. 外交评论（外交学院学报）, 2008（3）: 6 – 7, 82 – 89.

［52］刘中民. 领海制度形成与发展的国际关系分析［J］. 太平洋学报, 2008（3）: 17 – 28.

［53］卢凌宇. 论主权的"不可分割"性——兼论西欧整合中的主权"让渡"问题［J］. 欧洲研究, 2003（3）: 5, 11 – 23.

［54］卢芳华. 海洋命运共同体: 全球海洋治理的中国方案［J］. 思想政治课教学, 2020（11）: 44 – 47.

［55］吕健, 关惠文. 海洋命运共同体视域下提升中国海洋话

语权研究［J］．延边教育学院学报，2021，35（2）：94－96.

［56］罗自刚．海洋公共管理中的政府行为：一种国际化视野［J］．中国软科学，2012（7）：1－17.

［57］马金星．全球海洋治理视域下构建"海洋命运共同体"的意涵及路径［J］．太平洋学报，2020，28（9）：1－15.

［58］门洪华．罗伯特·基欧汉学术思想述评［J］．美国研究，2004（4）：103－118，5.

［59］孟令浩．BBNJ谈判中海洋保护区议题的困境与出路：兼谈中国的应对［J］．南海法学，2019，3（2）：88－98.

［60］彭建明，鞠成伟．深海资源开发的全球治理：形势、体制与未来［J］．国外理论动态，2016（11）：115－123.

［61］裘婉飞，郑苗壮，刘岩．论依法治海：法律在实现海洋"善治"中的作用［J］．生态经济，2016，32（7）：200－204.

［62］饶戈平，黄瑶．论全球化进程与国际组织的互动关系［J］．法学评论，2002（2）：3－13.

［63］任卫东．全球化进程中的国家主权：原则、挑战及选择［J］．国际关系学院学报，2005（6）：3－8.

［64］唐刚．人类命运共同体理念融入全球海洋治理体系变革的思考［J］．南海学刊，2021，7（1）：59－67.

［65］托夫勒．第三次浪潮带来的变化［J］．政策与管理，1999（4）：6－9.

［66］王芳，王璐颖．海洋命运共同体：内涵、价值与路径［J］．人民论坛·学术前沿，2019（16）：98－101.

［67］王金鹏．国家管辖范围外海洋保护区国际造法原理与中国方案［J］．北京理工大学学报（社会科学版），2021，23（3）：105－115.

［68］王金鹏. 论国家管辖范围以外区域海洋保护区的实践困境与国际立法要点［J］. 太平洋学报, 2020, 28 (9): 52 – 63.

［69］王乐夫, 刘亚平. 国际公共管理的新趋势: 全球治理［J］. 学术研究, 2003 (3): 53 – 58.

［70］王琪, 崔野. 将全球治理引入海洋领域——论全球海洋治理的基本问题与我国的应对策略［J］. 太平洋学报, 2015, 23 (6): 17 – 27.

［71］王曦. 主权与环境［J］. 武汉大学学报 (社会科学版), 2001 (1): 5 – 11.

［72］王阳. 全球海洋治理: 历史演进、理论基础与中国的应对［J］. 河北法学, 2019, 37 (7): 164 – 176.

［73］魏惠萍, 刘建宏. 区域经济一体化与国家主权让渡——从欧洲一体化看国家主权运作方式的演变［J］. 太原城市职业技术学院学报, 2006 (3): 6 – 7.

［74］伍贻康, 张海冰. 论主权的让渡——对 "论主权的 '不可分割性'" 一文的论辩［J］. 欧洲研究, 2003 (6): 63 – 72, 155.

［75］吴士存. 全球海洋治理的未来及中国的选择［J］. 亚太安全与海洋研究, 2020 (5): 1 – 22, 133.

［76］徐泉. 国家主权演进中的 "新思潮" 法律分析［J］. 西南民族大学学报 (人文社科版), 2004 (6): 185 – 190.

［77］许忠明, 李政一. 海洋治理体系与海洋治理效能的双向互动机制探讨［J］. 中国海洋大学学报 (社会科学版), 2021 (2): 56 – 63.

［78］杨斐. 试析国家主权让渡概念的界定［J］. 国际关系学院学报, 2009 (2): 13 – 17, 24.

［79］杨雷，唐建业. 欧盟法院南极海洋保护区案评析——南极海洋保护区的属性之争［J］. 武大国际法评论，2020，4（5）：19-43.

［80］杨泽伟. 论"海洋命运共同体"构建中海洋危机管控国际合作的法律问题［J］. 中国海洋大学学报（社会科学版），2020（3）：1-11.

［81］杨泽伟. 新时代中国深度参与全球海洋治理体系的变革：理念与路径［J］. 法律科学（西北政法大学学报），2019，37（6）：178-188.

［82］姚莹."海洋命运共同体"的国际法意涵：理念创新与制度构建［J］. 当代法学，2019，33（5）：138-147.

［83］易善武. 主权让渡新论［J］. 重庆交通学院学报（社会科学版），2006（3）：24-26.

［84］游启明."海洋命运共同体"理念下全球海洋公域治理研究［J］. 太平洋学报，2021，29（6）：62-72.

［85］袁沙，郭芳翠. 全球海洋治理：主体合作的进化［J］. 世界经济与政治论坛，2018（1）：45-65.

［86］袁沙. 全球海洋治理：从凝聚共识到目标设置［J］. 中国海洋大学学报（社会科学版），2018（1）：1-11.

［87］袁沙. 全球海洋治理：客体的本质及影响［J］. 亚太安全与海洋研究，2018（2）：87-99，124.

［88］岳春宇. 如何理解全球治理理论中的"治理"［J］. 河北省社会主义学院学报，2008（1）：84-86.

［89］张磊. 论国家管辖范围以外区域海洋生物多样性治理的柔化——以融入软法因素的必然性为视角［J］. 复旦学报（社会科学版），2018（2）：169-180.

［90］张胜军. 为一个更加公正的世界而努力——全球深度治理的目标与前景［J］. 中国治理评论, 2013 (1): 70-99.

［91］张卫彬, 朱永倩. 海洋命运共同体视域下全球海洋生态环境治理体系建构［J］. 太平洋学报, 2020, 28 (5): 92-104.

［92］赵伯英. 主权观念和欧盟成员国的主权让渡［J］. 中共中央党校学报, 1999 (2): 3-5.

［93］赵建文. 当代国际法与国家主权［J］. 郑州大学学报(哲学社会科学版), 1999 (5): 115-120.

［94］郑苗壮, 刘岩, 丘君, 李明杰. 美、英、法等国建立大型远岛海洋保护区的影响［J］. 吉林大学社会科学学报, 2016, 56 (6): 44-50, 187-188.

［95］郑苗壮. 地缘政治视角下公海保护区的发展与演变［J］. 世界知识, 2021 (1): 19-21.

［96］周子亚. 海洋法的新发展及其时代背景［J］. 法学杂志, 1982 (2): 5-8.

［97］周子亚. 海洋法的形成和发展［J］. 吉林大学社会科学学报, 1982 (3): 35-41.

［98］周子亚. 海洋法与第三世界［J］. 吉林大学社会科学学报, 1983 (1): 71-76.

［99］周子亚. 海洋法在国际法中的地位［J］. 吉林大学社会科学学报, 1982 (1): 57-63.

［100］周子亚. 论联合国第三次海洋法会议与《海洋法公约》［J］. 吉林大学社会科学学报, 1984 (3): 49-54.

［101］朱奇武. 中国国际法的理论与实践［J］. 南京大学法律评论, 1998 (2): 164.

［102］朱锋. 从"人类命运共同体"到"海洋命运共同

体”——推进全球海洋治理与合作的理念和路径 [J]. 亚太安全与海洋研究, 2021 (4): 1 - 19, 133.

二、英文期刊论文

[1] FRIEDMAN A. Beyond "not undermining": possibilities for global cooperation to improve environmental protection in areas beyond national jurisdiction [J]. ICES Journal of Marine Science, 2019 (76): 452 - 456.

[2] JAMES A. The practice of sovereign statehood in contemporary international society [J]. Political Studies, 2010 (47): 457 - 473.

[3] KINGSBURY B, KRASNER S D. Sovereignty: Organized Hypocrisy [J]. The American Journal of International Law, 2000 (94): 591.

[4] JOYNER C. The international ocean regime at the new millennium: a survey of the contemporary legal order [J]. Ocean & Coastal Management, 2000 (43): 163 - 203.

[5] FENG C, XU M, FENG C, et al. The complete chloroplast genome of Primulina and two novel strategies for development of high polymorphic loci for population genetic and phylogenetic studies [J]. BMC Evolutionary Biology, 2017 (17): 1 - 16.

[6] GONSON C, PELLETIER D, ALBAN F, et al. Influence of settings management and protection status on recreational uses and pressures in marine protected areas [J]. Journal of Environmental Management, 2017 (200): 170 - 185.

[7] MAXWELL C. The exploitation and conservation of the resources of the sea: A study of contemporary international law [J]. Canadian Yearbook of International Law, 1964 (2): 215 - 323.

[8] BROOKS D B. Deep sea manganese nodules: From scientific phenomenon to world resource [J]. Resources Journal, 1968 (8): 401 – 423.

[9] BOESCH D F. The role of science in ocean governance [J]. Ecological Economics, 1999 (31): 189 – 198.

[10] FREESTONE D, JOHNSON D, ARDRONN J, et al. Can existing institutions protect biodiversity in areas beyond national jurisdiction? Experiences from two on-going processes [J]. Marine Policy, 2014 (49): 167 – 175.

[11] HELD D. Democracy, the nation-state and the global system [J]. International Journal of Human Resource Management, 1991 (20): 138 – 172.

[12] BEDERMAN D J, BULL H, KINGSBURY B, et al. Hugo grotius and international relations [J]. The American Journal of International Law, 1990 (86): 411 – 412.

[13] LEARY D. Agreeing to disagree on what we have or have not agreed on: The current state of play of the BBNJ negotiations on the status of marine genetic resources in areas beyond national jurisdiction [J]. Marine Policy, 2019 (99): 21 – 29.

[14] ALLISON E H. Big laws, small catches: global ocean governance and the fisheries crisis [J]. Journal of International Development, 2001 (13): 933 – 950.

[15] BORGESE E M. Global civil society: Lessons from ocean governance [J]. Futures, 1999 (31): 983 – 991.

[16] OSTROM E. Common-pool resources and institutions: Toward a revised theory [J]. Handbook of Agricultural Economics, 2002

(2): 1315 – 1339.

[17] DUARTE F, DOHERTY G, NAKAZAWA P. Redrawing the boundaries: planning and governance of a marine protected area—the case of the Exuma Cays Land and Sea Park [J]. Journal of Coastal Conservation, 2017 (21): 265 – 271.

[18] KULLENBERG G. Human empowerment: Opportunities from ocean governance [J]. Ocean & Coastal Management, 2010 (53): 405 – 420.

[19] SØRENSEN G. Sovereignty: Change and continuity in a fundamental institution [J]. Political Studies, 1999 (47): 590 – 604.

[20] MAMUDU H M, STUDLAR D T. Multilevel governance and shared sovereignty: European Union, member states, and the FCTC [J]. Governance, 2009 (22): 73 – 97.

[21] LINDEN H V. Alexander VI. and the Demarcation of the Maritime and Colonial Domains of Spain and Portugal, 1493 – 1494 [J]. American Historical Review, 1916 (22): 1 – 20.

[22] WHEATON H. Elements of international law: with a sketch of the history of the science [J]. Journal of Geophysical Research Atmospheres, 2014 (119): 10902 – 10911.

[23] SCHOLTE J A. Global capitalism and the state [J]. International Affairs, 1997 (73): 427 – 452.

[24] RICHARDSON J B. Sovereignty: EU Experience and EU Policy [J]. Chi. J. Int'l. L, 2000 (1): 323.

[25] SELDEN J, NEDHAM M. Of the dominion, or, Ownership of the sea [J]. Gifted Education International, 1972 (24): 297 – 304.

[26] HUGHES K A, GRANT S M. The spatial distribution of

Antarctica's protected areas: A product of pragmatism, geopolitics or conservation need? [J]. Environmental Science & Policy, 2017 (72): 41 -51.

[27] OHMAE K. The end of the nation state: The rise of regional economies [J]. International Journal of Commerce & Management, 1995 (12): 1 -6.

[28] KÖREBECH, SIGURJONSSON K, MCDORMAN T L. The 1995 United Nations straddling and highly migratory fish stocks agreement: Management, enforcement and dispute settlement [J]. International Journal of Marine & Coastal Law, 1998 (13): 119 -141.

[29] SIMMONDS K R. Grotius and the Law of the Sea: a Reassessment [J]. Addiction, 2007, 95 (6): 889 -900.

[30] GJERDE K M, CURRIE D, WOWK K, et al.. Ocean in peril: Reforming the management of global ocean living resources in areas beyond national jurisdiction [J]. MarinePollution Bulletin, 2013 (74): 540 -551.

[31] MICHAEL K. Sovereignty and plurinational democracy: Problems in political science [M]. Sovereignty in Transition. Oxford: Hart, Publishing, 2003, 191 -208.

[32] FANNING L, MAHON R. Governance of the global ocean commons: Hopelessly fragmented or fixable? [J]. Coastal Management, 2020 (48): 527 -533.

[33] FINKELSTEIN L S. What is global governance? [J]. Global Governance: A Review of Multilateralism and International Organizations, 1995, 1 (3): 367 -372.

[34] RATINER L S. United States oceans policy: An analysis

[J]. Journal of Maritime Law and Commerce. 1970 (2): 225 – 266.

[35] WEISS L. Globalization and the myth of the powerless state [J]. New Left Review, 1997 (225): 3 – 27.

[36] RUDD M A. Scientists' perspectives on global ocean research priorities [J]. Frontiers in Marine Science, 2014 (1): 1 – 20.

[37] CASTELLS M. The new public sphere: Global civil society, communication networks, and global governance [J]. The aNNalS of the american academy of Political and Social Science, 2008, 616 (1): 78 – 93.

[38] CHANDRA M S, KAMRUL I, MOSHARRAF H M. State of research on carbon sequestration in Bangladesh: a comprehensive review. Geology [J]. Ecology, and Landscapes, 2018 (3): 29 – 36.

[39] GARDINER N B. Marine protected areas in the Southern Ocean: Is the Antarctic treaty system ready to co-exist with a new United Nations instrument for areas beyond national jurisdiction? [J]. Marine Policy, 2020 (122): 1 – 9.

[40] HIRST P, THOMPSON G. Globalization and the future of the nation state [J]. Economy & Society, 1995 (24): 408 – 442.

[41] BLASIAK R, DURUSSEL C, PITTMAN J, et al. The role of NGOs in negotiating the use of biodiversity in marine areas beyond national jurisdiction [J]. Marine Policy, 2017 (81): 1 – 8.

[42] BAIRD R. Political and commercial interests as influences in the development of the doctrine of the freedom of the high seas [J]. Queensland University of Technology Law Journal, 1996 (12): 247 – 291.

[43] COSTANZA R, ANDRADE F, ANTUNES P, et al.

Principles for sustainable governance of the oceans [J]. Science, 1998 (281): 198 - 199.

[44] FERRARI R, MARZINELLI E M, AYROZA C R, et al. Large-scale assessment of benthic communities across multiple marine protected areas using an autonomous underwater vehicle [J]. PLOS ONE, 2018, 13 (3): e0193711.

[45] FRIEDHEIM R. Designing the ocean policy future: An essay on how I am going to do that [J]. Ocean Development & International Law, 2000 (31): 183 - 195.

[46] FRIEDHEIM R. Introduction to the special issue on ocean governance [J]. Ocean & Coastal Management, 2000 (43): 137 - 139.

[47] WOOLBERT R G. Protection of coastal fisheries under international law [J]. The Cambridge Law Journal, 1943, 8 (2): 229.

[48] JACKSON R. Introduction: Sovereignty at the millennium [J]. Political Studies, 2010 (47): 423 - 430.

[49] JACKSON R. Sovereignty in world politics: A glance at the conceptual and historical landscape [J]. Political Studies, 1999 (47): 431 - 456.

[50] RAYFUSE R, WARNER R. Securing a sustainable future for the oceans beyond national jurisdiction: The legal basis for an integrated cross-sectoral regime for high seas governance for the 21st century [J]. The International Journal of Marine and Coastal Law, 2008 (23): 399 - 421.

[51] RHODES R. The new governance: governing without government [J]. Political Studies, 1996, 44 (4): 652 - 667.

［52］ COX S B. No tragedy of the commons ［J］. Environmental Ethics, 1985 （7）: 49 –61.

［53］ KRASNER S D. Structural causes and regime consequences: regimes as intervening variables ［J］. International organization, 1982, 36 （2）: 185 –205.

［54］ ODA S. The law of the sea in our time I-New Developments, 1966 –1975 ［M］. Brill Archive, 1977.

［55］ MCDORMAN T L. Global ocean governance and international adjudicative dispute resolution ［J］. Ocean & Coastal Management, 2000, 43: 255 –275.

［56］ DUNNING W A. A history of political theories: From rousseau to spencer ［J］. Columbia Law Review, 1920 （21）: 303.

［57］ SYLVESTER Z T, BROOKS C M. Protecting Antarctica through co-production of actionable science: Lessons from the CCAMLR marine protected area process ［J］. Marine policy, 2020 （111）: 1 –13.

三、中文专著和论文集

［1］埃莉诺·奥斯特罗姆. 规则、博弈与公共池塘资源. 王巧玲, 任睿译 ［M］. 西安: 陕西人民出版社, 2011.

［2］贝克. 全球化与政治. 王学东, 柴方国译 ［M］. 北京: 中央编译出版社, 2000.

［3］伯特兰·罗素. 自由之路. 李国山译 ［M］. 北京: 文化艺术出版社, 1998.

［4］陈序经. 现代主权论 ［M］. 北京: 清华大学出版社, 2010.

［5］程琥. 全球化与国家主权: 比较分析 ［M］. 北京: 清华大学出版社, 2003.

［6］狄骥. 公法的变迁·法律与国家. 郑戈，冷静译［M］. 沈阳：辽海出版社，1999.

［7］方在庆. 爱因斯坦晚年文集［M］. 海口：海南出版社. 2000.

［8］弗朗西斯·福山. 历史的终结与最后的人. 陈高华译［M］. 桂林：广西师范大学出版社，2014.

［9］赫尔德. 全球大变革——全球化时代的政治、经济与文化. 杨雪冬，等译［M］. 北京：社会科学文献出版社，2001.

［10］胡学东，郑苗壮. 国家管辖范围以外区域海洋生物多样性焦点问题研究［M］. 北京：中国书籍出版社，2019.

［11］霍布斯. 利维坦. 黎思复，黎廷弼译［M］. 北京：商务印书馆，1996.

［12］卡尔松. 天涯成比邻——全球治理委员会的报告［M］. 北京：中国对外翻译出版公司，1995.

［13］卡米莱里. 主权的终结？李东燕译［M］. 杭州：浙江人民出版社，2001.

［14］凯尔森. 法与国家的一般理论. 沈宗灵译［M］. 北京：中国大百科全书出版社，1996.

［15］刘志云. 现代国际关系理论视野下的国际法［M］. 北京：法律出版社，2006.

［16］刘志云. 当代国际法的发展：一种从国际关系理论视角的分析［M］. 北京：法律出版社，2010.

［17］卢凌宇. 论冷战后挑战主权的理论思潮［M］. 北京：中国社会科学出版社，2004.

［18］卢梭. 社会契约论. 何兆武译［M］. 北京：商务印书馆，1996.

[19] 路易斯·亨金. 国际法：政治与价值. 张乃根，等译
［M］. 北京：中国政法大学出版社，2005.

［20］罗伯特·基欧汉. 局部全球化世界中的自由主义、权利
与治理. 门洪华译［M］. 北京：北京大学出版社，2004.

［21］罗伯特·基欧汉，约瑟夫·奈. 权力与相互依赖. 门洪
华译［M］. 北京：北京大学出版社，2012.

［22］M. 阿库斯特. 现代国际法概论. 朱奇武，等译［M］.
北京：中国社会科学出版社，1981.

［23］马丁·阿尔布劳. 全球时代：超越现代性之外的国家和
社会. 高湘泽，冯玲译［M］. 北京：商务印书馆，2001.

［24］迈伦·H. 诺德奎斯特. 1982 年《公约》评注第一卷.
吕文正，毛彬，唐勇中译［M］. 北京：海洋出版社，2019.

［25］米勒，波格丹诺. 布莱克维尔政治学百科全书. 邓正来
译［M］. 北京：中国政法大学出版社，1992.

［26］聂洪涛. 国际法发展视域下非政府组织的价值问题研究
［M］. 北京：法律出版社，2015.

［27］让·博丹. 主权论. 李卫海，钱俊文译［M］. 北京：北
京大学出版社，2008.

［28］任丙强. 全球化、国家主权与公共政策［M］. 北京：北
京航空航天大学出版社，2007.

［29］篆田英朗，戚渊. 重新审视主权. 戚渊译［M］. 北京：
商务印书馆，2004.

［30］星野昭吉. 全球政治学. 刘小林，张胜军译［M］. 北
京：新华出版社，2000.

［31］亚里士多德. 政治学. 吴寿彭译［M］. 北京：商务印书
馆，1965.

〔32〕杨雪冬，王浩. 全球治理〔M〕. 北京：中央编译出版社, 2015.

〔33〕杨泽伟. 主权论：国际法上的主权问题及其发展趋势研究〔M〕. 北京：北京大学出版社, 2006.

〔34〕伊恩·布朗利. 国际公法原理. 曾令良，余敏友译〔M〕. 北京：法律出版社, 2007.

〔35〕俞可平. 全球化与国家主权〔M〕. 北京：社会科学文献出版社, 2004.

〔36〕俞可平. 全球化：全球治理〔M〕. 北京：社会科学文献出版社, 2003.

〔37〕王铁崖. 奥本海国际法：第一卷第二分册〔M〕. 北京：中国大百科全书出版社, 1995.

〔38〕詹姆斯·N. 罗西瑙. 没有政府的治理：世界政治中的秩序与变革. 张胜军，刘小林，等译〔M〕. 南昌：江西人民出版社, 2001.

〔39〕周鲠生. 现代英美国际法的思想动向〔M〕. 北京：世界知识出版社, 1963.

〔40〕周忠海. 国际海洋法〔M〕. 北京：中国政法大学出版社, 1987.

四、英文专著和论文集

〔1〕HOLLICK A L. U. S. Foreign Policy and the Law of the Sea〔M〕. New Jersey：Princeton University Press, 1981.

〔2〕MONACO A, PROUZET P. Governance of Seas and Oceans Transformations in International Law of the Sea：Governance of the "Space" or "Resources"〔J〕. Governance of Seas and Oceans, 2015：1-37.

[3] MURPHY A. The sovereign state system as political-territorial ideal: Historical and contemporary considerations [M]. Cambridge: Cambridge Studies in International Relations, 1996.

[4] ENVIRONMENT DEVELOPMENT W C O. Our Common Future [M]. New York: Oxford University Press, 1987.

[5] CROCKER H G. The Extent of the Marginal Sea: A Collection of Official Documents and Views of Representative Publicists [M]. New York: US Government Printing Office, 1919.

[6] GROTIUS H. The Freedom of the Seas: Or, the Right which Belongs to the Dutch to Take Part in the East Indian Trade [M]. New York: Oxford University Press, 1916.

[7] PAUL H, GRAHAME T. Globalization in question: The International Economy and the Possibilities of Governance [M]. Cambridge: Polity Press, 1998.

[8] MERO J L. The Mineral Resources of the Sea [M]. London: Elsevier Publishing, 2014.

[9] ROSENAU J N. Along the Domestic-Foreign Frontier: Exploring Governance in a Turbulent World [M]. Cambridge: Cambridge University Press, 1997.

[10] RICE J. Science Information and Global Ocean Governance [J]. Science, Information, and Policy Interface for Effective Coastal and Ocean Management, 2016: 75.

[11] WHITMAN J. Palgrave Advances in Global Governance [M]. London: Palgrave Macmillan, 2009.

[12] RIDGEWAY L A. Global Level Institutions and Processes: Assessment of Critical Roles, Foundations of Cooperation and Integration

and Their Contribution to Integrated Marine Governance [J]. Governance of Marine Fisheries and Biodiversity Conservation, 2014: 148 – 165.

[13] CASTELLS M. The Information Age: Economy, Society and Culture [J]. Oxford: Blackwell Publishers, 1997 – 1998.

[14] KENINCHI O. End of the nation state [M]. New York: New York Free Press. 1995.

[15] FENN P T, FENN J P T. The origin of the right of fishery in territorial waters [M]. Cambridge: Harvard University Press, 2013.

[16] CROSBY W. Ecological imperialism. The biological expansion of Europe, 900 – 1900 [M]. Cambridge: Cambridge University Press, 2004.

[17] CHANG Y C. Ocean governance: A way forward [M]. Nether Cands: Springer Science & Business Media, 2011.

五、学位论文

[1] 纪晓昕. 国家管辖范围外深海底生物多样性法律规制研究 [D]. 青岛: 中国海洋大学, 2011.

[2] 刘衡. 国际法之治: 从国际法治到全球治理 [D]. 武汉: 武汉大学, 2011.

[3] ARENA M D. Shared sovereignty: Dealing with modern challenges to the sovereign state system [D]. Washington: Georgetown University, 2009.

[4] WALES E. Areas beyond national jurisdiction: a study on capacity, effectiveness of marine protected areas, and the role of non-governmental organizations [D]. Newark: University of Delaware, 2020.